U0839071

中原建筑大典

古代建筑

河南科学技术出版社·郑州

SELECTED ARCHITECTURE IN CENTRAL CHINA

• Ancient Architecture •

总 顾 问　赵建才
主　　编　刘洪涛
分册主编　杜启明

图书在版编目(CIP)数据

中原建筑大典．古代建筑 / 刘洪涛主编；杜启明分册主编．—郑州：河南科学技术出版社，2013.6
ISBN 978-7-5349-5669-0

Ⅰ．①中… Ⅱ．①刘… ②杜… Ⅲ．①古建筑－建筑艺术－河南省 Ⅳ．①TU-8

中国版本图书馆CIP数据核字(2012)第094986号

中原建筑大典·古代建筑

总 策 划 李喜婷

策划编辑 顾 苒
责任编辑 姚翔宇
责任校对 马晓灿 丁秀荣 耿宝文
书籍设计 赵 钧

出版发行 河南科学技术出版社
地　　址 郑州市经五路66号
邮　　编 450002
电　　话 (0371) 65737028 65788633
网　　址 www.hnstp.cn
经　　销 全国新华书店
印　　刷 郑州新海岸电脑彩色制印有限公司
开　　本 635 mm × 965 mm 1/8
印　　张 58
版　　次 2013年6月第1版
印　　次 2013年6月第1次印刷

书　　号 ISBN 978-7-5349-5669-0
定　　价 720.00元

本书如有印装质量问题，由承印厂负责调换。

《中原建筑大典》编纂委员会

总顾问： 赵建才

主　编： 刘洪涛

主　审： 顾馥保

主　任： 李绪荧

委　员： （按姓氏笔画排序）

丁建民　马永光　马亚非　马朝信　马耀辉　王万鹏
王子臣　王书增　王四战　王召东　王向道　王宏武
王国普　王金启　王学杰　王建军　王秋杰　王胜林
王富兴　水贤礼　牛彦军　石红卫　石迎军　田子超
史全新　冯全义　宁伯伟　邢　燕　吕亚鹏　乔建宏
任联营　刘　勇　刘　晶　刘兴岐　刘宏奎　刘明亮
刘顺安　刘保仓　刘洪涛　闫恩杰　关　罡　许向华
芦　平　杜启明　李　江　李发臣　李建军　李烈阳
李绪荧　李瑞霞　李嵩峰　李新怀　杨　华　杨卫平
杨永昌　杨青黑　杨德民　吴屹强　吴新普　辛建仓
宋孟欣　宋海瑜　宋喜信　张　申　张　辉　张传慧
张安民　张志杰　张金元　张京祖　张建涛　张建慧
张家明　张清范　张道军　张富治　陈　泗　陈　星
陈　新　陈兴和　陈战胜　武广德　范　海　尚耀宗
易国忠　和学民　金荣校　瓮移山　郑学田　宗　勇
建　志　孟红兵　赵志江　赵建才　赵景孔　胡小平
侯津琪　姜现钊　姚云华　贺高凯　秦太宏　耿勇军
贾全明　夏　政　顾馥保　徐　辉　殷国华　高玉楼
高继周　高喜东　郭　锋　郭建华　蒋　勤　韩　斌
程震南　蔡惠军　廖玉安　谭建忠　熊广田　薛景霞
魏　琳　魏尚志

《中原建筑大典·古代建筑》编委会

主　编： 杜启明

副主编： 张斌远　贾付军　魏文萃　刘绍明

编　委： （按姓氏音序排列）

曹国正　常铁伟　陈钦源　杜启航　杜启明　葛海霞
宫嵩涛　古花开　顾永杰　贾付军　李　斌　李丹丹
李东升　李红光　刘绍明　吕军辉　孙艳云　王歌莺
魏文萃　杨东昱　杨华南　余晓川　张斌远　张　亳
张文剑　张文彦　张武军　张笑楠　张延红　张英男
赵　刚　赵明星　赵彤梅

总序一

《中原建筑大典》成书付梓，深感振奋。这部沉甸甸的作品是新中国成立以来我省第一部综合反映建筑成果的大型资料性图书，意义非常。河南省住房和城乡建设厅、河南省土木建筑学会、河南科学技术出版社和各省辖市住房城乡建设主管部门的专家、学者及建设行业的工作者通力协作，以古今中原建筑为主题，书海修行，悉心编纂。可以说，《中原建筑大典》集资料性、艺术性、知识性、可读性于一体，为全省建设行业奉献了一部可读可鉴的古代、近代与现代建筑成果的集大成之作，为我省广大建设者提供了一面了解历史、展望未来的镜子。

建筑艺术是人类文明的集中体现，直接反映地域特点、生产力水平和文明程度。河南地处中原，是中华文明的重要发祥地之一，勤劳智慧的中原人民创造了辉煌灿烂的中原文化，也创造了美轮美奂的建筑作品。新中国成立以来，尤其是改革开放以来，河南省经济社会发展取得了长足的进步，建筑业紧紧围绕全省经济社会发展大局，抢抓行业发展机遇，持续保持快速增长势头。2012 年全省建筑业年产值突破 6 000 亿元，建筑业增加值占全省 GDP 的 5.5%，建筑业成为全省国民经济的重要支柱产业，河南也跻身全国建筑大省之列。在建筑业大发展的时代，我省建筑创作日益繁荣，施工水平不断提升，建筑科技创新能力不断增强，工程质量显著提高，不少建筑作品在继承中创新，在创新中发展，优秀建筑作品不断呈现。《中原建筑大典》的编纂出版正当其时，这部大典是河南这个文化大省、建筑大省伟大成就的缩影，是河南建筑业大发展的力证。

当前，中原经济区已上升为国之方略，世人瞩目。建设美丽中原的宏伟蓝图已经绘就，在加快信息化进程中持续探索“两不三新”“三化”协调科学发展的路子已经确定，新型城镇化引领城乡统筹发展的进程正在加快，建筑业天地广阔，大有可为。希望全省建设行业的同人，在建筑领域深入研究，认真思考，大力繁荣建筑创作，兼容并蓄，博采众长，努力构建具有中原地域特色的现代建筑文化；贯彻落实质量兴省战略，推动建筑科技创新，努力提高建筑产品质量水平，提升城乡建设品质；大力推广绿色节能建筑，倡导生态低碳的生活方式，让古老的中原大地成为具有田园城市风格的大都市区和“三化”协调科学发展示范区，在全面建成小康社会，加快推进中国特色社会主义建设的征程上谱写中原崛起新篇章。

河南省人民政府副省长　赵建才

总序二

建筑是人类物质文明和精神文明的综合产物，除构筑生活空间外，还在人类发展史中起着表达与传递、传承与发展共同记忆和民族文化遗产的重要作用。伟大的建筑一如伟大的文学作品，能触动人类灵魂深处的情愫。一部建筑史也是一部人类文明的进步史，它体现了历史发展的轨迹，承载着人们的记忆和感情。

不同地域、不同族群的建筑，展示着各自独特的历史轨迹与文化背景。中原作为华夏文明的核心传承区，其悠久灿烂的历史文化和广袤的地域造就了绵延千年、丰富多彩的建筑文化，在中国建筑史上具有不可替代的突出地位。七千年前的裴李岗文化、仰韶文化遗址表明建筑先于文字存在，也有力说明了中原建筑诞生之早。中原大地上的都城建筑、宫廷建筑、寺庙建筑、民间建筑异彩纷呈、争奇斗艳，长期处于中国建筑的主流位置，代表了当时的最高水平。自商迄宋历朝历代宏伟庞大的中原古都，世界文化遗产龙门石窟和“天地之中”历史建筑群，象征中华祖先的炎黄巨塑，缅怀先烈革命精神的二七纪念塔，各具特色的民居，郑东新区拔地而起的高楼大厦……都是我们引以为豪的突出成就，是河南对中华文明发展所作出的杰出贡献，是中原儿女勤劳智慧的生动体现。为发掘、研究、继承和发扬河南由古至今的建筑成果，我提议并组织编纂了这部《中原建筑大典》，以飨读者。

翻开《中原建筑大典》的目录，可以看到，它收录的有千年古刹，有百年祠庙，有具有显著地域文化特征的城市标志性建筑，有具有革命意义和特殊价值的优秀历史建筑、名人故居，有融合中外文化特色的代表性建筑，也有低碳环保的宜居建筑，其中不乏获得詹天佑奖、鲁班奖等省、部级以上大奖的知名建筑。这些古今建筑集中反映了中原地区的文化、科技、艺术和劳动人民的创造精神，是一笔宝贵的精神财富。

《中原建筑大典》集中反映了中原历代建筑的特色和风格，并牢牢把握了时代脉搏和发展趋势，显示了中原建筑文化锐意进取的态势。诚如建筑大师梁思成所言：“建筑之规模、形体、工程、艺术之嬗递演变，乃其民族特殊文化兴衰潮汐之映影，一国、一族之建筑适反鉴其物质、精神继往开来之面貌。”古代中原建筑的辉煌自不待言——披沙拣金、优中选精的《古代建筑》已概略地展示了这一点。19 世纪下半叶至 20 世纪上半叶的百年，受制于外侮内弱、国力衰竭，建筑发展几近停滞。至清末民初，才零星有了对西方建筑吸纳的作品出现；新中国成立后土木兴盛，也曾产生了一些精品佳作；20世纪80年代改革开放以来，城市建设突飞猛进。《20世纪建筑》很好地记录了中原地区建筑从对西方建筑的吸纳、自主创作的萌芽到不断创新发展的过程。而服务于当代社会活动、人民生活的《21世纪公共建筑》《21世纪居住建筑》则反映了自改革开放以来建筑产业迅速推进、城市化水平逐年提升、建筑产品如雨后春笋蓬勃成长的良好局面。整套书力求反映出中原建筑的古今辉煌和传承创新。

建筑的重要意义在于，它不单为人们提供栖身之所，还是城市、乡镇和各种文化场所的组成单元，它存在于环境、生活、经济发展之中，又反过来影响环境的营造、生活的构建、经济的发展，还影响着人们的思维习惯、行为模式和生活方式。它能鼓舞人、激励人，让人们去热爱自己的城市，热爱自己的家园，并为之付出劳动和智慧。我们在加快中原经济区建设、推进新型城镇化的进程中，绝对不能忽略文化建设，要把文化发展与整个经济社会发展结合起来，把文化软实力的提升与综合实力的提升结合起来。我们希望，《中原建筑大典》的编纂出版，能够对弘扬中原建筑文化、提升城市品质、保护历史文脉、留住城市记忆、推进中原经济社会发展起到应有的作用和贡献。

河南省住房和城乡建设厅厅长、工学博士、研究员　刘洪涛

总序三

《中原建筑大典》是由河南省住房和城乡建设厅发起，河南省土木建筑学会与郑州大学建筑学院、河南博物院和河南科学技术出版社等单位合作，组织有关专家、学者、研究人员共同编纂的一部全面总结和反映河南省从古至今建筑成就的大型图书。这部套书以时间为分卷标准，兼顾功能、属性，形成《古代建筑》《20世纪建筑》《21世纪公共建筑》《21世纪居住建筑》四个分卷，于2013年出版。

《中原建筑大典》由河南省人民政府副省长赵建才担任总顾问；河南省住房和城乡建设厅厅长刘洪涛任主编；河南省住房和城乡建设厅设计处、规划处、建管处、房产处、城建处等处室领导，河南省18个地市的建委、规划、房管部门领导和当地规划设计院院长任编纂委员；来自河南全省的一批权威专家主持各书的编写。到目前为止，这是第一部以中原建筑为对象的规模最大、成果最前沿、资料最翔实、图片最丰富的套书。

对本省、本地区的物质及非物质文化遗产进行挖掘、整理、保护和继承是当今的一大趋势。长期以来，河南省社会各界特别是建筑领域的专家、学者、建设者都强烈希望并积极倡议将中原地区数千年来的优秀建筑作品及有关资料汇编成书，以供当代人研究、回味，供后来人借鉴、参考，为促进河南城乡建设的跨越式发展作出应有的贡献。这项工作得到了河南省住房和城乡建设厅、各省辖市主管部门及河南科学技术出版社的全力支持。在赵建才副省长、刘洪涛厅长的具体指示和明确要求下，《中原建筑大典》套书编纂委员会迅速成立，编纂、出版《中原建筑大典》的工作顺利展开。

自套书编纂委员会成立三年来，各界专家召开了多次学术会议，就《中原建筑大典》的定名、定位、定性问题和分卷、分类原则以及各卷的框架结构等进行了深入细致的探讨，达成了广泛的一致。

一部图书的定名与定位，直接反映着该书的内涵与指向，也蕴含着对时间与地域的划分，对这样一部反映河南建筑发展历史与现状的图书而言，更是如此。本书的定名，曾有诸多争议，主要集中于两个问题：一是地域冠名；一是应该叫“大典”还是“大观”“选编”，或别的名称。直观理解，“河南建筑”更为贴切，意指现河南省行政区内的古今建筑，明白、易行、易理解。然而，建筑既是一种物质产品，但同时也具有文化意蕴和历史记忆。相对于“河南”来说，“中原”的概念既形成得早，又成为举世公认的当今河南的代名词。虽然它的外延大于河南，甚至延及江、河两岸，但它的核心区位一直定位在河南。另外，中原经济区的形成，也是书名需要考虑的问题。《国务院关于支持河南省加快建设中原经济区的指导意见》中对中原经济区的区域范围定为“涵盖河南全省，延及周边地区的经济区域”。因此，本套书编纂委员会成员一致认为，地域冠名为“中原”比“河南”更恰当。

古今中原建筑的素材浩如烟海。本书虽不包含全部中原建筑，但却大体涵盖了中原建筑的主要和典型的代表，在时间上既涵盖了古代，又涵盖了近代和现代；几十年来，我省尚未出版过一部涵盖范围较其更为全面的建筑图书，此书可以视为一项开放的工程，目前完成的《古代建筑》《20世纪建筑》《21世纪公共建筑》《21世纪居住建筑》先期出版，今后还将追踪时代步伐，续写有关内容，作为它的补充与延伸，以形成系列。因此，编者不揣浅陋，将本书冠以“大典”之名，此中用心和深意，尚希读者鉴谅。

对于书的性质，编者力求使其成为中原建筑的百花集萃，但鉴于很多古代建筑的湮没无考和现代建筑的数量过于庞大，做到完全收录是力所不及、也是没有必要的；编者本着客观的态度，严格甄选出各类建筑中最典型、最有特色的代表作品，力求全面、准确地反映数千年来河南建筑的全貌。各卷的甄选及分类标准如下：

《古代建筑》卷，按照功能的不同分为佛教建筑（其下包括寺庙、佛塔、石窟）、道教建筑、伊斯兰教建筑、纪念建筑（其下包括祠庙、陵墓）、文庙书院建筑、衙署建筑、会馆建筑、民居建筑、桥梁建筑、古代城址、其他建筑（其下包括庙阙、园林、高台、水利设施、风水塔等），选择各类建筑中文物等级高、历史久远、文化底蕴深厚、布局独特或已经是现存孤例的建筑。

《20世纪建筑》卷，以新中国成立前后划分为两个阶段，即1901年至1949年，1950年至2000年。前一阶段根据行政区划按城市分列各类建筑；后一阶段按建筑类型编排，两个历史阶段体例分别与《21世纪居住建筑》《21世纪公共建筑》一致。前后对照清晰地显示了中原建筑两重天的变化。

《21世纪公共建筑》卷，按照功能的不同分别选择各类建筑中具有标志性（刷新城市新高度、直接是一个城市的象征、具有革命纪念意义和特殊价值等）、艺术性、环保节能性、名牌（著名建筑师、设计师的代表性作品）及获奖（获得詹天佑奖、鲁班奖等省、部级以上大奖）的建筑。

《21世纪居住建筑》卷，在选材上充分考虑不同读者的需要，既考虑建筑特色和专业水平，以便作为专业人员和研究人员的借鉴和参考，又考虑到一般读者的审美趣味和欣赏需求。所收居住建筑按河南省行政区划排序。

各卷中每个建筑均附有几百字的文字说明，除了介绍建筑面积、建造时间等专业数据（《21世纪公共建筑》卷和《21世纪居住建筑》卷尽可能给出了设计单位、建筑面积、设计时间和竣工时间等）之外，还对该建筑的功能、结构和设计特点加以阐释，同时尽可能配以各类建筑图纸（总平面、平面、立面及剖面等），力求做到资料翔实、具体，评价准确、公允，使这套书具有较高的学术价值和资料价值，并因其内容与形式的完美统一而具有典藏性和观赏性。

编纂委员会成员根据统一设计的征稿与编写框架，夙兴夜寐，踏实工作，对文字、数据资料反复核实，对照片、图纸反复推敲，付出了巨大的努力，使这部套书的权威性、科学性、可读性得到了保证。

正值本书编纂完成、行将付印之际，迎来了《国务院关于支持河南省加快建设中原经济区的指导意见》的下达，编纂委员会成员和全体参与同人无不感到欢欣鼓舞。作为一部反映中原古今物态建筑的图书，对照国务院的指导意见尤其是第36条的要求，我们为对中原经济区的发展做了一件有意义的工作而感到欣慰。

在本书的组织和编纂过程中，我们既考虑到了河南作为占有全国最久远、丰厚的建筑文化资源之地、全国交通枢纽的中心地位，以及人口大省的特殊地位，又考虑到了河南省人均经济规模、人均居住面积、城市化水平低于全国平均数的现状，力避夜郎之言和印象的产生。我们清楚地认识到：河南的突出优势将是保障其可持续发展的不竭源泉；河南现有的突出矛盾和劣势，也将随着中原经济区发展战略的实施，成为反推中原实现跨越式发展的巨大潜能和动力。愿我们共同努力，以史为鉴，借国务院支持我省中原经济区建设的东风，促进建筑与住宅产业发展，加快城镇化进程，实现城乡共同繁荣，为支撑中原崛起和河南振兴，服务全国发展大局作出新的贡献。

河南省土木建筑学会副理事长、秘书长　李绪荧

概述

一卷河南建筑志，半部中国建筑史。

河南，为古代中国政治、经济、文化的核心区域，中原文化的代表。重要的历史地位，频繁的文化交流，优越的自然条件，使得河南区域的建筑文化光辉灿烂，独领历史风骚。

河南区域具有十分独特的气候、地貌、交通等自然环境及丰富的建材资源。中国的气候分界线——秦岭之余脉横贯河南中南部，它不仅是中国古代重要的区域政治界线和南北经济作物类型分界线，也是中国两大木构建筑体系——北方抬梁式建筑体系与南方穿斗式建筑体系的分界线。此线以北建筑风格厚重庄严，此线以南建筑风格轻盈疏透，形成“南秀北雄”的独特景观。沿线而行，我们有幸看到中国两大木结构建筑体系的交汇景象。纵穿河南中部，会看到中国二、三阶梯交会之奇观，与其相对应，东、西部建筑结构与风格迥异：大运河贯穿东部，富饶的黄淮平原上，著名的城邑和历史建筑星罗棋布；西部为中国黄土高原之东端，自古以来，为图霸天下者征讨盘桓之处，自此向西，中国生土建筑——窑洞依次出现窑院结合民居—地坑院民居—窑洞民居的有趣变化；西南部区域温暖湿润的气候和丰富的建材资源，又使得此区域出现了与众不同、丰富多彩的建筑文化。河南是中国水陆交通枢纽，“四渎”（黄河、长江、淮河、济水）水系与重要陆路交汇于河南：黄河因三门之险及崤山、太行山之阻，使得崤函古道、羊长坂古道和黄河栈道成为扼中国东西的咽喉要道，以此天险为界，历史上形成了以东、西两京（洛阳、长安）为核心的两大文化圈；豫西南丹江、湍水、唐白河汇入长江，扼中国南北之枢关，为北方商贾向长江流域和南方诸省扩张之最捷近、经济、安全的水运要道；淮河源于豫西南，支流广布河南东南部，沙河、颍河沿线自古为中国北部向东南诸地发展的又一水陆枢纽。这三大水陆交通系统同时也是重要的建筑文化交流线路，沿线有许多外部区域与中原风格巧妙结合的杰出建筑作品。河南约三分之一为平原，三分之一为丘陵，三分之一为山区，古代建筑最重要的建筑材料——木材种类丰富，可满足建筑各种部位结构材种之需；极为丰富的土资源，为筑城立基、烧造建材提供了无穷无尽的材料；阶梯交会带裸露的多种岩石可直接作为建材使用，大量的石灰岩为烧制石灰提供了丰富的原材料。河南的先民们因材致用，借势立基，创造出了丰富多彩的建筑文化。

河南是中华文明的重要发祥地，是古代中国重要的政治、经济、文化中心，如此地位决定了河南是古代中国建筑活动最活跃的区域。

河南优越的地理和自然条件，为旧石器时代的人类社会发展提供了一条既向阳避湿、又可尽享四季大自然水陆恩赐的生存带，呈南北向分布的南召猿人洞穴、许昌灵井旧石器时代遗址、郑州织机洞遗址、安阳小南海洞穴遗址即为其证。进入新石器时代，河南区域成为中华大地上部落分布最密集的区域，建筑文化亦随之快速发展。在距今7 000年的裴李岗文化舞阳贾湖遗址中，发现了半地穴、地面起建、干阑式等几种建筑，后者的出现，为研究中国气候分界线或曰气候的变化提供了直接的实物证据。属仰韶文化的郑州大河村遗址出现了排房，经火烧烤过的居住面说明人们已在探索室内防潮技术。类似三门峡西坡遗址所见的大型公共建筑，在许多遗址中不断出现。郑州西山遗址是中国最早出现的城址之一。在父系氏族社会阶段，河南大地上的小型城堡如雨后春笋般涌现，筑城夯土技术日臻成熟。新石器时代龙山文化时期，汤阴白营遗址井和土坯砌块的出现，既是对木骨泥壁和夯土墙技术的一次革命，亦孕育着建筑模数制的萌芽。在郾城郝家台遗址中发现了木地板，说明当时河南的先民们在室内防潮处理方面已有成熟的认识和构造技术。淮阳平粮台遗址城内有十几座高台建筑，人类社会的尊卑序列已用建筑的等级来标示，城址中的陶排水管的发现，说明是时城的建设已注重科学排水问题。

河南是中国率先进入奴隶制社会的区域。阶级和国家的出现、经济的发展、青铜工具的发明和奴隶的大量集中使用，使得建造更大规模、更高水平的建筑成为可能。夏、商、周三代在河南大地上暴风骤雨式的发展、冲突、交融与更替，诞生了许多划时代的建筑作品，其中的城市规划思想和理论一直影响了整个古代中国。在偃师二里头和尸乡沟、郑州商城、安阳殷墟遗址中，发现了规模宏大的建筑群和城址，遗址中有大量大型宫殿基址、城门、道路、供排水设施及富丽庄严的建筑彩画，殷墟遗址还发现了保护柱根免遭水害的青铜柱礩。为了取得宏阔的屋檐，已在尝试木擎檐结构——斗栱的雏形。安阳殷墟商代甲骨文中有大量与建筑有关的文字记载，如“宫”“京”“高”“室”“宅”“寝”“家”“门”“墉”等，说明河南区域当时已有不同类型的建筑，建筑各部功能、构造日臻完善。根据周人《作雒》所记，洛阳成周城是周天子在中国之“中”建造的以“以礼治国”为城市规划思想并影响以后整个古代社会的城市建筑，明清北京城的规划蓝图完全承袭其规划指导思想，由此可见河南区域是中国城市规划理论的诞生地。将黏土烧制成砖瓦等建筑材料，是建筑史上的一次革命，它不但增强了建筑的承载力和抗风雨剥蚀的能力，且在尺度上与当时的度量衡制度结合，已具备建筑模数的基本概念。创建于春秋时期的登封阳城遗址中发现了室内砖铺 地、储水设施和供水管道，均是这次革命的成果。

进入封建社会，由于铁制工具的出现和生产力、科学技术的大发展，河南迎来了建筑发展的黄金时期。因各阶段历史的变化，其建筑文化的发展又各具特色。

战国时期，河南出现了以楚长城为代表的长城建筑，为中国“长城之父”。秦朝时兴建的济源五龙口水利工程至今仍发挥着重要作用。西汉时期，洛阳兴建了大批粮窖仓，反映了汉代仓储建筑在防潮、恒温、恒湿方面所达到的较高水平。永城梁孝王陵区北部芒砀山巅发现的木构高层建筑遗迹反映出当时建筑设计已使用与人体尺度密切相关的丈尺模数制，且建筑内以夯土、砌石方柱为稳定建筑的基体。从新密打虎亭西汉墓结构中，可知当时石结构发券技术已达纯熟阶段。东汉时期，从班固《两都赋》及张衡的诗赋中可知，都城洛阳和南都南阳城市建设繁华为天下之最。从河南所见大量东汉陶楼明器中，可知当时正尝试以高层木结构取代高台建筑，斗栱的形式也在逐渐完善，屋顶形式几乎包含了后世所能见到的基本形式。该时期建筑虽然现存较少，但建筑遗迹较为丰富，登封东汉三阙是我国现存最早和仅有的石构庙阙建筑。东汉是我国木结构建筑体系基本形成的时期，而体系形成的中心在河南。

政治动荡、战争频繁的三国时期，建筑技术有了很大发展。曹魏都城许昌留下了许多著名建筑遗迹。安阳县魏武王曹操墓的平面规划、空间尺度和大型青砖分别以丈、尺为模数，证明了建筑模数制的进一步发展。北魏定都洛阳，民族及文化得到大融合，统治者继承汉文化，在洛阳城旧址上修建了宏大的都城和宫殿。佛教高层建筑的大量出现，直接刺激了建筑技术的进步，杨衒之《洛阳伽蓝记》载，当时洛阳有佛寺1 367所之多。胡灵太后所建永宁寺中心之木塔，为稳定木结构，塔中心以土坯纴木结构建筑庞大塔心柱，该塔的规模、高度及华丽为全国之最。在古籍中尚有称量木件对称分布结构以求稳固的例子，反映了当时对木结构高层建筑技术的积极探索。建于北魏正光四年（523）的登封嵩岳寺砖塔，是中国现存最早的砖塔，也是唯一的平面呈十二边形的塔，反映了是时高层砖结构技术的巨大进步，塔壁厚度与塔心室直径之间存在着倍数关系，说明了当时对砖结构设计模数的探索。魏晋南北朝是中国园林发展史上一个承前启后的转折时期，西晋石崇所作洛阳金谷园是当时著名的别墅型私家园林，洛阳华林园、张伦宅是北魏末期贵族私家园林的代表，引领着当时园林和苑囿的时尚。

隋唐时期是中国古代建筑发展成熟、中国完整建筑体系的形成时期，其形成过程主要是在河南区域完成的。隋大业元年（605），朝廷下令在周王城基础上营建东都洛阳，唐朝时继续扩建。由于东都洛阳的地位比长安更适中，便于控制东南地区，尤以运河开通后，江南物资北运，洛阳供应便利，其繁荣和地位逐渐超过了长安。武周时期，女皇武则天将首都自长安迁到洛阳，完成了政治中心的东移。洛阳城不仅建有以含元、贞观、徽猷、天堂、明堂、上阳宫和西苑为代表的宏大宫殿建筑群，而且还是一座以园林著名的城市。据载，贞观、开元年间，公卿贵戚开馆列第于东都者已号千余邸，中唐以后，很多贵族官僚争相在南区营建住宅园林，声满天下。从白居易在洛阳履道里自营私园所记《池上篇》及宋人《洛阳名园记》中，可以发现唐代造园中不仅已运用了空间节奏划分、比例、对比、掩映、借景、对景、喻义等明清江南园林中所有的造园手法，而且出现了以动物强化意境、以声激情甚至以温差营造小气候的高超手法。稽考明清江南园林之艺术渊源，均诞生、成熟于河南。唐代的宗教建筑出现了大的发展，洛阳龙门石窟奉先寺的开凿，将中国佛教造像艺术推向了前所未有的顶峰。安阳修定寺塔，登封法王寺塔、永泰寺塔等唐代佛塔，是中国现存唐代砖构佛塔的代表作。由于李唐姓氏的原因，道教祖师李耳受到格外尊崇，李耳故里鹿邑太清宫成为国内道教建筑之最。唐朝时，朝廷再次严格规定了建筑等级制度，王公官吏以至庶人的住宅、门、厅的大小、间数、架数以及装饰、色彩等均有严格规定。由于手工业的进步，唐代的建筑技术也有了显著的进步，木构架的做法已相当科学，从绘画、文字资料及现存实物看，建筑设计和施工中已运用较为成熟的模数制。唐代建筑对东方世界尤其是日本产生影响之巨大，至今仍仰俯可见。

在局势动荡且短促的五代时期，河南仍出现了如武陟妙乐寺塔这样著名的优秀建筑作品。北宋将地处大运河中枢的汴梁（今开封）作为首都，顺应商业经济发展趋势，开坊墙、设商铺、通漕运，使压抑了千年的商业经济如火如荼地发展起来，使得城市的规划结构、市民生活、城市面貌和政治机构都发生了巨大变化，望火楼、军巡铺屋设置密集，前所未有。西京洛阳不但为中国著名的商业城市，且秉承唐风，其私家园林之胜冠于海内。由于气候、国力及意识形态领域的变化，北宋建筑一反唐代宏阔刚劲的形象，呈现了秀丽绚烂的艺术风格。为了保持足够的室内空间，在结构上采用了移柱、减柱等技术措施。都料匠喻皓奉旨建造东京开宝寺木塔，设计时考虑到了塔身预设倾角以抗风荷的措施，世所罕见。从宋代名画《清明上河图》及《金明池争标图》中，我们可以看到诸如虹桥、水阁这样精美的建筑杰作。宋代的大小砖石塔多仿木构形象，比唐塔更为华丽，结构更为合理，其中高50余米的祐国寺琉璃塔的修建，不仅显示了琉璃制品生产规模的扩大，而且展示了构件的标准化和镶嵌方法所取得的艺术成就。宋代的祠庙有严格的等级制度，这在登封中岳庙现存《大金承安重修中岳庙图碑》和宋开宝六年（973）的济源济渎庙的布局中均有反映：中心区域以大回廊、斜廊拱卫核心区的大殿及前朝后寝的工字殿布局，成为宋代建筑的典型布局方法，并影响到后代的建筑布局。以登封少林寺初祖庵大殿、济源济渎庙寝宫为代表的实物，是研究宋代建筑制度的珍贵建筑遗存。宋代是中国古代建筑的成熟期，是中国古代建筑科学技术发展的顶峰。金代在建筑上仍承袭宋制，河南现存实物不多，也是研究《营造法式》的珍贵资料。

元代起，虽然政治中心移出河南，但河南区域建筑的发展依然活跃，并出现了规模宏大的建筑行会组织“鲁班社”。元代建筑虽然风格粗犷，但却摈弃了梁首断面过小等一些旧制弊端，并在梁架构造上大胆地进行了有益的探索。元代促进了民族建筑文化的融合，留存至今的一些元代建筑带有明显的北方少数民族的建筑风格。河南现存元代木结构建筑多集中于豫西北地区。开封延庆观玉皇阁是元代砖结构楼阁的典型代表。元代在登封周公测景台旧址修建的观星台，可视为当时的“国家天文台”，其测量数据的精确度领先欧洲数百年，代表了当时世界天文学的最高成就。明清时期是中国古代建筑史的最后一个高峰期，清《工部工程做法则例》的颁布，虽充分考虑了建筑设计与施工之便，却失去了宋《营造法式》的理论精华，将中国古代建筑引上了构造呆板僵化、装饰繁缛堆砌的病态之路；但河南区域的匠师们不囿法式，积极地进行了有益的建筑手法探索，使得河南区域绝大多数的明清建筑仍呈现出勃勃生机。因河南处于中国四方陆路与黄河、淮河、长江三大水运通道相交接的枢纽位置，河南的中小型商业城镇在明清资本主义萌芽的催化下，出现了蓬勃发展的局面。几大交通枢纽的商业城镇被南北行商大贾尤其是晋陕“两商”掌控，其所建的会馆建筑成为河南乃至全国明清建筑中最具文化特色的作品，其中尤以南阳的赊旗镇、淅川荆紫关镇的会馆群和洛阳的潞泽会馆、山陕会馆以及开封山陕甘会馆、周口关帝庙最为著名。以南阳府衙、淅川荆紫关协镇都督府、内乡县衙、密县县衙与叶县县衙为代表的衙署文化，是官衙建筑系列的珍贵遗存。以新乡明代潞王墓、禹州周王墓、南阳唐王府为代表的藩王建筑遗存是研究明代藩王文化的珍贵实物资料。

河南是中华文明的重要发源地，其诸多历史建筑具有巨大的社会情感价值。新郑黄帝故里、内黄颛顼陵、淮阳太昊陵和众多的家族宗祠，在凝聚华夏民族情感和力量的过程中起了非常重要的作用。登封中岳庙、济源济渎庙、武陟嘉应观等山川国祭祠庙，是中国五岳四渎祠庙中的精品。各种教派竞相在中原谋求发展，使河南各地佛教、道教、文庙与书院、伊斯兰教建筑如星罗棋布，为文化交流作出了贡献。河南的民居建筑因区域气候、地形地貌、建材资源及建造者身份之不同，也呈现出多彩的面貌。其中巩义康百万庄园，代表了清代封建地主和豫商家宅建筑的特点；而豫西的窑洞，为研究中国生土建筑提供了难得的实物资料。因历史动乱，河南现存园林实例不多，但从辉县百泉、汝州风穴寺二例中，我们可以分别感受到河南的山水园林和寺庙园林艺术的设计思想。修建于明代的潞王望京楼已出现了拱肋拱券石结构，说明河南砖石发券技术已达到了一个新高度。明清时期，河南古建筑屋面的琉璃作五彩缤纷、琳琅满目，为琉璃艺术大观。清代赊旗镇山陕会馆和开封山陕甘会馆上的木雕、石雕，均出自当地匠师之手，技艺之精冠盖海内。河南灿若繁星、各呈异彩的建筑作品，因其所处气候与区域文化的不同，被赋予了更独特的价值。

河南独特的历史地位使其成为中国古代建筑理论和法规的发源地。在河南，诞生了城市规划著作《作雒》，建筑设计、施工、定额规范《营造法式》，以及以《洛阳名园记》《池上篇》为代表的园林理论著作和木结构理论著作《木经》，其内容涵盖了建筑活动的全过程。这些著作，对中国古代乃至近现代的建筑活动发挥了巨大的作用。

西周时期，周公姬旦在黄河以南、嵩岳以北的伊洛地区邙山之下、洛水之阳的涧水入洛处营建了位重宗周镐京的新都——成周雒邑，按照“以礼治国”的规划思想建造起来的雒邑，处处体现着王权的尊严和严格的阶级秩序，其城市规划思想一直贯穿于中国 3 000 多年的城市规划蓝图之中。记载其建筑制度的《作雒》也成为历史经典而被世代尊奉。汉长安城、三国时期曹魏都城邺城、汉魏洛阳城、隋唐长安城、北宋东京城、元大都、明南京皇城、莱芜县城等城市的规划布局，不同程度地吸纳了《作雒》的规划理念。而明清北京城，几乎完全继承了《作雒》的规划思想。

北宋初期建筑大师喻皓所著《木经》，不但指出建筑各部均有营造比例，且明确将建筑设计尺度与人体模数相结合，体现了建筑设计的核心目的所在。北宋后期将作监、河南人李诫奉敕于元符三年（1100）编成、崇宁二年（1103）刊行的《营造法式》，全书计36卷，359篇，3 555条，其全面性、科学性为古代世界所罕见，被国际学术界誉为古代最伟大的建筑技术法规，在建筑设计、施工技术和经费管理方面达到了一个前所未有的高度，指导和影响了其后的整个封建社会的建筑活动。《营造法式》对宋代以前的建筑名目、制度、计算方法及操作工艺等进行了考证和梳理，其编修是中国历史上第一次全面、系统、科学的建筑总结与研究活动，不仅为当时的建筑活动提供了规范，而且为今人研究宋代以前的建筑典章奠定了坚实的基础。《营造法式》在建筑技术方面的贡献主要有：第一次全面清晰地对建筑业的工种进行了科学分类，计分为石作、大木作、小木作、雕作、旋作、锯作、竹作、彩画作、泥作、瓦作、砖作、窑作12类；在世界上首次提出了完整、科学的建筑设计模数系列；在木结构材料力学、构造技术方面规定，凡梁、枋、斗栱等重要矩形结构构件，其断面高：宽均为3 ：2，根据测算，这一黄金比例断面所产生的材料力学性能处于最佳状态，它的提出比世界其他国家早数百年；书中同时规定了一座建筑的面阔、椽架进深之极限数据，双向交叉及三向交叉的承重性木构件的榫卯开法，重屋高层建筑上下层、转角结构的加强做法，以及筑基与配料比、墙体收分率、筑墙之“木”制度；对于同等体量的殿堂、厅堂、余屋建筑中须使用不同材料的建筑构件且其构件之疏密布置书中亦有规定。这些都充分反映了《营造法式》对建筑力学、材料力学的科学认识水平。《营造法式》对凡露明部分的建筑构件，均作了一定的艺术形象处理，与其前后时代的建筑相比，这种处理达到了建筑艺术与结构的高度统一，使人们在欣赏一座建筑的时候，如同到了一座艺术殿堂之中。《营造法式》用了大量篇幅对建筑定额作了非常具体的规定，其科学性、严密性令今日的古建筑预算定额亦难望其项背。《营造法式》颁行后的数百年间，虽朝代不断更迭，但中国的建筑活动却一直承袭其制度。无论是明代的《鲁班经》，还是清代《工部工程做法则例》，甚至民国时期南方广传的《营造法原》，均承袭了《营造法式》之制。

《池上篇》与《洛阳名园记》是中国古典园林艺术之集大成者。唐代文学家白居易作《池上篇》，其中论及的建筑水域植物三者比例的掌握、蓬莱三岛构图、放养动物以增山林野趣之感、理水叠石及四时成景变幻无穷等造园之手法已占明代计成《园冶》理论之大部，因而白氏堪称中国古代园林艺术理论之先驱。宋人李格非著《洛阳名园记》，载洛阳名园十九处，纵横挥洒论其布局、掩映、空间分割、节奏对比、因借艺术、四时设景、叠山理水、山林野趣、艺兼六技等园林要诀。从二著中不难看出，今所称颂的中国古典园林艺术理论之代表作——江南园林造园理论之基本要素，在唐宋之时的河南洛阳已完全具备。从历史发展角度看，江南古典园林的造园手法，确实多是在民族的不断南徙中从河南传过去的。

辉煌的河南古代建筑历史包含了无数能工巧匠的劳动。河南是古代哲匠的摇篮，孕育出了古代中国的大批建筑哲匠，每项大型建筑工程都倾注了他们的心血和汗水。主持营建了成周雒邑的城市规划大师周公姬旦，乃中国古代城市规划理论的鼻祖；主持修建北魏洛阳都城的尚书仆射李冲、主持营建东都洛阳城的隋朝将作大匠兼营东都副监宇文恺，堪称古代杰出的城市规划大师；主持营建了众多著名建筑的建筑大师蒋少游、喻皓、郭忠恕、李诫和科技建筑大师郭守敬，至今为国人所忆念；园林艺术家白居易等人，堪称一代园林艺术宗师。

综上所述，自古以来，河南不仅是中国重要的政治、经济、文化中心，更是中国建筑文化的发展中心。在这里，历史上涌现了许多闻名于世的伟大建筑作品，产生了诸多杰出的建筑名人，诞生了对中国乃至世界有重大影响的建筑理论，对世界建筑文化产生了巨大影响。河南保存至今的各类优秀建筑文化遗产，不仅是华夏文化艺术宝库中的重要组成部分，也是世界建筑宝库中的重要财富。河南的先民对中国和世界建筑文化的发展作出的贡献是伟大而杰出的。

河南博物院副院长、研究员　杜启明

目录

一　佛教建筑

二 道教建筑

七　会馆建筑

八　民居建筑

九　桥梁建筑

十　古代城址

十一　其他建筑

一 佛教建筑

河南是中国佛教文化的胜地。中国第一座佛教寺院白马寺诞生于东汉东都洛阳，其后，佛教在以洛阳、嵩山为中心的区域蓬勃发展起来，并迅速扩展至全国，以至于北魏、唐代时朝廷不得不采取严厉的行政手段限制其规模。北魏都城洛阳佛寺达 1367 所，皇室斥巨资开凿了闻名于世的巩义、龙门两大石窟群，其中龙门石窟与敦煌石窟、云冈石窟并称中国三大石窟。义马鸿庆寺石窟，是佛教艺术东渐过程中的代表作。安阳小南海石窟与方城佛沟摩崖造像，是文化交流干线上佛教文化的胜迹，其中后者拥有浓厚的藏传佛教特色，成为汉藏民族文化交流的珍贵史证。洛阳白马寺，登封法王寺、嵩岳寺与少林寺，开封相国寺等著名的古代京畿寺院，在中国古代佛教文化发展中发挥了巨大作用。少林寺初祖庵，以其“四绝”特征，成为国内外研究宋《营造法式》制度的珍贵实物例证。汝州风穴寺为北方地区寺庙园林建筑的典型代表。登封会善寺是中国唐代天文学家僧一行（张遂）修行之处，且寺中的净藏禅师塔是现存最早的唐代仿木构八角亭式塔，在中国古代建筑史中占有重要地位。温县慈胜寺、济源大明寺、宜阳灵山寺，保存有价值颇高的金元建筑遗存和珍贵的壁画、彩画与塑像。淅川香严寺、陕县安国寺分别代表了河洛文化与荆楚、秦晋文化交汇带的建筑风貌，具有重要的文化价值。浚县天宁寺与奉祀主体大石佛有机组合，形成了佛地胜景。辉县白云寺、镇平菩提寺在建筑物的形体、色调、比例上与幽静美丽的自然环境达到了有机统一。

河南是中国保存古塔最多的省份，现存古塔 825 座，接近全国古塔总数的 1/5。登封少林寺塔林是中国最大的佛寺塔林，为中国古塔艺术宝库；博爱月山寺塔林以独具特色的布局而闻名；登封北魏嵩岳寺砖塔、安阳灵泉寺北齐双石塔，是我国现存时代最早的砖塔和石塔，前者为我国十二边形密檐塔孤例，蕴含中国早期佛塔的许多历史信息；登封法王寺唐塔群与“嵩门”景观形成绝佳构图，为著名胜景；安阳修定寺塔为中国现存唯一的唐代华塔，以富丽的高浮雕砖雕装饰誉满海内外；武陟妙乐寺塔为五代时期的佛塔，其鎏金宝刹保存完好，为研究五代佛塔形制提供了珍贵实物资料；开封祐国寺塔为中国最早的以褐色琉璃构件组合而成的琉璃佛塔，代表了北宋时期高超的工艺水平；开封宋代繁塔，体量雄浑；唐河泗洲塔，为河南现存宋代砖塔体量与高度之最。邓州福胜寺塔地宫内出土的精美宋代金棺银椁及佛教文物为国内罕见。洛阳白马寺齐云塔、三门峡宝轮寺舍利塔、沁阳天宁寺塔为中国金代密檐塔的代表之作。安阳天宁寺佛塔，以其上大下小的奇特形象，有中国唯一“倒塔”之美誉。许昌文明寺塔为明代大型砖塔，它以挺拔秀丽的倩影成为魏都的标志。鹤壁玄天洞石塔，是河南体量最大的明代石塔，代表了河南明代石构佛塔的工艺水平。河南是研究中国佛教文化的重要中心之一，其中洛阳龙门石窟，登封少林寺建筑群（包括常住院、塔林和初祖庵）、会善寺、嵩岳寺塔等佛教建筑，以其非常高的历史、艺术、科学价值，相继被联合国教科文组织评定为世界文化遗产。

洛阳 1 白马寺

华夏首刹白马寺位于洛阳城东约 12 km 处，北依邙山，南临洛水，古柏苍松掩映之下，宝塔高耸，殿阁层叠，洪钟长鸣，法香远溢。白马寺是我国佛教文化的发祥地，被誉为中国佛教的“释源”和“祖庭”， 为全国重点文物保护单位。

据史载，东汉永平七年（64），汉明帝刘庄夜梦金人，高丈六，飞绕殿庭。第二天明帝召集大臣，询问梦兆。太史傅毅回答说：“臣听说那是西方的神，名叫‘佛’，和陛下所梦见的一样。”汉明帝遂派大臣蔡愔、王遵等人出使天竺（今印度）寻佛取经，在途中遇天竺高僧摄摩腾、竺法兰，取得 42 章佛经，用白马驮载回洛阳，藏经于鸿胪寺（官驿），并进行翻译工作。为铭记白马驮经之功，次年建寺并命名为“白马寺”。这是佛教传入中国后，由官方营造的第一座寺院。

北魏孝文帝迁都洛阳后，白马寺得到了重建。武周时，武则天指派薛怀义为白马寺住持，大兴土木，广建殿亭高阁。据《重修西京白马寺记》记载，北宋时期，宋太宗赵光义敕修白马寺。明洪武年间（1368—1398）太祖朱元璋敕修白马寺，其后又多次进行了大规模整修。清代康熙年间（1662—1722）再次重修，现存建筑多为明清时期所修。

白马寺主院占地面积约 6 hm²，主要建筑分布在由南向北的中轴线上，依次为山门、天王殿、大佛殿、大雄殿、接引殿、清凉台、毗卢阁等。

清凉台又叫清源台，位于白马寺后部，是一座砖砌高台。它东西长 42.80 m，南北宽 32.40 m，高约 6 m。雄浑古朴，为明嘉靖三十四年（1555）所重修。相传清凉台原是汉明帝刘庄避暑、读书之处，印度二高僧来洛阳后，在此台禅居和译经传教。清凉台是白马寺独有的胜迹，被誉为白马寺“六景”之首。

主院之东，另有塔院一区，正中有砖塔，名曰“齐云”，是金代密檐塔的代表作，亦是国内罕见的回音建筑。

白马寺内有历代碑刻 40 余方，其中宋天禧五年（1021）刻石《摩腾入汉灵异记》为珍贵的书法艺术作品；元代赵孟頫书写的《洛京白马寺祖庭记》，字体潇洒，堪称“赵体”佳作。寺内现存佛像 40 余尊，其中大雄宝殿的三主佛、二天将、十八罗汉都是元代夹纻胎漆造像，均为 1973 年从北京慈宁宫大佛堂调入，是稀有的传世文物瑰宝。大佛殿悬挂明代大钟，铸于明代嘉靖三十四年，通高 1.65 m，钟上注明钟重二千五百斤，造型古朴大方。

“马寺钟声”为旧时“洛阳八景”之一。

全景（赵钧提供）

大雄殿（赵钧提供）

天王殿（张斌远提供）

清凉台（李斌提供）

齐云塔（张斌远提供）

2

登封少林寺

少林寺位于登封市城西北 13 km 的少室山五乳峰下，四周群山耸峙，古树参天。少林寺被誉称“禅宗祖庭”，是我国佛教禅宗的发源地，也是少林武术的发祥地。

少林寺为全国重点文物保护单位、世界文化遗产“天地之中”历史建筑群的内容之一，包括常住院、塔林和初祖庵，其中初祖庵大殿及塔林为全国重点文物保护单位，以其重要的文物价值而享誉于世。

少林寺由西域沙门跋陀创建于北魏太和二十年（496）。其后印度僧人菩提达摩驻此，创立禅宗。少林寺至今流传着初祖达摩面壁九年和二祖慧可立雪传经的故事。

少林寺常住院规模宏大，依山坡而建，中轴线共有建筑七进，坐北朝南，前临少溪河，背依五乳峰，环境清幽，可谓“深山藏古寺，碧溪锁少林”。

山门创建于清雍正十三年（1735），为高台单檐歇山顶建筑，面阔三间，门楣上方悬挂清康熙皇帝御书“少林寺”匾额。山门后的三大殿系按照历史资料恢复。殿后为立雪亭，面阔三间，单檐庑殿顶，为著名的二祖慧可立雪断臂处，存有清乾隆御书“雪印心珠”匾额一方。

千佛殿即毗卢阁，始建于明万历十六年(1588)，面阔七间，原为单檐歇山顶，后改为悬山式，是寺内现存最大的古代殿宇。殿前月台宽敞，栏板望柱石雕精美。殿内供铜铸毗卢佛像和明代汉白玉南无阿弥陀佛像，东、西、北三壁上绘有“五百罗汉朝毗卢”大型彩色壁画，其规模、工艺为国内同时代壁画中所罕见。殿内地面分布有武僧练功凹坑，亦为著名遗迹。

白衣殿（亦名观音殿）位于千佛殿和立雪亭之间东侧，殿内供奉白衣观音大士像，因南、北、东三壁分别绘有少林拳谱、“十三棍僧救唐王”和“紧那罗王御红巾”而闻名，具有极高的史料价值。

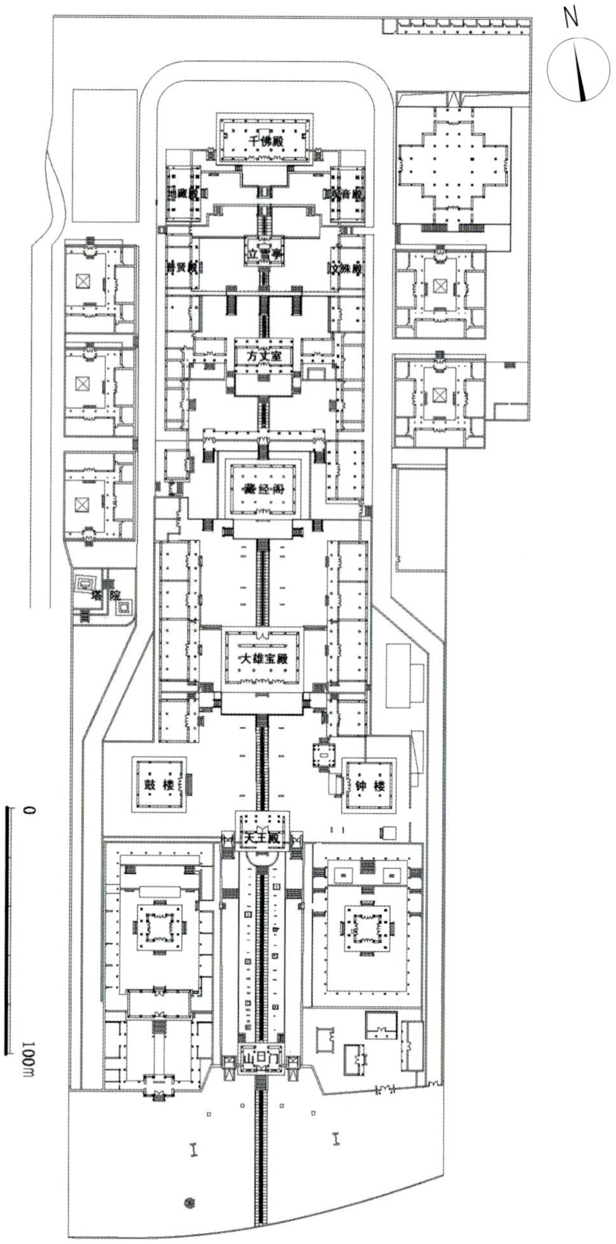

总平面图（文宣提供）

少林寺塔林位于少林寺常住院以西约 250 m，是少林寺历代大德高僧的墓地。塔林沿山坡而建，呈不规则分布，共有唐、宋、元、明、清历代墓塔 228 座，占地 2.1 hm²，是全国现存最大的塔林。墓塔造型各异，有方形、圆形、六角形、小八角形等，多为砖砌，少量为石雕或砖石混合结构，其中以唐宋古塔的石雕与檐下人字斗拱彩绘、宋金元砖塔的仿木构砖雕、元明两代的石雕塔等遗迹最为著名。

初祖庵位于少林寺常住院西北约 1.3 km 的五乳峰下的丘阜上，现仅存大殿、千佛阁、东西二方亭及宋至清古碑 40 余通。大殿始建于宋宣和七年（1125），是纪念佛教禅宗初祖达摩的建筑，大殿坐北朝南，面阔三间，平面近方形，单檐歇山顶。

山门（司治平提供）

布筒板瓦覆顶，绿琉璃吻兽。前后明间置板门，均体现典型的早期做法。该大殿金、元、明代曾进行过修葺，是迄今所知河南省内现存最古的木结构建筑之一，其建造年代距《营造法式》刊行仅 22 年，在诸多方面闻名于世。该殿具有珍贵的历史、艺术、科学价值，其石质文物（石柱、神台、墙下石护脚、踏道）有"四绝"之美誉，是研究中国早期建筑制度的珍稀范例。

二祖庵位于少林寺西南塔林对面的钵盂顶，主体建筑有主殿及唐武则天万岁登封元年（696）、元泰定元年（1324）建造的砖塔各一座。另有古柏三株、咫尺而味异的"卓锡泉"四眼，皆为名胜。

千百年来，少林古刹几度兴衰，历尽沧桑。现存塔林、初祖庵以及大量碑刻，均有较高的文物价值，是研究历史、艺术和建筑的重要实物资料。

明代建筑立雪亭（杜卓提供）

立雪亭正立面图（文宣提供）

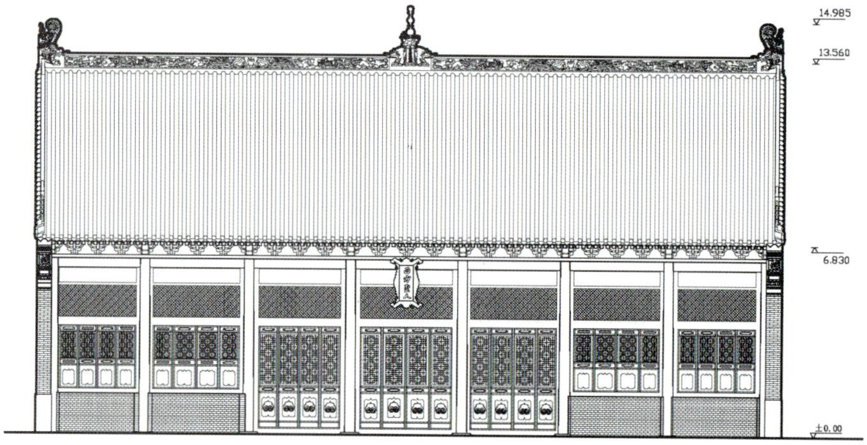

千佛殿正立面图（文宣提供）

塔林（司治平提供）

千佛殿明代五百罗汉壁画（司治平提供）

初祖庵大殿檐下宋代斗栱（杜卓提供）

3

汝州 风穴寺

风穴寺位于汝州市东北 9 km 嵩山少室主峰南坡的风穴山中，为全国重点文物保护单位。

风穴寺创建于北魏，原名为“香积寺”，隋代改为“千峰寺”，唐开元年间扩建后更名为“白云寺”，俗称“风穴寺”。据《风穴寺七祖千峰白云禅院记》碑记载，该寺在五代后汉时期曾有修建，明嘉靖、万历，清乾隆、道光年间，均有大规模的修补和增建。据《风穴寺志略》载，寺东龙山阳坡有大小风穴两个，山名风穴山，寺因山名。

风穴寺是典型的北方园林式寺庙布局，坐东北朝西南，背靠玉皇山，前对崇山，东西为龙山、虎山环抱，溪水自西北向东南蜿蜒而出，并在寺西汇聚成黑龙潭，潭边的水口山上建有奎光塔。因山就水，是典型的古代堪舆模式，是古代“天人合一”规划理念的标本。从平面布局来看，寺院南半部以中佛殿为中心，布置规整，突出佛教的尊严；北半部结合山势和自然景观呈自由式布局，望州亭、涟漪亭、观音阁等散布在山壑林间，同山、林、泉、石等自然景观浑然一体。

主体建筑基本上按中轴线对称分布，由山门经天王殿至中佛殿、毗卢殿。毗卢殿后劈山建高台，台上建方丈院一座。望州亭位于寺后的山坡上。中轴线东侧有地藏殿、观音阁，西侧有钟楼和藏经阁。唐、宋、元、明、清各代建筑俱全，另有上下塔林两处。

寺庙中最有文物价值的是毗卢殿西侧的七祖塔。该塔建于唐开元二十六年（738），唐玄宗赐名七祖塔。塔为方形密檐式九层砖塔，高 22 m，塔身外轮廓呈抛物线形，各部比例均匀，造型优美，为唐代早期密檐塔的典型风格。塔刹由覆钵、相轮、宝盖及火焰组成，塔身和塔刹都保存完好，在唐塔中较为罕见。

风穴寺周围松柏如涛，群山如障，风光旖旎，自古就为寺庙胜地。

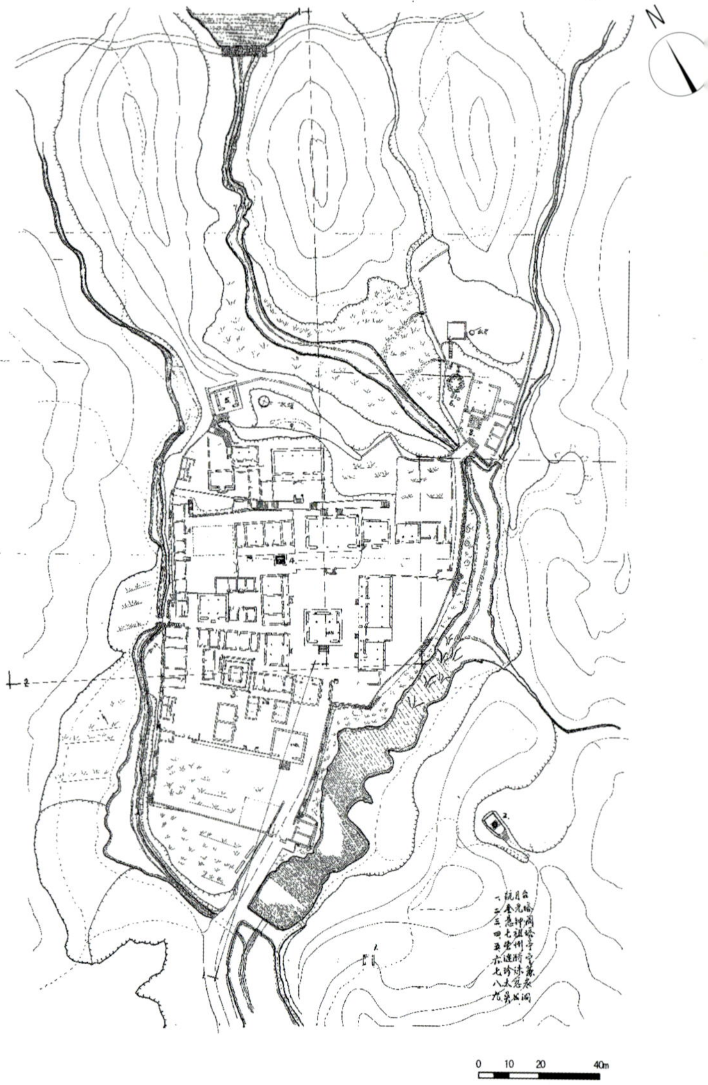

总平面图（文宣提供）

全景（顾馥保提供）

唐代七祖塔（顾馥保提供）

宋代钟楼（张斌远提供）

金代中佛殿（顾馥保提供）

塔林（司治平提供）

中佛殿正立面图(文宣提供)

4 温县慈胜寺

慈胜寺位于温县、孟县和沁阳三县交界处的大吴村，为全国重点文物保护单位。

据明嘉靖四年（1525）《重修慈胜寺大雄殿记》碑记载，五代后晋时已有此寺，且规模甚大。元代至元年间（1264—1294）于原址上重建，明清以来屡有修葺。慈胜寺现存两进院落，坐北朝南，占地 4 125 ㎡。慈胜寺总体布局高低错落有致，富于韵律，前院空间狭促，建筑体量较小，后院空间宽敞，建筑宏伟。中轴线上建筑有山门、天王殿、大雄殿，大雄殿后为毗庐殿遗址，四周绕以围墙。寺内现存后晋石幢及明清石碑刻 50 余通，另有元代、明代大铁钟各一座。

天王殿为单檐悬山式建筑，面阔三间，绿色琉璃瓦覆顶，瓦件多为元、明时期的原件。梁柱结构及檐下斗栱均延续了古制做法，保留了元代的风格。殿内西山墙上有巨幅四大天王像，为元代壁画珍品。

大雄殿为单檐歇山式建筑，面阔和进深均三间，绿色琉璃瓦覆顶。前檐明间悬挂“大雄之殿”木制匾牌，四周刻云形纹饰，匾心镌颜体行书四字，笔力遒劲，造型古朴大方，素有“铁钩银划”之称，是元代至元五年（1268）僧人雪庵侄李义本所书。殿内梁架制作粗犷、结构古拙。长方形直棂窗制作古朴，大门及槛窗均系元代遗物。椽头有卷杀的做法保持了早期的风格。正脊中央置黄釉弥勒坐佛一尊，右侧镌刻“伏牛山宝芳和尚”七字，左侧镌刻“大明正德十四年”题记。正脊两端各有绿色琉璃的巨大鸱吻，每个通高 2 m，造型雄猛有力。大雄殿内的壁画笔繁色丽，细腻工整，表现了元代的民间画风。前门有透雕石狮一对，狮子形象古朴，制作精巧生动。

中轴线现存五代后晋天福二年（937）雕凿的《佛顶尊胜陀罗尼经》石幢，共 17 层。幢身上部刻有火焰宝珠、莲花、怪兽及富丽堂皇的城郭楼台，其下镂以罗帷璎珞。幢身下部精刻伎乐人和飞天以及人面兽身的舞蹈形象，刻工精湛，刀法流畅，姿态生动，具有高超的艺术水平。

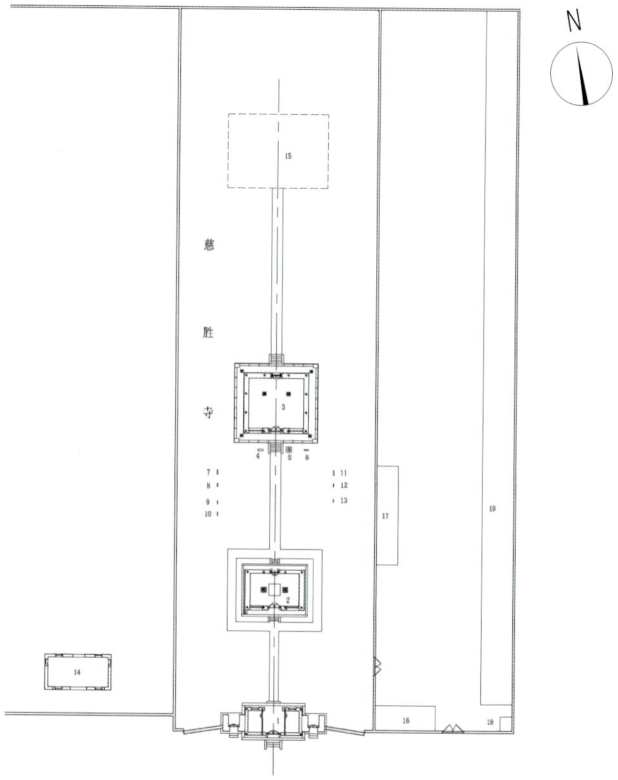

总平面图（文宣提供）

五代后晋天福二年石幢（张斌远提供）

大雄殿（张斌远提供）

天王殿（杜卓提供）

济源 5 大明寺

大明寺位于济源市轵城镇，为全国重点文物保护单位。

大明寺原为西汉初诸侯轵王祖庙，北宋时改为通慧禅院，元至元十四年（1277）重建，更名大明寺，历代屡有增修。

寺院坐北朝南，呈中轴对称，由前到后依次为山门、金刚殿、阎君殿、配殿、中佛殿、伽蓝殿、后佛殿、僧房等，现存元、明、清各代建筑13座40余间。

中佛殿为单檐歇山式建筑，建于元至元十四年，面阔、进深各三间。台基上全部覆以青砖，其前附有月台。大殿平面布局近似方形，内柱仅施两根，为较典型的减柱造，增大了室内空间，使平面布局更加合理。檐柱、内柱的做法沿用了宋代《营造法式》中的规定。斗栱有罕见的上昂结构，构件使用自然材，顺弯就势，受力合理，具有明显元代风格，是研究元代建筑的实物例证。中佛殿月台前有一佛教圣树娑罗树，大可三围，高20余米，苍翠挺拔，枝叶繁茂，为河南省稀有树种之一。

后佛殿是单檐悬山式建筑，重建于明万历四十三年（1615），面阔、进深各三间。该建筑前檐角柱为石质，为增大室内空间，金柱位置后移。柱头上使用通长的大檐额，为典型的地方做法，与明清官式建筑有明显的区别。殿内部梁架通跨，用材硕大，前、后檐斗栱形式不同。梁架上的清代彩画形象生动，色泽鲜艳，颇具地方特色。

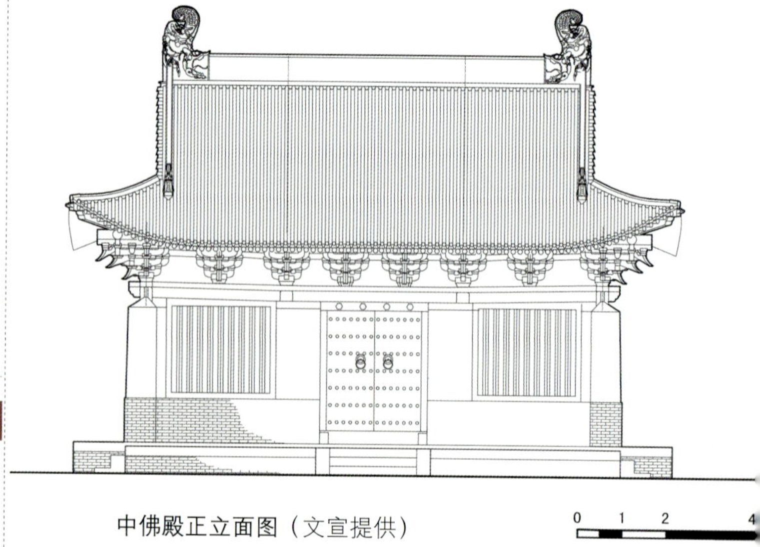

中佛殿正立面图（文宣提供）

中佛殿内国内罕见的上昂结构(司治平提供)

元代中佛殿（张斌远提供）

后佛殿（司治平提供）

6 登封会善寺

会善寺位于中岳嵩山太室山南麓积翠峰山脚下，距登封市城关镇 1.5km，为世界文化遗产“天地之中”历史建筑群的内容之一、全国重点文物保护单位。

会善寺原是北魏孝文帝元宏的一座离宫，后改作佛寺。隋代名为会善寺，后因兵乱焚毁。唐代重建，规模宏大，高僧辈出，唐代著名天文学家僧一行（张遂）即为其一。武则天赐名安国寺。五代、宋元时期屡有修葺，寺名多次更改，元代又复名大会善寺至今。明清时期不断修整。

会善寺东卧虎山，西盘龙山，钵盂山峙立其南，前有河道自西而东横亘，注入会善溪。全寺布局由西至东排列：西为净藏禅师塔、一行戒坛及唐碑，中为常住院，东为清代塔院，常住院东部的会善溪蜿蜒流向东南。

常住院西院为主院，尚存房屋 60 余间，自南至北依次为照壁及泉池遗址、山门及东西掖门、大雄宝殿、藏经阁及东西厢房。

大雄宝殿建于元代，为寺内主体建筑，坐北朝南，面阔五间，进深三间，单檐歇山顶。梁架使用自然材，并向上拱曲，受力较为合理。斗栱布局较为疏朗，每间仅施一朵，使用手法与《营造法式》规定基本吻合。大雄宝殿对研究河南早期建筑以及《营造法式》对元代建筑的影响均有重要价值。

东院原建筑较多，现仅存建于清代的禅窟、执客僧房、住持僧房、斋堂、东僧房等。其中禅窟依山南坡开挖，南面开门，这种以禅窟形式作为僧人参禅的场所，少见于其他寺院。

寺院周围有五座塔。其中净藏禅师塔位于会善寺西侧，该塔建于唐天宝五年（746），平面八角形，单檐亭式仿木结构，为目前国内所见时代最早的八角仿木结构亭式砖塔。

净藏禅师塔与常住院之间的戒坛遗址据传是唐代著名天文学家僧一行的活动遗迹。

寺院内外另存有东魏天平二年（535）《中岳嵩阳寺碑》、北齐武平七年（576）《会善寺碑》、唐开元十五年（727）《道安禅师碑》、唐大历二年（767）《戒坛敕牒碑》、唐贞元十一年（795）《会善寺戒坛记碑》等历代重要碑刻 30 余方，是研究会善寺及嵩山宗教历史的珍贵资料。

山门（司治平提供）

元代建筑大雄宝殿（司治平提供）

大雄宝殿正立面图（文宣提供）

大雄宝殿元代梁架（司治平提供）

照壁（文宣提供）

唐代一行戒坛及唐代碑刻（司治平提供）

唐代净藏禅师塔（司治平提供）

7

武陟 千佛阁

千佛阁位于武陟县木城镇南大街北端，为全国重点文物保护单位。

千佛阁创建于明嘉靖三十六年（1557），为纪念沁河在木栾店镇（今武陟县城）决口事件而建，明代"律圣"朱载堉为千佛阁创建题写"吉庆"二字。清咸丰六年（1856）进行了重修。

千佛阁占地约1.0 hm²，原有山门、中佛殿、千佛阁、关帝殿、城隍庙、白衣殿、财神庙等建筑，现仅存中佛殿、千佛阁。

主体建筑山门、中佛殿、千佛阁不在一条中轴线上，即民间所谓的"三不照"，为其布局一大特征。现存建筑大量使用略作加工的自然材，粗犷而挺拔，建筑风格沿袭早期建筑遗风，颇具地方特色。

中佛殿为单檐悬山式建筑，面阔三间，进深一间，前设青石台阶。明间两柱粗壮，墙内柱相对较细，施覆盆式柱础。檐下安置斗栱。前后檐皆有装修，次间为槛墙，前后檐明间为六抹隔扇门四扇，次间为隔扇窗四扇。正脊两端置大吻，中置狮驮宝瓶。檐部椽头盖木质透雕卷云纹封檐板。

千佛阁为三重檐歇山回廊式建筑，面阔五间，进深五间，位于中轴线的最后，是整个古建筑群的主体建筑，也是院落的制高点。第一层平面柱网排列整齐。檐柱柱头微有卷杀，覆莲式柱础。檐下置五踩斗栱，布局疏朗，栱上雕龙刻画细腻，梁架简洁稳固。明间大额枋正面雕人物、花卉及动物三组，中间雕人物、松鹤，东为双狮滚绣球，西为龙凤戏牡丹。第二层明间、次间正面设六抹隔扇门各四扇，檐上覆盖绿色琉璃瓦。第三层平面不设回廊，上覆明代木构架。阁顶部望砖上绘有十八组天干地支阴阳五行八卦太极图。

千佛阁建筑宏伟，高大古朴，为河南省现存两座保存最完整的三重檐建筑之一，是省内少见的佛道合一的祭祀场所，也是中原地区不可多得的大型单体木构建筑。大量的木雕、砖雕、琉璃等附属艺术品，形象生动逼真，具有很高的艺术价值。

琉璃砖雕（张文彦提供）

后檐斗栱（张文彦提供）

全景（张文彦提供）

飞檐翼角（张文彦提供）

8

辉县 白云寺

白云寺位于辉县市区西白鹿山山麓，为全国重点文物保护单位。

白云寺原名“白茅寺”，为白鹿山地区八大寺院的中心寺院，创建于唐高宗年间，盛于明清，因乾隆皇帝南巡莅此题写“白云自在”的匾额而闻名。寺周林木茂密，翠竹葱茏，泉水环绕，景色宜人，“盖太行诸梵宇之最佳者”，堪称一方佛教圣地。

白云寺坐北朝南，自南至北设两进院落，现存山门、中佛殿、大雄宝殿、左右配殿、东西配楼、东西厢房、钟鼓楼及地藏殿等50余间。寺后有金沙、银沙二泉。西临石崖，有窟名黑龙洞，深邃莫测。寺前宋代银杏树枝叶茂盛，亭亭如盖。

山门建在一石砌高台之上，两侧各有掖门一间，皆为硬山式，灰瓦覆顶。

中佛殿，面阔三间，硬山式，灰瓦顶。佛殿左右两侧分别设掖门一道，现存东门一间，西门已毁，门楣上有“白云禅院”四个砖雕隶书大字。

大雄宝殿，面阔五间（16.20 m），悬山灰瓦顶，门上悬挂“大雄宝殿”匾一块。大殿内的清代壁画、木作彩绘及雕刻十分精美。正脊、垂脊均有琉璃高浮雕。正脊雕有八条行龙和数朵荷花，垂脊饰荷花、荷叶。东西两山为琉璃悬鱼惹草及博风，十分讲究。

寺西北侧小院内有地藏王殿，俗称奶奶殿。小院东西两侧八字墙内镶嵌古代碑刻。其中宋大中祥符元年（1008）刻立的《五百罗汉之碑》，碑文字体圆润清秀，文辞流畅，是研究佛教史的宝贵资料，更是宋代石雕艺术的精湛之作，具有重要的文物价值，早在1963年就被公布为河南省第一批文物保护单位。

白云寺塔林分布于寺院北部山坡丛林深处，现存南宋砖塔一座、元代石质喇嘛塔两座、明代方形砖塔三座。塔造型优美，雕刻技法细腻精湛，雕刻内容丰富多彩，为目前中原地区宋、元、明代佛塔中的精品。其中，茕绝老人天奇塔的塔铭反映了明代弘治年间（1488—1505）汉、藏民族共建此塔的情况，为民族文化交流的珍贵史料。

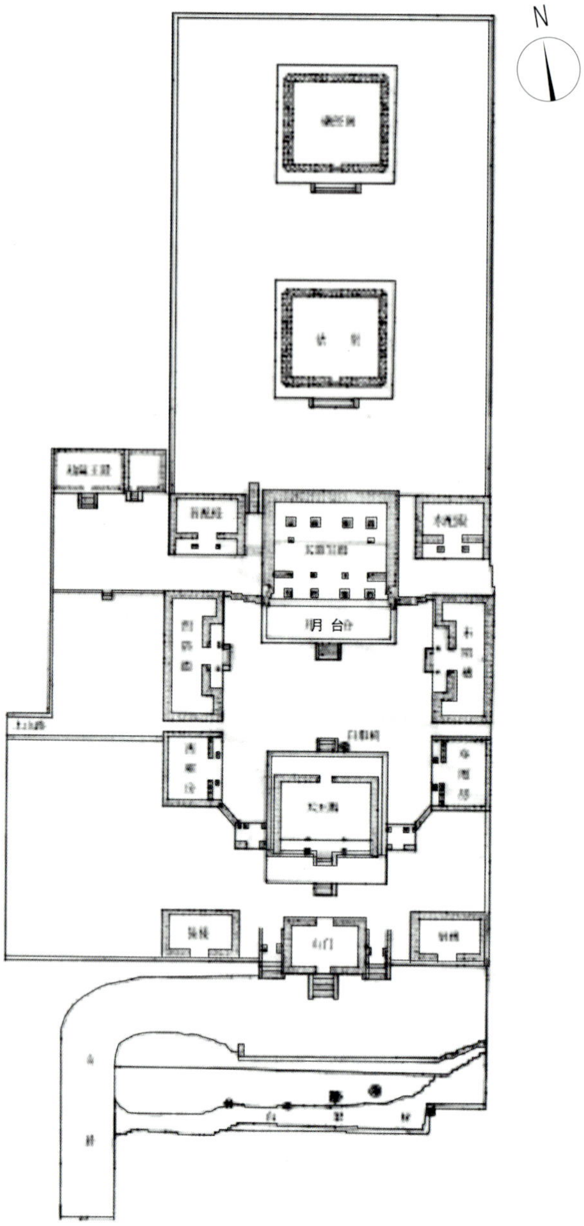

总平面图（文宣提供）

白云寺共有宋代所植六株古银杏树，四雌二雄，最大者合围4 m，高24 m，虽几经战火劫难仍郁郁葱葱，为白云寺一大景观。寺院内名贵花卉甚多，与四周的松柏交相辉映，倍增幽趣。白云寺后的山坡上有山泉两股，左泉沙黄曰“金”，右泉沙白曰“银”，故名“金沙泉”“银沙泉”。

山门（杜启明摄供）

大雄宝殿（杜启明提供）

大雄宝殿斗栱（杜启明提供）

元代佛心妙觉禅师石塔（杜启明提供）

寺后砖塔（杜启明提供）

寺后金沙泉（杜启明提供）

9

淅川 香严寺

香严寺，又名显通寺、香严长寿寺，位于淅川县仓房乡，为全国重点文物保护单位。

香严寺原有两座禅院，一在白岩万山环抱之中，一在山麓丹水旁，相望三十里，俗谓之上寺、下寺。下寺已被丹江水库淹没，现仅存上寺。寺始建于唐开元二年（714），唐宝应元年（762），唐代宗恩准国师慧忠在此修建“长寿寺”，并颁赐《藏经》一套，御赐“永镇山川”，将该寺奉为国家寺院，御赐长生田万顷。传说唐宣宗曾在香严寺避难，唐大中元年（847），唐宣宗下诏敕建香严寺望月亭（即后世所称的宣宗殿）。元末上下禅院为兵火所毁，明永乐元年（1403）修复。永乐十一年，明成祖为太虚禅师修建香严寺，寺内的匾额均由驸马都尉沐昕题写，号称“十方长寿大香严禅寺”。崇祯十七年（1644）上寺被烧毁，清顺治十四年（1657）修复。清康熙至乾隆年间香严寺中兴，其规模超过明代，达到鼎盛，时有房舍437间、寺僧600余人。乾隆三十九年（1774），香严寺住持乾修禅师对上寺法堂、禅堂、祖堂及部分僧室进行了维修。

香严寺选址及总体规划匠心独运，符合中国古代堪舆学理论。寺院坐北朝南，北依山岭，东为龙山，西为虎山，南面朝山，西侧有河流绕寺前而流向东南。四周群山环抱，碧水缠绕，古木苍苍，竹林滴翠，风景宜人。

香严寺占地1.1 hm²，布局严谨，规模宏大，随地势逐次排列主要建筑，共五进院落。中轴线上主要建筑由南向北为牌坊、韦驮殿、接客亭、大雄宝殿、凝月轩、望月亭、法堂、藏经阁等。西侧由北向南依次有普贤殿、祖堂、菩萨殿、斋堂、僧堂、钟楼。东侧由北向南依次为后寮、静养院、账房、厨房、仓房、磨房、碾房、牲畜房、十王殿遗址等，大部分为清代建筑。寺院现存宋、元、明、清时期砖、石构造的和尚墓塔及遗址27座，是河南省重要塔林之一。

大雄宝殿为寺内最大建筑，始建于明永乐年间（1403—1424），清乾隆年间（1736—1795）重修。面阔七间，进深五间，系利用硬山式建筑两山出檐，四周环廊，四隅设翼角，形成歇山顶。该殿内四壁上共保存有清代彩色壁画403 ㎡，是河南省现存面积最大的壁画之一，内容为《朝元图》。东、西山墙壁画均长16.16 m、高9.2 m，中为元始天尊，余为南极太皇大帝、北极太皇大帝、东极青华大帝、西极皇天大帝等。北墙壁画以后门为界，一分为二，均长8.32 m，高5.17 m。其中东侧壁画为观音菩萨、龙女、善财童子，西侧壁画为天官拜紫竹观音图。壁画构图严谨，画中人物姿态各异，形神兼备。

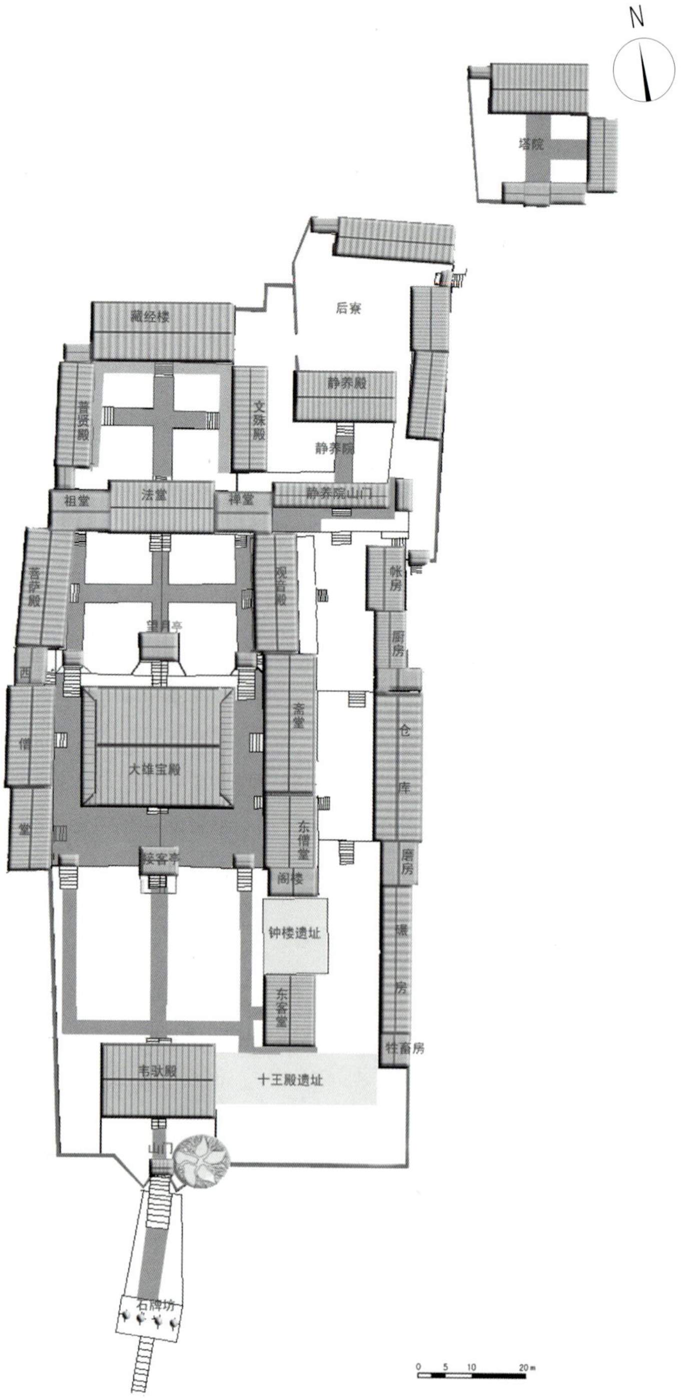

总平面图（文宣提供）

山门（文宣提供）

大雄宝殿（贾付军提供）

大雄宝殿东山墙清代壁画（贾付军提供）

过庭（贾付军提供）

望月亭（贾付军提供）

藏经阁（贾付军提供）

寺外石塔（杜卓提供）

浚县 10 天宁寺

大佛楼内大佛石像（文宣提供）

寺院鸟瞰（文宣提供）

天宁寺坐落于浚县东南大伾山东麓，为全国重点文物保护单位。

天宁寺初名为“大伾山寺”，始建于北魏太和年间（477—499），明代始称天宁寺，由坐西向东改为坐北向南，至清道光二十八年（1848）又改为坐西向东，因此建筑群形成东西、南北十字形两条轴线布局。寺院现存殿宇多为明清建筑，占地面积约 8000 ㎡。

天宁寺前院东为正门。东西轴线上的建筑自东向西依次为山门、禅房、僧舍、藏经阁和大佛楼。山门为清道光二十八年建，坐西向东。门前一对石狮雄踞左右，一株古槐翳日蔽天，门前月台有 72 级石阶直抵山下。藏经阁始建于明万历三年（1575），面阔五间，进深三间，单檐硬山顶。藏经阁前南北两侧禅房、僧舍均面阔三间，单檐硬山顶。大佛楼内有依崖雕凿弥勒坐像一躯，通高 22.7 m，为年代久远、中原最大的摩崖造像。东西、南北两条轴线在前院交会。院内宽敞清幽，碑碣林立，其中后晋开运二年（945）石经幢、后周显德六年（959）《准敕不停废记》碑等历史价值颇高。在大佛北侧南北向的山崖上有大伾山摩崖题记，此外有历代文人墨客摩崖题记、诗文 50 多块。

南北轴线上的建筑自南向北依次为地藏殿、天王殿、罗汉殿、大雄殿、水陆殿、钟楼。地藏殿为两层硬山建筑，砖木结构。天王殿与罗汉殿为单层硬山建筑，砖木结构，面阔三间。三座建筑均为清代所建。大雄殿为单层硬山建筑，砖木结构，面阔三间，崇祯十七年（1644）重修，内绘“二十四诸天神”壁画。过大雄殿向北原有水陆殿，面阔三间，歇山琉璃瓦顶，前有抱厦，明崇祯十七年重修，民国初年毁于战乱，今仅存遗址。

天宁寺建筑群及摩崖大佛东瞰黄河故道，西倚大伾悬崖，背山面水，形势壮观。山上寺庙洞阁棋布，摩崖碑刻林立，松柏夹道，曲径通幽，自古即为河朔胜景。

大雄殿(文宣提供)

藏经阁（文宣提供）

11 宜阳灵山寺

宜阳灵山寺位于洛阳市宜阳县城西 8 km 灵山山脉凤凰山北麓，为全国重点文物保护单位。

灵山寺又名报忠寺，建于金大定年间（1161—1189）。明嘉靖四十五年(1566)碑刻记载：“县治之西十里许是为灵山，志曰周灵王葬于此也。山有寺，建于金大定间……”

灵山寺坐南朝北，背倚灵山，面对洛河。灵山寺建筑由北向南逐渐升高，寺院占地 1.9 hm²，分为东、西、中三个部分，中轴线由北到南依次为山门、天王殿、玉佛殿（毗灵殿）、大雄宝殿、藏经楼。东侧为塔林和凤凰泉，保存墓塔 18 座，西侧为一偏院。

山门建于清康熙十年（1671），为高台建筑。下部台基高 3.8 m，有“灵山寺”青石匾额，台基上为面阔三间、进深三间的歇山式建筑。

玉佛殿又称毗灵殿，金代建筑，面阔三间，进深三间，单檐歇山式，琉璃瓦覆顶，殿内平面为身内单槽。灵山寺玉佛殿是河南现存不多的早期木构建筑，具有较高的文物价值。大雄宝殿，面阔五间，进深三间，单檐庑殿顶，灰色筒板瓦覆顶。大雄宝殿保留了不少早期建筑手法。平面采用身内单槽，阑额与普柏枋成“T”字形，且阑额伸出柱头外的部分垂直截割，不加雕饰，与宋辽建筑做法相同。

殿内有佛像三尊、菩萨像二尊，每尊像后面皆有制作精致的背光，根据碑碣记载，塑像的下限不会晚于明代，为河南省现存最早的泥塑佛像之一。

藏经楼在寺院的最后，原名千佛殿，清代建筑，为单檐两层硬山式楼阁建筑。

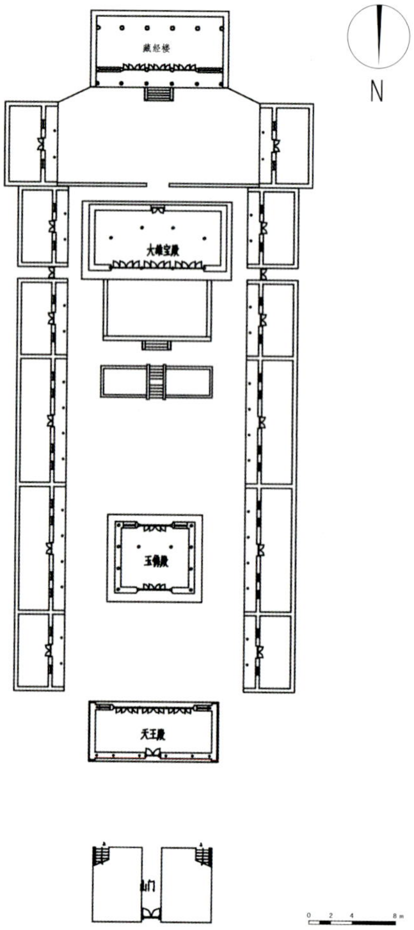

总平面图（文宣提供）

山门（李斌提供）

玉佛殿（李斌提供）

大雄宝殿（文宣提供）

12 舞阳彼岸寺大殿

彼岸寺大殿位于漯河市舞阳县侯集乡高寺村小学院内，为河南省文物保护单位。

彼岸寺坐北朝南，现仅存中轴线天王殿与大殿（又称中佛殿），其中以后者保存原构较纯。大殿建于元至正年间（1341—1368），面阔三间，进深三间，单檐歇山式建筑，灰筒板瓦覆顶。结构古朴，形象雄伟，梁架、斗栱结构和制作方法、门窗装修等部分均具有宋元建筑的特点。

大殿前墙东侧嵌砌石铭记一块，中刻佛像一尊，佛侧有铭“敕建，至正二年岁次己巳十月十五日，施主李交、韩礼谨志。主持僧重进、重暹建立”，与道光《舞阳县志》载“普善寺、彼岸寺、文殊寺、寿圣寺俱元至正年建”相吻合。

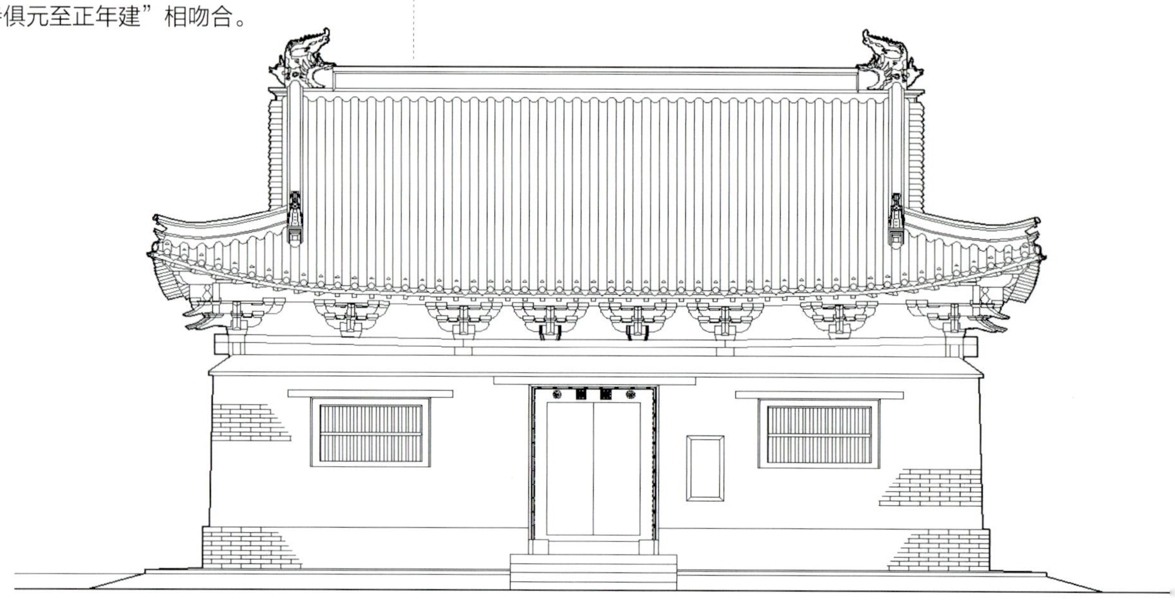

正立面图（文宣提供）

全景（王歌莺提供）

板门（王歌莺提供）

梁架（王歌莺提供）

13

襄城

乾明寺

乾明寺位于许昌市襄城县南的首山之阴，为全国重点文物保护单位。

乾明寺俗称背影寺，因为居于八卦方位的乾位，所以得名，因黄帝首山采铜的传说而声名远播，历史上曾有“中州第一禅林”的美誉。乾明寺始建于唐武德年间（618—626），五代后唐清泰元年（934），高僧省念禅师又在首山北麓开山重建。元初曾遭兵燹，多数建筑被毁。明成化年间（1465—1487），主僧深别源募化四方，用14年时间重建。清代又多次重修。

乾明寺的选址及规划布局匠心独运。它背靠首山，前对汝河，有“南对首山千古秀，北临汝河万年青”的美誉。明代嘉靖年间许州知州邵宝题诗云：“峰有烟雾涧有泉，此中佳境是天然。山倾西北翻称首，寺背东南却号乾。”

寺院坐南朝北，占地10 hm²。中轴线上自北向南有照壁、山门、天王殿、中佛殿、弥勒殿、三佛殿、左右禅堂等建筑。后院有斋堂、方丈室、知客房等。寺西侧原有元、明、清时所建砖塔370余座，堪与少林寺塔林媲美，惜已全毁。

乾明寺照壁有砖雕《黄帝首山采铜图》和《七圣迷径图》，是河南省现存较少的明代照壁之一。

中佛殿是乾明寺现存时代最早的主体建筑，面阔、进深均为三间，单檐歇山式建筑，灰筒板瓦覆顶，绿琉璃瓦剪边，高12 m。台基近方形，东西长15.9 m，南北宽16 m。整座殿宇平面近方形，用木柱16根，金柱4根，青石覆莲柱础。据记载，中佛殿重建于明代，但其内部梁架和内檐斗栱形式保留了内槽斗栱、圆形瓜楞大斗、叉柱造等很多早期建筑的做法，造型古朴，有很强的地方特点。

全景（文宣提供）

红石照壁（文宣提供）

中佛殿（文宣提供）

中佛殿立面图（文宣提供）

14 博爱观音寺

配殿（曹国正提供）

博爱观音寺位于焦作市博爱县张茹集乡白马沟村，始创年代不详，现存建筑多为元明时期，为河南省文物保护单位。

博爱观音寺现存建筑有阎王殿、中佛殿、大佛殿和配殿，另外还有北魏大石佛像一尊，明清碑碣石刻十余件。建筑物依中轴左右对称，布局规整。

中佛殿为明代重修的木构建筑，单檐悬山顶，面阔、进深各三间，屋顶覆以灰筒板瓦，檐下斗栱布局合理。殿内置三架梁、五架梁和七架梁，七架梁及平板枋上均有彩绘痕迹，可依稀看出龙、凤、花、草等图案。

寺院主殿大佛殿为元末明初木构建筑，面阔三间，单檐悬山式，屋顶覆以灰布瓦，前檐柱有明显的柱侧脚和柱生起。据碑文记载，此殿创建于元至正元年（1341），明永乐二十年（1422）重新修缮，其制甚古。

大石佛像雕在 5 cm 厚的石板上，属北魏时期石刻，佛像高 2.18 m，莲花座高 0.5 m，有佛、童子、飞天等图像，内容丰富，线条流畅。

大佛殿梁架（曹国正提供）

中佛殿（曹国正提供）

15 安阳 高阁寺

高阁寺位于安阳市老城区文峰中路路南，其功能屡经变更，曾名观音堂、大士阁，元、明、清均有修葺，为全国重点文物保护单位。

据文献记载，高阁寺最早是宋代杜纯修筑的飞仙台，元代在飞仙台上修建了观音堂，明代为府署，洪熙元年（1425）赵王朱高燧将它改建为赵王府，清代改为大士阁。高阁寺原规模宏大，前院关帝庙有大门、大殿、钟楼、鼓楼、两厢房、两侧门，后院观音堂有大门、大士阁和其他配套建筑七座。现寺院仅存大士阁一座（称为高阁寺）、清代西厢房三间，其他建筑仅存留有遗迹。

高阁寺脊檩枋下有题记"旹大明成化六年重修"，为高台重檐歇山建筑，面阔、进深均为三间，平面呈方形，整体建筑结构简洁，用材硕大，明代建筑特征明显。

高阁寺通高 20 m，承台高 7.5 m，呈覆斗形。为了加强承台的稳固性，北、东、西三面砌出砖垛。承台南面为青白石踏 垛，共 32 阶，台阶两侧为石栏板和望柱，望柱头刻成形态各异的石狮形状。承台之上是飞檐起翘的主体建筑，为绿琉璃瓦覆顶，墙体为铁锈红色，下碱是雕有云龙的青白石须弥座，上枋刻有梵文，仰莲、覆莲肥硕饱满，造型紧凑，束腰处刻 26 条蟠龙，神态各异，形态生动逼真。

下层飞檐翼角（文宣提供）

梁架（文宣提供）

全景（文宣提供）

基座束腰云龙雕刻（文宣提供）

开封

16 相国寺

相国寺位于开封市鼓楼区自由路，为全国重点文物保护单位。

寺院始建于北齐天保年间（550—559），初名建国寺，唐改名相国寺，沿用至今。宋明两朝寺院规模、声名达到鼎盛，是我国著名的佛教寺院和禅宗圣地，被列入我国历史上四大名寺之一。

相国寺坐北朝南，东西宽 62 m，南北长 310 m。建筑均系清乾隆三十一年（1766）所修或增建，其风格为清代官式建筑与地方手法的结合。现存四进院落，基本保存完整。中轴线上依次有山门、钟鼓楼、天王殿（接引殿）、大雄宝殿、罗汉殿、藏经楼等。中轴线两侧有配房，藏经楼东西两侧有观音阁、地藏阁及东、西配殿。

天王殿面阔五间，进深四间，单檐歇山式，屋面覆绿色琉璃瓦，翼角高耸，具有南方建筑特征。该殿两山收山尺寸较大，颇具早期建筑风格。

大雄宝殿面阔七间，为重檐歇山式建筑，屋面覆绿色琉璃瓦。翼角高耸，巍峨壮观又不失灵巧之气。该殿面阔七间，殿前月台与殿宇台基相连，周立石质望柱、栏板，柱头雕刻狮子，姿态各异，形象逼真。

罗汉殿屋面覆绿色琉璃瓦，俗称八角琉璃殿，实系八角形回廊和八角攒尖亭两座建筑组成，殿内原供奉罗汉像。基座为八边形，高 1.6 m，占地 840 ㎡，回廊每面面阔三间，进深三间，前檐翼角高耸，后檐翼角无起翘。罗汉殿八角亭位于八角回廊围成的天井院正中，为重檐攒尖式，亭顶置铜质喇嘛塔式宝顶，亭内供奉木雕四面千手千眼观音像，传说系一木所雕，为镇寺之宝。

藏经楼是寺院现存最高的建筑，位于中轴线北端，是历代僧人存放经书的场所。建筑为二层，重檐歇山式，底层面阔七间，进深五间，梁架结构反映了河南明清建筑的袭古之风。二层檐下正中悬“藏经楼”篆书匾额，相传为清代书法家孙星衍的真迹。

钟楼内悬挂一口铜钟，高 2.23 m，最大口径 1.81 m，重达万斤。周铸有“皇图巩固，帝道遐昌，佛日增辉，法轮常转”阳文大字及铸钟官员和工匠的名字，系清乾隆三十三年铸造物。

“相国霜钟”为旧时开封八景之一。

千手千眼观音像正面（文宣提供）

全景（文宣提供）

大雄宝殿正面（文宣提供）

罗汉殿（顾馥保提供）

藏经楼（文宣提供）

艮岳遗石正面（文宣提供）

17 镇平菩提寺

菩提寺位于镇平县城北老庄镇杏花山北麓，为全国重点文物保护单位。

菩提寺是一座典型的佛教禅宗寺院，已有 1300 多年的历史，是中原八大名寺之一。据《菩提寺志》记载，该寺建于唐高宗永徽年间（650—655），由菩提祖师朱智勤创建。明嘉靖《南阳府志校注》载：“菩提寺在杏花山，元至正年僧德钦建”。元末明初战乱频繁，菩提寺逐步衰落。明天顺五年（1461），定海大禅师重修菩提寺。明崇祯年间（1628—1644），菩提寺再度荒废。清康熙二十年（1681），原襄阳十方院住持了尘和尚将殿宇修复一新。同治十年至十三年（1871—1874），住持僧静修用以工代赈的方法，创修菩提寺藏经楼。民国六年（1917），住持方丈印恭以工代赈，扩建菩提寺东法堂。

菩提寺选址及平面布局独具特色。寺院位于杏花山北坡山腰处，坐西南向东北，背依主峰，左右为山岭，前临断崖，总体布局由北而南根据地势分七段次第升高。前部断崖上建照壁，经数十级台阶到达山门，钟鼓楼、二佛殿、大雄宝殿、法堂、藏经阁、后花园顺次层层叠起。山后清泉由藏经阁西侧引入院内，经各院汇聚到二佛殿前的放生池，再由暗渠至寺前东南流出。寺内千年菩提、百年玉兰、紫荆、桂花、芙蓉等奇花异树四季飘香，寺周围苍松翠柏，茂林修竹，风景宜人。

菩提寺保持了自唐代以来的平面布局。寺院南北长 250 m，东西宽 60.5 m，总面积 1.5 hm²。中轴线上主体建筑有照壁、放生池、钟鼓楼、二佛殿、大雄宝殿、法堂、藏经阁、后花园遗址等，厢房、偏殿、拜殿、廊房、斋房、僧房、客房等附属建筑分列两侧，组成四进院落。

民国二十四年（1935），菩提寺僧释玉普到南京毗卢寺迎回盛唐时期孤善本梵文经卷《贝叶经》（《楞严经》）一部，共 262 页，成为该寺镇寺之宝。

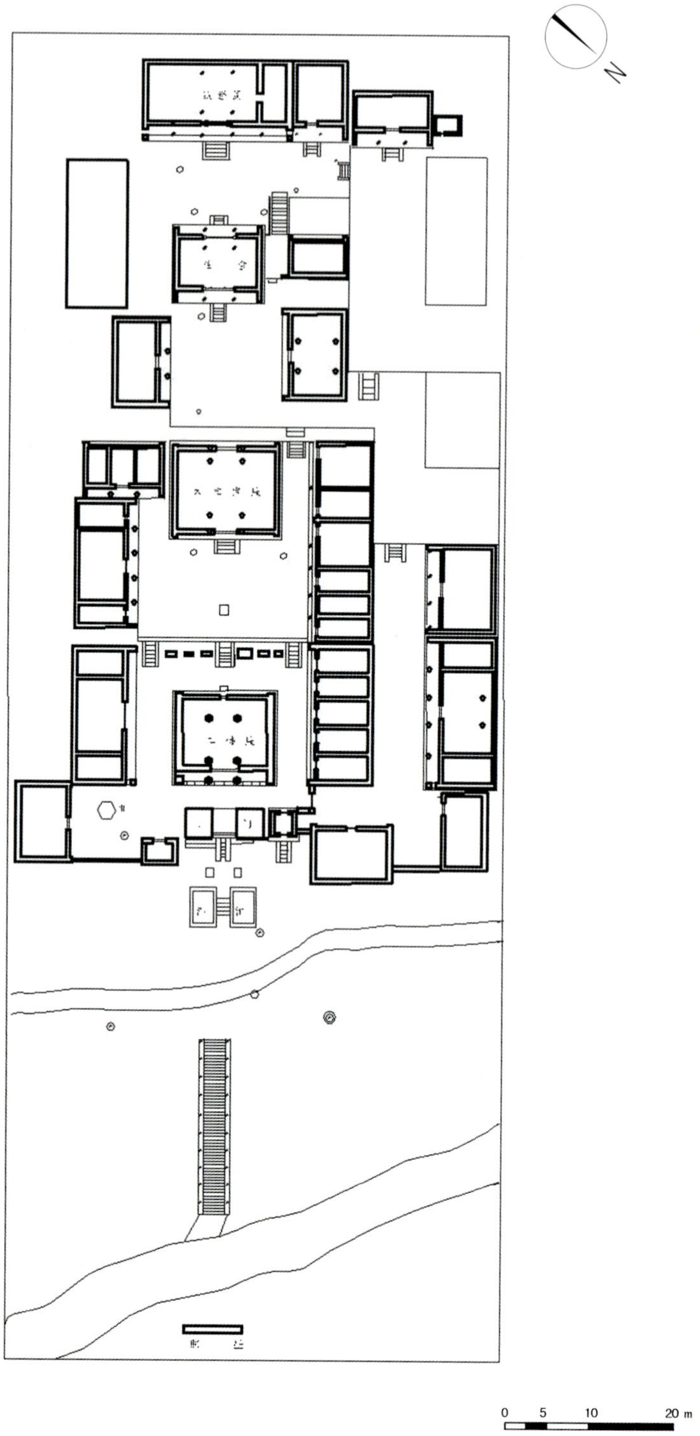

总平面图（文宣提供）

鸟瞰（文宣提供）

藏经楼（贾付军提供）

卧佛殿（贾付军提供）

陕县

18

安国寺

安国寺位于三门峡市陕县西李村乡东南，处于古代由洛阳至长安的官道上，为全国重点文物保护单位。

安国寺创建于隋代，因寺院殿宇彩釉筒瓦，在阳光的照耀下金光闪闪，又名“琉璃寺”。寺坐北向南，背靠瑞云山，面对永昌河。寺院由南向北依地势逐级递升，共有五进院落，以火墙为界分为前后两区。前区由三进院落组成，中轴线上为山门、大佛殿、大雄宝殿、三佛殿，两侧为掖门、经房、禅房、钟楼等。后区由两进院落组成，中轴线上为火墙门、后殿、后院门、窑洞以及两侧的厢房等。东侧为方丈院。

山门面阔三间，进深两间，东西次间砖雕图案精美、做工细腻。大佛殿平面近方形，面阔三间，进深四间，单檐硬山灰瓦顶。殿内采用减柱造，使大佛殿室内空间加大。钟楼位于大佛殿东南，平面方形，一层为拱券高台建筑，二层钟楼已毁。大雄宝殿面阔五间，进深五间，单檐歇山绿琉璃顶。梁架为七架梁带前后单步梁，檐下施斗栱。该建筑应为元代所建之单檐悬山顶建筑，后人改建为歇山式。三佛殿平面方形，面阔三间，进深三间，单檐硬山灰瓦顶。老檐柱施三踩斗栱，殿内采用减柱造，减去前金柱，使殿内空间加大，梁架为五架梁式对前单步梁。

火墙正中为歇山顶门楼。南面东侧为砖雕蟠龙图案，西侧为麒麟图案。门楣两侧为五瑞图，檐下为砖雕五踩斗栱。火墙上嵌有明隆庆四年（1570）及清乾隆元年（1736）重修安国寺火墙石碣各一块。后殿呈长方形，面阔五间，进深三间，单檐硬山灰瓦顶。廊檐下有木雕八仙人物和佛教故事图案。廊下四根小八角青石柱通体磨光，系清道光二十六年（1846）重修改换，雕楷书楹联，字体工整遒劲，为书法珍品。

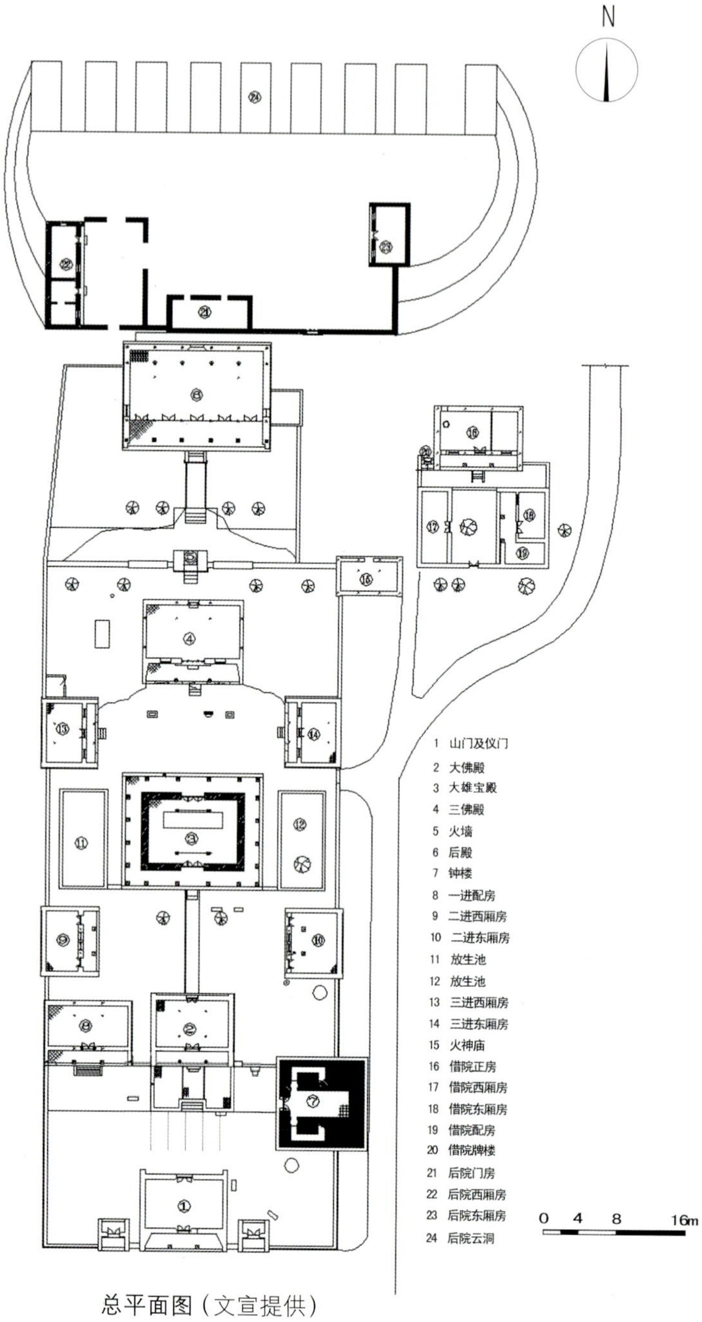

总平面图（文宣提供）

全景（文宣提供）

正殿（文宣提供）

砖构门楼(文宣提供)

门楼砖雕（文宣提供）

火墙砖雕（文宣提供）

19 汝阳观音寺

观音寺又名观音禅寺，也称下寺，位于汝阳县城东 15 km 的圣王台村，为河南省文物保护单位。

传说商汤在此祈雨禳灾，因此该地被誉为通灵宝地，后遂有僧人在此开坛建寺。观音寺在宋庆历年间（1041—1048）已初具规模，宋末一度荒废。明正统年间（1436—1449），铁船和尚矢志修复，其后嘉靖、天启、崇祯年间都有维修，奠定了观音寺建筑的总体格局。

观音寺坐南朝北，同周围的自然环境融为一体。寺院南依凤凰山凤凰台，北临汝河水，东傍板棚河。明弘治十五年（1502）《敕赐嵩山大少林祖庭之碑》记载："观音寺南枕圣台，而北襟河，汝西望云梦，而东抵凤凰通衢，远达往来憩官之所……"寺院南北长 80 m，东西宽 87 m，面积达 6 960 ㎡。历史上观音寺分中院和两侧跨院三部分，左跨院是竹园、树林，右跨院为和尚之作坊。现仅存主体部分，沿中轴线有山门、天王殿、关圣殿、大雄宝殿、升圣桥、汤王宫等建筑。两侧为钟楼、厢房、阁楼、碑亭。整个寺院南北高差为 6.8 m，寺院建筑北低南高，错落有致，林荫蔽日，泉水叮咚，风景宜人。

关圣殿面阔三间（5.41 m），进深一间（4.98 m），硬山灰瓦顶，绿琉璃瓦剪边。殿内东西两壁保存有二幅清代壁画。大雄宝殿面阔三间，进深三间，单檐硬山灰瓦顶，绿琉璃瓦剪边。大雄宝殿后即是升圣桥，桥西有迎旭阁，桥东有横霞阁，桥下为东、西汤王池，桥上各置青石栏杆。桥东西各有一洞，西曰水帘洞，东为成佛洞，是修行之所。由升圣桥直登石阶至该寺最高处，为寺内最宏伟的建筑汤王宫。汤王宫东梢间槛墙上镶嵌有清光绪十四年（1888）题刻的《观音寺八景志》石碑，是研究观音寺历史的珍贵资料。

汤王宫前有古银杏树两棵，一雄一雌。右侧有传说观世音莲台化生长有花瓣的莲花柏。左侧有洗心井，自古以来，无论大旱大涝，洗心井的水位始终不升不降。

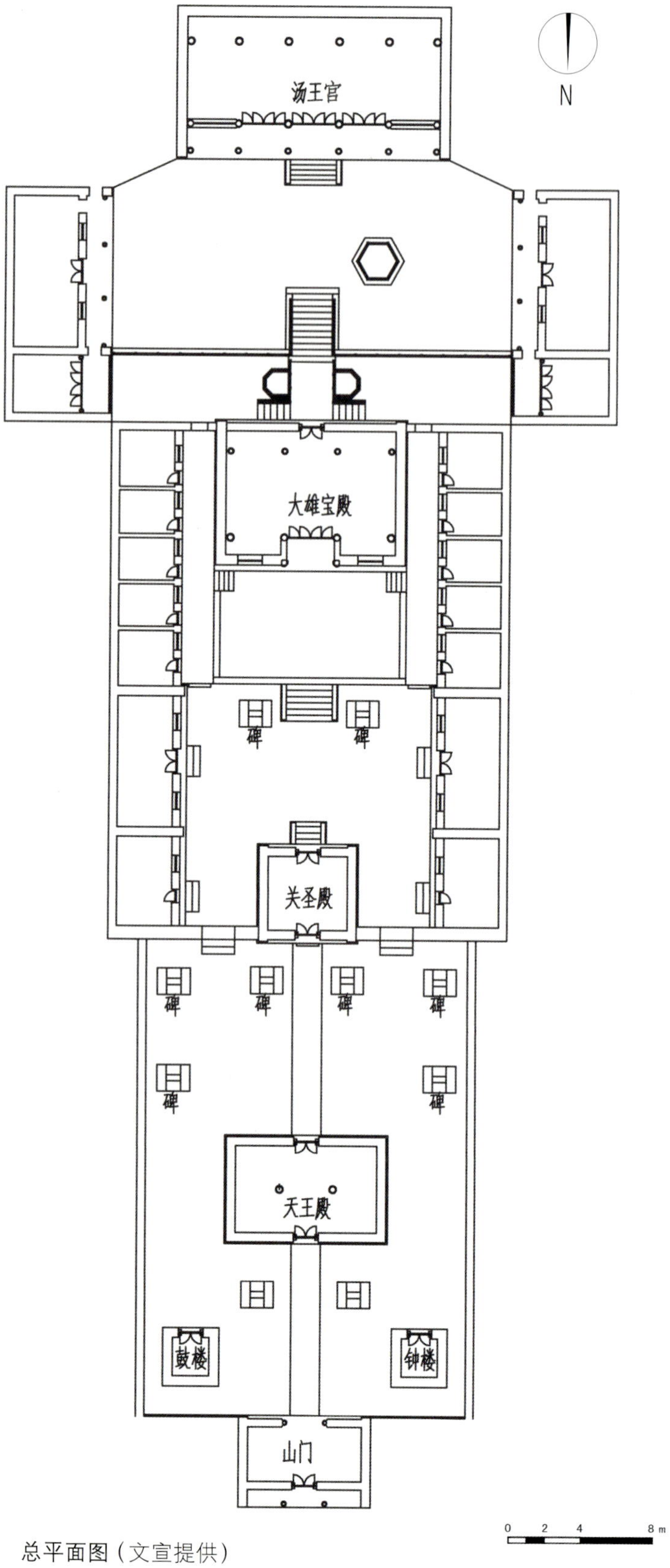

总平面图（文宣提供）

全景（文宣提供）

钟楼（文宣提供）

大雄宝殿（文宣提供）

大悲殿（文宣提供）

汤王宫（文宣提供）

三官殿（文宣提供）

博爱

20

月山寺和塔林

月山寺和塔林位于距博爱县城 5 km 处的太行山南麓，为河南省文物保护单位。

寺院坐北面南，依山而建，背靠巍巍太行，面向怀川平原和沁河古道，东有灵严古寺，西有丹水，中踞明月之山，为驰名的游览胜地。

据《月山大明禅院记》碑载，月山寺始创年代为金正隆三年（1158），时曰“清风庵”，金大定二十一年（1181）赐名“大明禅院”，明天顺二年（1458）赐名“宝光寺”，清代因其山势形似弯月，更名为“月山寺”。

寺院主体建筑依中轴线而建，分为东道院、西道院和中禅院三部分，有将军柏、望星台、大士阁、课蜜泉、苍公洞、清风殿、连环井和凤凰台八大景观。周围松柏密布，层峦叠嶂，林深洞幽，使月山寺成为古典园林建筑群的典范。

迎风壁位于山门外，壁墙为青石垒砌，顶为两面坡式瓦顶，长 8 m，高 3.60 m，墙厚 0.80 m。迎风壁背面正中镶嵌草书石刻题记“迎风壁”。

玉碑亭，东西各一座，左右对称，为明嘉靖四年（1525）所建的单檐歇山无梁式砖石建筑，面阔 3.25 m，进深 3.18 m。圆券门上刻“南无阿弥陀佛”。亭内顶部为砖砌穹隆顶和莲花藻井。两亭内有盘龙首龟趺汉白玉碑，碑首篆额“敕赐宝光寺藏经碑”，为清乾隆元年（1736）四月立，碑文介绍中国佛教由来、发展和白马寺向月山寺传教的情况。

藏经楼依山而建，坐东面西，面阔一间，进深一间，为四层硬山卷棚式砖石建筑。

苍公大师宝塔位于塔林最北部，高 5 m，为明代建筑，系六边形六层密檐式砖塔，塔基为须弥座式砖砌结构，正面（南面）镶嵌一块长方形砖刻题记“苍公大师宝塔”塔铭。六安净吉和尚塔、比丘和尚塔均为清代所建的五层六边形密檐式砖石塔。两塔塔基为须弥座式仿木结构，塔基各面精雕二龙戏珠、松鹤延年、牡丹花卉等精美图案，刻工精细。七星塔为纪念七位名僧大师而修建，布局排列似北斗七星，故称“七星塔”。普同宝塔位于塔沟最下边，形体较大，系六边形五层密檐式空心塔，南面中部镶嵌砖刻塔铭，年代不详。

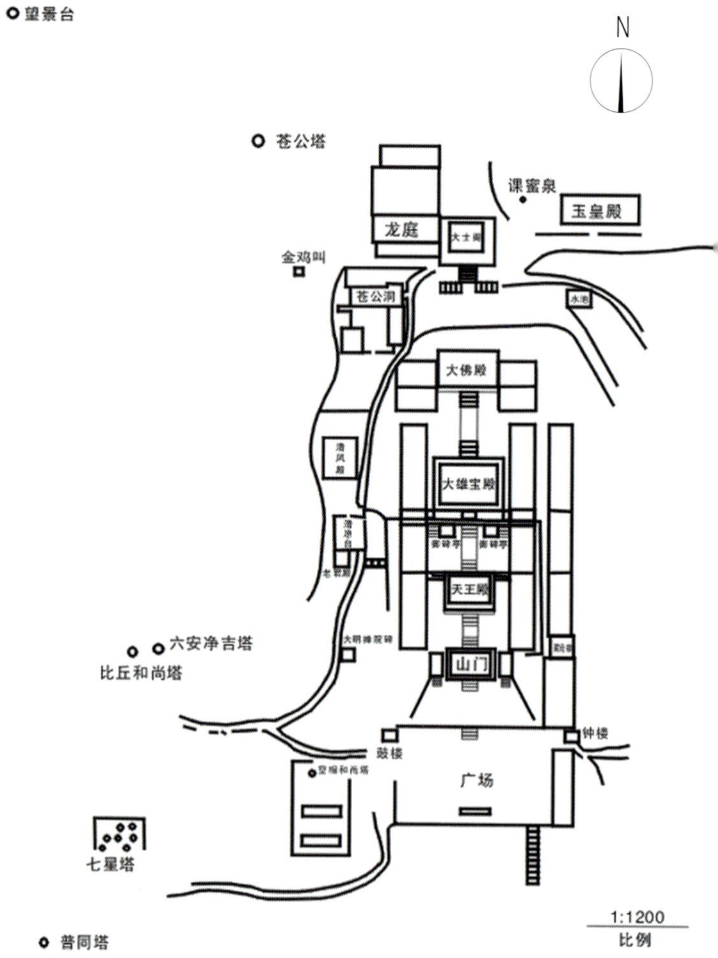

总平面图（文宣提供）

全景（文宣提供）

天王殿（文宣提供）

御碑亭（文宣提供）

七星塔（文宣提供）

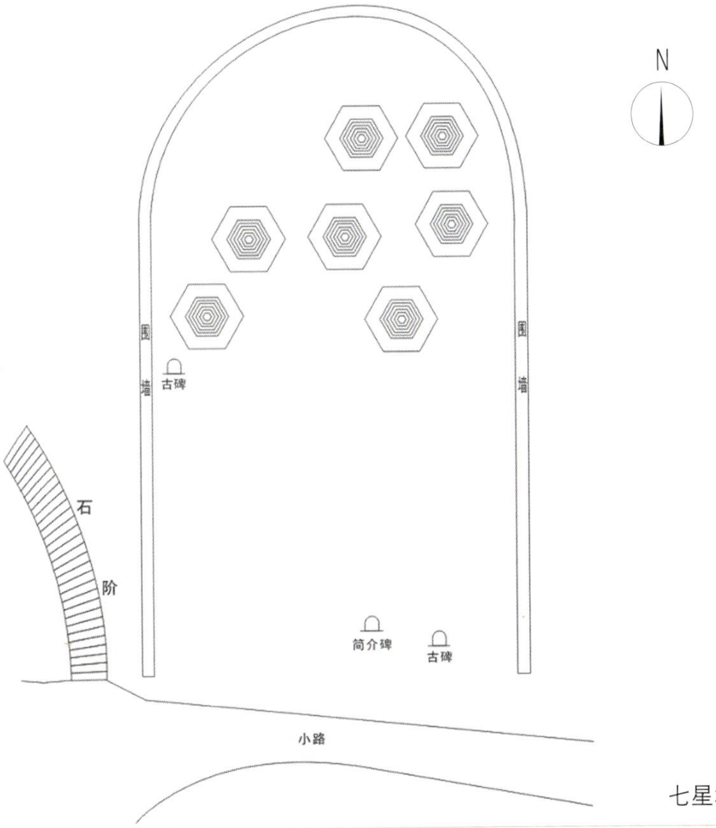

七星塔平面图（文宣提供）

21 镇平 阳安寺大殿

南立面图（文宣提供）

阳安寺大殿位于镇平县城西北王岗乡砚台村东，为河南省文物保护单位。

据明嘉靖十二年（1533）《重修二殿佛像金面记》碑记载，阳安寺始建于唐显庆元年（656），因寺后大潭中有五大蟒泉，故名龙泉寺。元、明各代均有维修。

现存大雄宝殿建于明代，坐北面南，前有直壁月台。殿平面近方形，面阔三间（11.54 m），进深三间（9.32 m），单檐歇山式建筑，灰筒板瓦覆顶。大殿用柱四排，檐柱、角柱有明显的柱侧脚和生起。前排金柱自轴线位置分别向山面移动1.7 m，正好处于角梁后尾下，柱间用横梁。

阳安寺大殿移柱并加横梁的做法极为独特，为豫西南之孤例，双座斗连体斗栱、带耳栱等做法非常独特，具有浓郁的地方特色。沟槽昂的运用仅在河南的四座斗栱带沟槽昂建筑中出现。阳安寺大殿继承了宋元建筑的结构手法和特征，是研究元、明建筑嬗变和中原地方建筑特点的珍贵标本。

前檐次间斗栱（贾付军提供）

全景（贾付军提供）

前檐明间斗栱（贾付军提供）

移柱造梁架结构有效扩大了室内空间（贾付军提供）

22 清丰普照寺大殿

普照寺位于清丰县城西南隅，为河南省文物保护单位。

普照寺原名圆明寺，创建于唐代上元元年（760），元至正十九年（1359）改名普照寺，元末焚毁。明代重建，共建佛殿、天王殿、僧房、禅房等200余间，后废，现仅存明代建筑大雄宝殿。

大雄宝殿单檐庑殿顶，是河南省境内保存不多的庑殿式建筑，面阔五间，进深三间，绿琉璃瓦覆顶。殿内柱列整齐，共用24根木柱，其中内金柱两列八根，为梭形柱，屋架不作推山处理，有早期建筑的特点。金柱以内有天花，正方格，方格内红色铺底，内作圆光，其内各作沥线金龙四条，各梁枋均施彩绘，灰蓝铺底，黑白二色勾描，图案多为云纹、卷草纹、宝相香草纹，线条流畅，色彩对比鲜明。

梁架结构（张文彦提供）

翼角结构（张文彦提供）

全景（张文彦提供）

前檐斗栱（张文彦提供）

柱础（张文彦提供）

23 登封嵩岳寺塔

一层塔龛与火焰柱头（杜启明提供）

塔身一层装饰（杜启明提供）

嵩岳寺塔始建于北魏正光年间（520—525），位于登封市太室山脚下，被称作“中国第一塔”。后世虽屡经维修，但现存塔体基本仍为北魏时期的原始构造。嵩岳寺塔为世界文化遗产“天地之中”历史建筑群的组成部分，全国重点文物保护单位。

嵩岳寺塔坐北朝南，为密檐式砖塔，由基台、塔身、密檐和塔刹构成，以青砖、黄泥砌筑。塔平面为等十二边形，高37 m，塔外部分为十五层密檐，内部分为九层，高31.03 m。

塔基台高0.85 m。基台南砌长方形月台，月台之南正中以青石、青砖砌踏道。

塔身平面呈等十二边形，塔身一层被中部一周腰檐分为上下两段。东、西、南、北四面辟拱形券门通向塔心室，其余八面分别贴砌一座方形阿育王塔。

塔身之上的十五层叠涩密檐檐宽逐层收分，外轮廓呈抛物线形。檐间砌塔身。每面塔壁上辟拱形门及破子棂窗。

砖质塔刹为后世建造，通高4.745 m，自下而上由基座、覆莲、须弥座、仰莲、相轮和宝珠组成。历史上曾在塔刹中发现两个天宫。1号天宫位于宝珠中部，外圆内六边形。宫室高0.24 m。宫室内有舍利缸、白瓷盘、瓷葫芦、银塔、舍利子等文物。2号天宫位于相轮中部，相轮的六重底层砖即为宫室的顶盖。从宫室中所出遗物推断，修建天宫的年代应在唐末宋初之间。

塔内部以叠涩砖檐将之分作9层，除底平面为十二边形外，第二层以上皆为八边形。室内不施塔心柱，仅第一层与第二层之间有楼板，余通层。

塔下有地宫，现存构造为唐代物。地宫自外向里有甬道、宫门、宫室三部分。其中宫室位于塔内中部稍偏西北，平面近方形，边长2.04 ~ 2.08 m。宫室残高1.3 ~ 1.5 m，顶似为穹隆式。地宫中共清理出造像、建筑构件、生活用品、石刻、铜钱等文物70余件。

嵩岳寺塔为中国现存时代最早的砖塔，具有重要的历史、艺术和科学价值。

“中国第一塔”嵩岳寺塔（顾馥保提供）

一层塔龛砖雕护法狮子（杜启明提供）

唐代槐树（杜启明提供）

24 安阳灵泉寺道凭法师烧身双石塔

灵泉寺道凭法师烧身双石塔在灵泉寺院内，刻凿于北齐河清二年（563）。灵泉寺位于安阳县西南 30 km 的宝山东南麓，为南北朝、隋、唐时期北方的著名佛寺，素有“河朔第一古刹”之称。该双石塔与灵泉寺石刻群为全国重点文物保护单位。

道凭法师烧身塔两座石塔造型基本相同，其中一座的门额上刻有“宝山寺大论师道凭法师烧身塔，大齐河清二年三月十七日”题记，由此可知该塔是我国现存最早的石塔。

双石塔均为单层檐，平面呈方形，由塔基、塔身和塔刹三部分组成。西塔通高 1.46 m，塔基为正方形，由两块青石垒叠而成。塔身高 0.45 m，用一整块石雕凿而成，南面开拱券门，其余三面为素面石壁。塔身顶部为正反叠涩三层檐，其上为覆钵形，四周刻山花蕉叶和宝珠，立体感强，线条流畅，覆钵顶上为塔刹，刹座为方形覆斗，顶端刻宝珠。塔心室为方形，中空，内壁面为素面无雕饰。东塔的造型和体量与西塔类似，但无雕饰、无题记。

道凭法师烧身塔造型比例得当，外观优美。塔顶的雕刻造型浑厚，花形古朴，线条流畅，是南北朝时期的石塔雕刻精品。

西塔正立面图（文宣提供）

全景（司治平提供）

安阳 25 修定寺塔

修定寺塔建于唐代，位于安阳县磊口乡清凉寺南麓的修定寺旧址上，东距清凉寺村 300 余米，现为全国重点文物保护单位。

修定寺始建于北魏太和十八年（494），传为僧人张猛创建，原名天城寺，北齐时改为合水寺，隋代后又改为修定寺。原寺院规模宏大，分三进院落，有殿宇四座。今寺院已废弃，唯唐塔耸立。

修定寺塔为方形砖塔，单层单檐，周身镶嵌浮雕方砖，由塔基、塔身、塔刹三部分组成，通高近 21 m，塔基平面为八边形须弥座。基座之上为方形塔身，高 9.3 m，边长 8.3 m，塔身镶嵌的浮雕青砖达 3 775 块，图案面积达 300 ㎡，内容有精美生动的人物、动物和以莲花为主题的花卉图案，共72种。

修定寺塔远观造型庄严大方、古朴稳重；近观繁缛密致，精刻入微，内容丰富多彩，形象生动逼真，充满了浓厚的生活气息，堪称一件非常华丽壮观的唐代雕塑艺术品。

砖雕局部（其一）（司治平提供）

砖雕局部（其二）（司治平提供）

全景（司治平提供）

登封

26 法王寺塔群

法王寺塔群位于登封市北太室山南麓玉柱峰下、法王寺院北约 200 m 处，塔群依山而建，坐北朝南，有唐塔 4 座、元塔 1 座、清塔 1 座。为全国重点文物保护单位。

1 号唐塔是法王寺现存古塔中最高的佛塔。塔砖质，密檐式，平面方形，边长 7.1 m，高十五层计 35.16 m，南面辟门，中空叠涩并设枋木供检修者登临。塔的外形第一层高大，以上诸层高度递减，呈柔和抛物线形，外观优美。塔刹基座内设有天宫。该塔用长方形、方形（叠涩檐转角处用）青砖加黄泥垒砌而成，砌法多采用不岔分法。整座塔身曲线柔和，挺拔秀丽，与云南大理崇圣寺千寻塔、河南嵩山永泰寺塔同为中国唐代密檐多层砖塔的代表。

2 号唐塔坐北面南，为单层砖墓塔，塔身通高 14 m，塔体呈方形，边长 4.3 m。用青砖砌筑，黄泥黏合，采用不岔分砌法。塔身南面辟塔门。塔内有方形塔心室。塔刹高 5.35 m，塔刹基座是砖砌覆钵体，其上石雕塔刹保存完整，雕刻精细，为石雕塔刹珍品。

3 号、4 号塔均为单层砖墓塔，从造型和局部装饰看，应为晚唐或五代时期建造。

寺院之西丘阜上，有元延祐三年（1316）五月建造的月庵海公圆净之塔，坐北面南，通高七层，密檐式仿木结构砖塔，平面六角形。砖雕、石雕工艺颇精。

月庵海公圆净之塔之东，为建于清康熙二十九年（1690）的弥壑澧公和尚之塔。塔为密檐式，青砖砌就，平面六角，七层，由须弥座塔基、塔身、塔刹组成。塔基上有砖雕云圭角、壶门、动物、花卉等图案。各层塔檐各角有挑角花饰，制作考究。

法王寺塔群北、东、西三面群山环抱，是观看嵩山八景之一“嵩门待月”的理想之处。每到中秋，月照嵩门，更衬古塔雄姿。

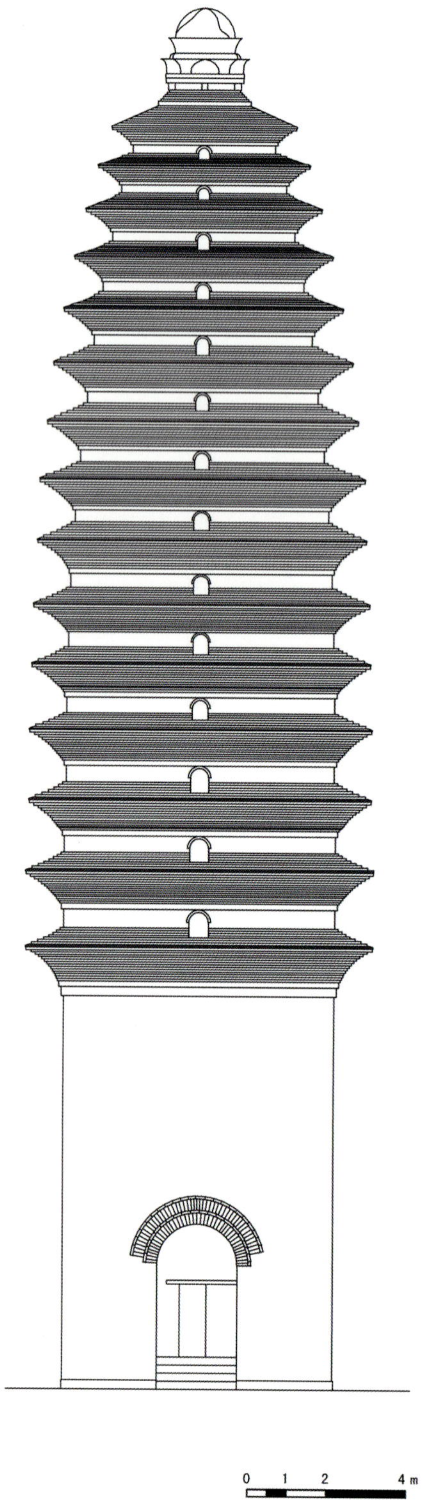

法王寺塔正立面图（文宣提供）

中国唐代密檐多层砖塔的代表——法王寺塔（文宣提供）

林中的唐代砖塔（司治平提供）

27

安阳灵泉寺双石塔

安阳灵泉寺双石塔雕凿于唐代，位于灵泉寺院内，有东、西两座，为全国重点文物保护单位。

灵泉寺双石塔西塔为密檐式塔，平面方形，由塔基、塔身组成，塔刹现已不存。塔身共九层，通高 5.56 m。第一层塔身高大，以上八层塔身低矮，塔檐密集，呈抛物线形，整体优美端庄。塔基为须弥座形式，上刻舞妓乐妓，动感极强。塔身下部四面正中均有双阶拱形踏道。塔身南面辟拱券门，门楣中央刻龙头，第一层塔身上半部为立佛像，左右各刻一条飞龙。塔身有题记“咸通八年五月自宗城拜安阳”等字，可见该塔为唐咸通八年（867）之前建造。一层之上每层檐下刻出三层反叠涩檐，由下而上塔身和塔檐逐渐收缩，上部每层塔身低矮，南面各层浅刻拱券形壁龛，龛内雕一坐佛，佛背光上雕刻二飞天。塔心室高 95 cm，穹隆顶，内壁正面有高浮雕佛像五尊，为释迦牟尼和其弟子、菩萨。

东塔与西塔基本一致，由塔基和塔身组成，塔刹和第九层塔身现已不存，通高 5.2 m。塔身东外壁有唐大历六年（771）游人题记。塔平面方形，第一层塔身高大，上雕刻飞天，左右对称，两个飞天用手共同将一小塔托起，飞天下部为一对飞龙。以上七层塔身低矮，出檐自下而上收缩，呈抛物线形。塔身每层为素面。塔心室为方形，室内有五尊雕像，题材与西塔相同。

东塔（杜启明提供）

西塔（杜启明提供）

东塔正立面图（文宣提供）

西塔正立面图（文宣提供）

28 登封永泰寺塔

永泰寺塔位于登封市西北 11 km 永泰寺东侧太室山下，西距永泰寺院 110 m。这里峰峦环峙，溪水环绕，塔寺相依，古木参天，为全国重点文物保护单位。

永泰寺于北魏正光二年（521）创建，原名明练寺，唐代更名为永泰寺，是嵩山地区现存唯一的一座尼众寺院。寺中现存有天宝年间《佛顶尊胜陀罗尼经》石刻经幢二座及《大唐中岳永泰寺碑颂并序》石碑等唐代文物。

永泰寺塔建于唐代，为单层密檐方形砖塔，塔体通高 24 m，塔身平面略近方形，在塔身南侧辟有拱形塔门。塔身外壁敷一层白灰。塔室为方形空筒式，依塔体收分直至塔顶。塔檐为叠涩砖层砌筑的十一层密檐，檐层逐层递减收分使塔体轮廓呈抛物线形，优美峻拔。密檐之上为石雕仰莲承托五重相轮组成的石雕塔刹。

整塔展示了浓厚的唐代密檐砖塔的建筑风格，是我国唐代密檐砖塔的典型代表之一。

全景（杜卓提供）

中佛殿（重建）（杜卓提供）

塔内构造（杜卓提供）

塔刹（杜卓提供）

武陟 29 妙乐寺塔

妙乐寺塔位于武陟县阳城乡东张村古怀城遗址上，为全国重点文物保护单位。

此塔创建于唐，后周显德二年（955）重修。据后周重建碑记载，迎佛祖舍利灵骨之时曾建宝塔十九所，妙乐寺塔为其一，序列第十五。

妙乐寺塔为密檐式砖塔，共十三层，通高 34.19 m，平面呈方形，内部中空。塔门为南向拱券门。塔身自下而上每层高度均匀递减，每层平面逐渐内收，外轮廓呈优美的抛物线形。第一层塔身较高，南面辟拱券门。塔身四角有陶质模印力士八尊，袒胸露腹，腰束丝绦，做怒视前方状。

塔刹为鎏金铜质，上有题记“显德二年岁次己卯二月庚子朔二十一日庚申建塔”等字，由多个构件组装而成，是我国五代塔刹之精品。铜制须弥座位于下部，外表铸就火焰形透空花纹，中心耸立的刹柱承担整个刹身的重量。刹柱为木制，外套铸铁管，相轮共七重，上为华盖。华盖呈覆盆状，其上依次为水烟、宝珠、仰月、三重宝珠、刹尖、铁针。塔刹四角各铸一尊鎏金护法铜狮。

塔内为方形塔心室，共分四层，上下贯通。室内壁为竖井形。塔内各层原有楼板、木梯，早毁。从塔心室地上的平砖间隙向下投入硬币，可听到回声，素有“塔下有井”的传说，说明塔下有地宫构造。

五代塔刹及鎏金铜狮（文宣提供）

全景（文宣提供）

30 开封祐国寺塔

祐国寺塔，又称开宝寺塔，俗称铁塔，创建于北宋皇祐元年（1049），位于开封市东北隅。它是我国现存最早、最高的琉璃质高层建筑物，为全国重点文物保护单位。

该塔为楼阁式琉璃砖塔，系仿北宋建筑巨匠喻皓所建开宝寺木塔而成。塔为平面八角形，共十三层，高 55.12 m，仿木结构。塔身由褐色琉璃砖砌筑而成，琉璃砖上刻画了多种佛像和动植物图案。塔造型雄伟挺拔，砖雕华丽。

祐国寺塔由塔基、塔身、塔刹三部分组成，由下而上逐层递减，塔基被黄河淤沙埋于地下。现存塔底层高约 1.5m，东、西、南、北各辟一圭形门，分别设有四个塔室。塔室为方形，四个塔室的大小、形式相同，顶为八角形穹隆顶，四室壁砌筑方法与外壁相同。四门中只有北门内设蹬道，绕塔心柱登 168 级可盘旋登顶。塔身每层各正方向都辟有圭形门，但每层只有一真门，其余为假门。塔身各层檐部均施斗栱，檐上设平座。平座斗栱与檐下斗栱结构相同。塔身外壁全部为模制带企口褐色琉璃砖砌筑，琉璃砖施低温铅釉，釉色主要为绿、褐二色。塔壁各型砖上均模制有丰富多彩的图案，内容有佛祖、菩萨、飞天、立僧、供养人、伎乐等佛像人物，宝相花、海石榴、莲花、牡丹花、芍药花等花卉植物，狮子、云龙、降龙、麒麟等动物祥兽以及装饰用的璎珞、流苏等。这些琉璃砖集北宋琉璃工艺之大成，组成了精美的塔体外壁，使塔更加华丽壮观。塔顶为八角攒尖，八条垂脊上扣以筒瓦。垂脊顶端为一莲座，上置铜质宝瓶塔刹。从宝瓶顶向八角垂下八条铁索，系于垂脊下端，以稳固宝瓶。

祐国寺塔内有螺旋式磴道，将塔心柱和外壁紧密地连成一体，形成了坚固的抗震体系。九百多年来，铁塔历经无数次的地震、水患、兵火，至今仍岿然不动，称得上是千古杰作。

翼角构造（张武军提供）

塔壁圭形窗（张武军提供）

塔壁盲窗（张武军提供）

琉璃雕刻（张武军提供）

全景（杜卓提供）

31 开封繁塔

繁塔创建于北宋开宝七年（974），原名兴慈塔，又名天清寺塔，位于开封市东南的禹王台区，繁塔建在一巨大的夯土台之上，宋代时，土台因周围居住着“繁”（音同“婆”）氏宗族而被称为繁台，故其上之塔称繁塔，为全国重点文物保护单位。

繁塔原是一座六角形的砖塔，初建时为九层，从现存的塔身推测，它原来是相当雄伟的。当地有民谣说：“铁塔（祐国寺塔）高，铁塔高，铁塔只及繁塔腰。”明代“铲王气”事件中，上面六层被拆除，顶部覆一小塔作刹。

繁塔由塔基、塔身、塔刹三部分组成，除楼板使用木材外，全部以砖石建造。塔通高 36.68 m，其中台基高 1.81 m，塔身高 24.14 m，九级小塔及塔刹高 10.73 m。塔体均为青砖不岔分平砌而成。塔身收分明显，整体外观敦厚庄重。底层南、北面有两塔室，圆券门；二层、三层亦有塔室，可沿三层塔外壁平座通道攀至塔顶。繁塔各层檐部及平座皆施斗栱。繁塔造型独特，是四角形密檐式空筒佛塔向八角形楼阁式实心佛塔过渡的典型形式，清晰地显示了佛塔发展演变的轨迹。

繁塔内外壁遍镶近 7 000 块造像砖，砖上图案达百余种之多，有释迦佛、无量寿佛、药师佛等，形象端庄、神态安详，另有罗汉造像、伎乐造像。造像砖残留有绿、白、黄、红等颜料痕迹，说明塔体内外壁原施有彩绘，足见当时繁塔的绚丽壮观。塔内还珍藏着二百余方石刻，有佛经石刻、施舍人题记、修葺碑记等，字体方正端庄，笔力遒劲浑厚，为研究佛经和书法的精品。

地宫位于底层南塔室地下，地宫中原藏有水精（晶）瓶、水精（晶）函、金棺、银椁、棺衣褥、舍利石匣等佛教珍品，惜早年被盗。

内壁彩绘造像砖（文宣提供）

外壁造像砖（文宣提供）

全景（杜启明提供）

32 滑县明福寺塔

明福寺塔位于滑县老城西南隅明福寺旧址上。隋仁寿四年（604），滑县居士杜明福捐出家宅，兴建寺院，故名明福寺。唐开元年间扩建寺院，唐宝历二年（826）建明福寺塔。北宋年间重建此塔，保存至今，为全国重点文物保护单位。

明福寺塔为八角形楼阁式砖塔，由塔基、塔身、塔刹三部分组成，塔通高 43 m，地面直径 11 m。明福寺塔形体高大、气势恢弘，是国内不多见的大型佛塔。

塔基高 1.56 m，八边形，青石砌筑，南面砌出踏道。塔身七层，第一层南面辟拱券门。塔身八面通体嵌砌方砖，砖上凿圆形佛龛，龛内佛像造型丰富。塔身转角处各有一根倚柱，柱身用仰、覆莲瓣分成竹节状，著名古建专家刘敦桢先生称倚柱“以莲瓣分为数层，如印度式之柱”，其做法独特，外形优美，为其他砖塔所罕见。檐下用砖制斗栱承托出檐，檐上滴水为重唇板瓦状。第二至七层形式与第一层类似，均在檐上施斗栱承托的平座。四正面开券门。塔身镶画像砖，为砖雕艺术珍品。顶层各角悬挂风铎。

塔内中空呈八角筒状，逐层叠涩内收至塔顶，保留唐塔遗制。壁体内为折上穿壁绕平座形式，拾级而上，可登至各层。塔刹刹座为砖砌直壁八角形，转角处各砌出卷云头。

砖雕倚柱及造像砖（文宣提供）

檐部构造（文宣提供）

全景（文宣提供）

济源

33 延庆寺舍利塔

造像砖（曹国正提供）

延庆寺舍利塔位于济源市济渎西路延庆寺右侧，俗称龙潭寺舍利塔，千佛舍利塔，创建于北宋景祐元年至三年（1034—1036），为全国重点文物保护单位。

延庆寺舍利塔平面呈六边形，为楼阁式砖塔，由塔基、塔身、塔刹三部分组成。塔基边长 5.76 m，塔身边长 3.95 m，塔通高七层 28.16 m。塔身一层至六层高度逐层递减，明代维修时增加了第七层。外壁直壁敷白灰层，内外嵌佛像雕砖 1 344 块，堪称宋代华塔典型。外檐角层顶部均砌出阑额，以承托正反叠涩砖砌成的出檐。一层南北各设一门，从南门入为塔心室，顶部采用叠涩砖收顶，中心留六角形竖井直通塔顶。从北门进折西沿阶梯可登临二层，继而沿塔身出檐顺时针盘旋抵南门进三层室内，用同样方法可由四层至六层。塔刹下为六角形基座，刹身由铁制授花、绿色琉璃覆钵和黄色琉璃宝瓶组成，刹顶仅存宝盖。塔内外有碑碣石刻、金石文物十余件，既有翔实的建塔记录，亦有历史名人诗作，以文徵明晚年草书碑尤为珍贵。

延庆寺舍利塔是历代名人活动的场所。北宋阆中陈省华家居延庆寺西院，其三子陈尧叟、陈尧咨、陈尧佐相继为相，曾孙虞部员外郎陈知俭于北宋熙宁七年（1074）创四令堂，史学家司马光作《四令堂记》，并挂匾“宋四贤读书处”。

塔前风景如画，司马光《寄题傅钦之济源别业》赞曰：

县郭遥相望，修篁百亩余。
林间清济水，门外太行庳。
道胜随宜足，身闲与世疏。
何时容命驾，采蕨钓肥鱼。

全景（曹国正提供）

鄢陵

34 乾明寺塔

乾明寺塔位于鄢陵县城西北隅“龙形十八岗”的龙头之上，史载“鄢陵古邑，跨岗为城，西北隅据岗为寺，地当乾位，寺因此为名”，为全国重点文物保护单位。

乾明寺塔创建于隋仁寿四年（604），塔下原有乾明寺。该塔原系佛舍利塔，根据塔的建筑特点及造型分析，应为宋代建筑。历史上曾多次修葺，明嘉靖元年（1522），乾明寺塔塔顶、塔刹因地震坠地。嘉靖二十年，周王捐资重修。

塔平面六边形，高 38 m，为十三层仿楼阁式砖塔。每层有斗栱，塔身饰有佛像砖，塔内有佛龛室及旋转踏道，建筑结构巧妙。下部为六边形塔基，塔体逐层叠涩内收，九层以上尤为显著。檐部用砖雕出檐板、飞椽、重唇板瓦。塔角用砖砌成垂兽形状，翼角挑起，垂脊、围脊均雕刻清晰。各层翼角下施以石质龙首角梁，龙衔风铎，遇风而鸣。塔刹基座为砖砌斜壁六角形，其上置覆钵、覆斗，再上为砖雕二层仰莲承托铜宝珠。

在维修时，曾从塔刹中发现明代文物 48 件，其中《大方广佛华严经》是国内外佛教界罕见的珍品，镀金铜站佛及 18 尊铜佛像同样具有极高的文物价值，是罕见的明代艺术珍品。

二层砖雕斗栱（杜卓提供）

转角斗栱（杜卓提供）

全景（杜卓提供）

南阳

35

鄂城寺塔

正立面图（文宣提供）

鄂城寺塔位于南阳市卧龙区石桥镇，为全国重点文物保护单位。

鄂城寺及塔始建于隋大业十三年（617）。宋元符二年（1099）前后，鄂城寺及塔重建。金代尚有寺楼可登高远眺，元末遭战乱焚毁。明洪武九年（1376），僧了隆重建鄂城寺。清同治七年（1868），再次重修鄂城寺。清光绪二十九年（1903）和民国二十六年（1937），该塔都曾得到修葺。

鄂城寺塔素有“宛北钟灵”的美称。《重修鄂城寺塔记》载：“鄂城寺名刹也，右环读书台平子墓小洱城，左挹鄂溪，前峙蒲峰（现蒲山），风云开合，气象万千，真奇观也，而寺塔为尤胜。夫塔为隋大业十三年之建筑，层累崔嵬，苍耸参天，乃宛北钟灵耳……”该寺现存山门、前殿、后殿、东西厢房等七座建筑，还保存有宋元符二年石狮一对。

鄂城寺塔由塔基、塔身、塔刹组成。塔平面为六边形，通高 18.88 m，为七层仿楼阁式砖塔，通体用青砖平砌。塔体逐层收减高度及边长，整个塔身外廓略呈抛物线形，造型俊秀。

各层塔檐、平座、柱额、斗栱皆为仿木结构砖雕，底层西面开门。第二层塔壁每面均镶嵌八块砖雕佛像，雕工精细，形象生动。

鄂城寺大殿（杜启明提供）

檐部构造（杜启明提供）

宋代石狮（杜启明提供）

全景(杜启明提供)

唐河

36 泗洲塔

泗洲塔位于南阳市唐河县老城东北部原菩提寺内，为全国重点文物保护单位。

泗洲塔因菩提寺旧名——泗洲院而得名。明嘉靖《南阳府志》载："菩提寺在县治东南，旧名泗洲院。宋绍圣三年智洪禅师开基，国朝洪武十年僧智福重建。万历七年龙毁其顶，知县黄懋中葺之。三十二年又毁其二级，知县黄钟修如故。"泗洲塔应为宋绍圣三年（1096）建造。

泗洲塔平面八边形，塔基边长 6.7 m，塔高 49.6 m，为仿楼阁式砖塔，共十层。塔外形第一层高大，以上逐层高度及边长递减，形成柔和的曲线。该塔坐落在高 1.65 m 的八角直壁式台基上，北侧有台阶。底层塔壁边长 4.6 m，南、北面各辟一门。南门为单券门，通往方形塔心室；北门也为单券门，通往上塔阶道，绕塔心柱可登临各层塔心室。塔壁各层均开门窗，但方位各异，错落有序。塔顶为八角攒尖式，覆以绿琉璃瓦。塔刹由绿琉璃仰、覆莲及覆钵宝瓶组成。该塔用长方形青砖加白灰垒砌而成，多采用不岔分手法砌筑。每层檐下均置有砖雕斗栱，转角处有风铎，风吹过时发出悦耳铃声。泗洲塔宋代楼阁式砖塔建筑的特征和风格明显，是河南省典型的宋代砖塔之一。踏道、塔心室内有历代修塔记事碑等石刻题记共十余件，为研究该塔的历史提供了珍贵资料。塔外壁及踏道、塔心室内有砖雕佛龛约 200 件，第二层塔外壁 60 尊佛龛，其中 26 尊带有"绍圣三年"纪年。砖石佛像形态各异，部分还带有纪年、纪事铭文。

泗洲塔采用偶数塔层，在宋代佛塔中独具特色。在塔下仰视，只见塔顶直插云霄，巍峨高矗，故有"唐河有座塔，离天一丈八"的民谚。"古塔凌烟" 为古唐河八景之一。

正立面图（文宣提供）

全景（杜启明提供）

檐部构造（文宣提供）

塔心室斗栱构造（文宣提供）

塔心室叠涩藻井（文宣提供）

邓州 37 福胜寺塔

福胜寺塔位于邓州市十字街西南角，为全国重点文物保护单位。

该塔初建于隋，重修于北宋天圣十年（1032）。据清乾隆年间《邓州志·古迹》记载："福胜寺在紫金山东，宋天圣间建，元末兵毁，明洪武初，僧子颜重建，天顺间重修。中有浮屠十三层，高二十余丈，内一井，相传为海眼，恐其泛滥，作塔镇之。"地宫出土的石质须弥座上有铭文"邓州龙兴寺大悲院地宫记"，落款为"大宋天圣十年二月二十五日记"。原为十三层，元末损毁严重，明天顺年间（1457—1464）重修为七层。

福胜寺塔平面八角形，塔门向南，高 38.28 m，为七层仿楼阁式砖塔。该塔自下而上依次由塔基（地宫）、基座、塔身和塔刹组成。塔身全部用青砖垒砌，内外壁面用白灰勾缝，内部用红黏土黏合。第一层塔身最高，以上每层高度均匀递减，外廓造型优美。

据勘探，塔基埋深为 5 m 左右。塔基与塔身之间为须弥座式的塔座，除南边塔门之下为阶梯外，其余束腰部分皆嵌砌方形的浮雕式佛像。须弥座上下枋及上下枭装饰浮雕式的宝相莲花方砖，转角处各嵌砌浮雕力士神像。

塔身每层的内外壁嵌砌各种砖雕共计 25 种 1200 余块，内容有坐佛、菩萨、天王、力士、罗汉、伎乐、宝装莲花和各种纹饰，形象各异，栩栩如生。

地宫距地表 4.6 m，由宫道、大门、甬道、宫室四部分组成，平面呈六角形，六角攒尖式顶，高 3.45 m。顶部正中嵌铜镜一面。1988 年维修该塔时在地宫中发现了一批珍贵佛教文物。地宫出土方形石函、铁塔二件，玻璃葫芦二件，铜钱编织手炉一件、青铜瓶一件，以及金棺、银椁、象牙质"佛顶骨"、褐色石质"佛牙"等 28 件。

檐下结构（文宣提供）

塔身砖雕（文宣提供）

正立面图（文宣提供）

全景（文宣提供）

38 西平 宝严寺塔

宝严寺塔俗称东关塔，位于西平县柏城镇东大街宝严寺西侧，为全国重点文物保护单位。

据《西平县志》记载："宝严寺建于唐，寺外有塔"。宝严寺塔曾于明嘉靖二十五年（1546）四月、清光绪二十八年（1902）九月两次修葺。1980 年维修时在塔刹底座下面发现北宋"元符通宝""崇宁重宝"铜钱，根据题记和建筑风格特征，该塔的建筑时代是北宋中晚期。

宝严寺塔为六角七层楼阁式砖塔，塔高 28.80 m，高度和塔壁逐层向上递减，外形呈柔和优美的抛物线形，挺拔秀丽。塔身使用了 37 种不同型号的青砖砌成，外壁用白灰砌缝，内壁用黄泥垒砌。

塔的外壁有龛，龛内砌有飞天等浮雕花砖及修塔纪年砖。塔身西面辟圆券门，由塔门可进入正方形塔室，塔室壁上砌海石榴花和佛像雕砖。塔门北壁有登塔梯道，顺梯上塔即至第二层东门。檐部砖雕斗栱为五铺作出双杪，转角做出砖雕檐枋，上为子角梁与套兽，并有石雕龙头角梁。砖雕檐椽、飞椽、板瓦。二层平座斗栱为斗口跳式，大栌斗正面出华栱一跳，上承普柏枋与雁翅板。二层塔壁东、西两面有圆券塔门，转角有圆形倚柱。由东门南壁圭形门顺梯上登，至第三层塔室西南壁而出。三、四、五、六、七层塔檐与平座结构大体与第二层相近，只是层间距离逐渐变矮。塔心室为六角形，顶部砖叠涩六角攒尖顶。由小室顺竖井梯攀登可直达各层，每层内砌成攀登的梯窝。第六层塔心室内置木质刹柱，直通塔刹。塔刹铁铸，覆钵上铸覆莲，再下为六角形铁铸刹座。

檐部构造（文宣提供）

全景（文宣提供）

39

永城 崇法寺塔

崇法寺塔位于永城市东北原崇法寺旧址，为全国重点文物保护单位。

崇法寺建于唐代，今寺已废，仅存砖塔。据史书和有关金石资料记载，该塔始建于宋绍圣元年（1094），落成于绍圣五年。明清虽几次修复，仍有破损，清末遭雷击留有裂缝。1938 年遭日军炮击，残存八层。1984 年大修并重建塔刹。

塔平面呈八角形，为仿木楼阁式砖塔，高九层，通高 34.6 m，塔底座边长 3 m。塔体自下而上每层逐渐收敛，每层高度也依次递减，整体轮廓略呈优美的抛物线形。该塔由基座、塔身和塔刹三部分组成，塔身每层正向四面（东、西、南、北）均辟圭形门，其余四面一至三层间施古钱纹、龟背纹、假窗。底层东、南、西各圭形门内为十层叠涩砖砌成的覆斗形顶方形小室，内建佛龛。北门为登塔门，由此门进入塔道，环绕而上可至塔顶。南门小室下为地宫，长方形，覆斗式顶，现仅存石匣，匣盖一侧刻有记述修建该塔情况的铭文。塔底层转角处为瓜楞形倚柱、砖砌莲花覆盆形柱础，二层以上均为半圆形倚柱。每层转角处施石质龙首角梁，悬挂风铎。塔体内外壁面上共镶嵌有相同的黄绿釉“一佛二弟子”佛像砖 651 块，塔内壁面还装饰有石刻塔铭四块、砖雕佛像一尊。

塔心室内部结构别具匠心：一层为穿心式；二层为穿心式与回廊式相结合，上施天花；三层为方形壁内折上式，十字通道，八角形塔室；四层方形壁内折上式，方形塔室；五层方形壁内折上式，四通道，八角形塔室；六层为方形壁内折上式，八角形塔室；七、八层同为八角形壁内折上式，无塔心室；第九层为实心砌体。塔的内部结构综合了多种古塔的建造手法，将穿心式、回廊式、方形壁内折上式及八角壁内折上式等糅合在一座塔内，在宋塔中实为少见，为宋塔结构中的精品。

崇法寺塔之“宝塔盘云”为永城八景之一。

塔身檐部构造（文宣提供）

二层内壁佛像砖（文宣提供）

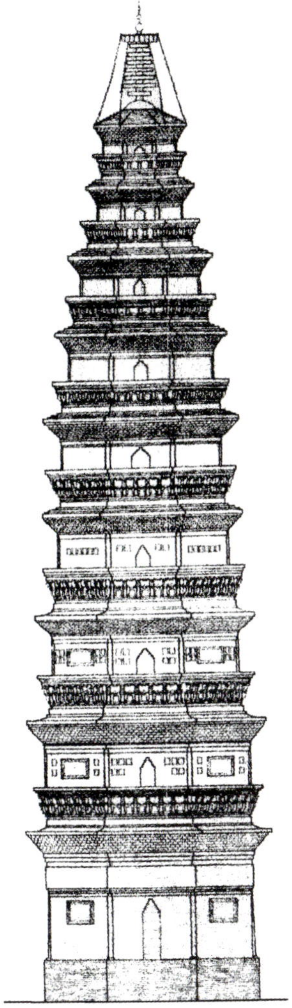

北立面图（文宣提供）

全景（文宣提供）

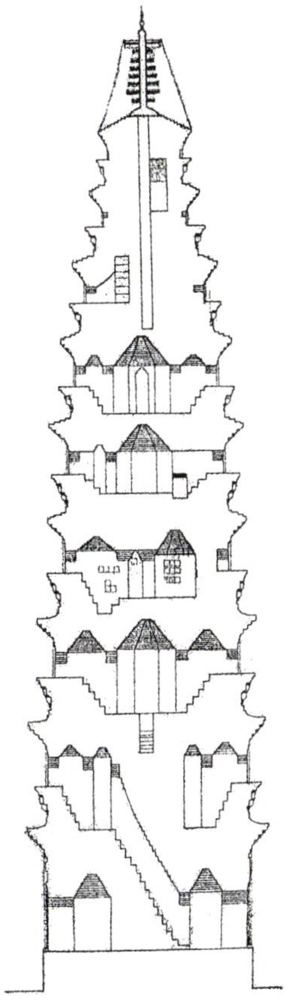

南北纵剖面图（文宣提供）

40 沁阳天宁寺三圣塔

天宁寺三圣塔位于沁阳市城区东南部天宁寺旧址上。天宁寺始建于隋，时称长寿寺，唐代改名大云寺，金大定年间更名天宁寺，并修塔。天宁寺今已废弃，现仅存天宁寺三圣塔和大云寺皇帝圣祚之碑，为全国重点文物保护单位。

天宁寺三圣塔建于金大定十一年（1171），总高32.76 m，平面呈方形，叠涩密檐式十三层砖塔，由基座、塔身及塔刹三部分组成，整个塔身轮廓造型美观。塔内各层皆不设楼梯，而是利用砖砌的竖井道作为上下层连接的通道，为全国少见。

塔基为方形，高6.50 m，南面辟一券门，入口有“塔始建于唐，重修于金”等题记。内部为随塔身环转的走道。塔中央再辟方室一间，直达上部。入口向北直至基座塔心室。

塔身由须弥座台基承托。第一层没有塔心室，由围绕塔心环转的回道分为内外两部分，设在外环体壁上的四条风道可供游人凭览塔外风光。向南、东、西各有一平行洞道，可逐层登临顶部第十三层。各层高度由下而上逐层递减，宽度也逐级收敛，整体外轮廓呈抛物线形。

塔刹制作较别致，由下至上依次为十三天式相轮、宝瓶、宝珠，宝珠与宝瓶皆为生铁铸造，分块箍合。

塔内保存有金代建筑题记和一佛二菩萨石刻造像，塔外有

全景（曹国正提供）

塔身局部（文宣提供）

大云寺皇帝圣祚之碑和碣石，十分珍贵。

天宁寺三圣塔把回廊走道、竖井道、涵洞、壁龛、塔心室、拱券和攒尖藻井等各种建筑结构和建筑工艺巧妙结合于一座建筑并有机地融为一体，是金代建筑的杰作。

41

三门峡宝轮寺舍利塔

全景（杜启明提供）

宝轮寺舍利塔位于三门峡市西部 5 km 的原陕州故城东南隅宝轮寺旧址上，为全国重点文物保护单位。

宝轮寺舍利塔为唐代初建，金大定十六年（1176）由僧人智秀重建。寺已早毁，唯塔独存。塔铭记载为“三圣舍利塔”，建塔时间为“大定十六年四月五日起塔，十七年五月初八日竣工”。

宝轮寺舍利塔濒临黄河南岸，拾级登顶可远眺黄河风光。塔坐北朝南，平面呈正方形，为十三层叠涩密檐式砖塔。塔由基座、塔身、塔刹三部分组成，每边宽 5.4 m，通高 26.5 m，塔围长 21.6 m。塔体用青砖一顺一丁垒砌而成，表层砖用白灰浆黏合，内部为黄泥浆辅助，灰缝较细。

塔身自下而上宽度和高度均呈递减趋势，外部轮廓呈抛物线形。每层壁体分别辟有半圆形拱券门、佛龛或洞窗等。宝轮寺塔既采用了唐代密檐式方塔的外形，又吸收了宋塔的内部结构，外形柔和美观，内部结构独特，是两种风格的有机结合，为我国仅存的三座融合唐宋密檐式塔与楼阁式塔艺术特点和结构方法的金代大型砖塔之一，是研究金代砖塔的珍贵实物资料。

人们在此塔周围拍掌或击石，回音恰似蛤蟆叫，故此塔俗称“蛤蟆塔”。该塔因其独特的回音效果，与山西永济的莺莺塔、北京天坛的回音壁、四川潼南的石琴并称中国古代四大回音建筑。

42

修武 百家岩寺塔

百家岩寺塔位于修武县嵇山之阳的上桑湾村。塔始建于唐垂拱二年（686），后毁于战火，金代在原塔旧址重建，为全国重点文物保护单位。

百家岩寺塔建于村北山坡上，为青砖砌就。塔旁悬崖峭壁，溪流潺潺，翠柏苍松，风景秀丽。

塔坐西向东，由塔基、塔身、塔刹组成，楼阁式，平面八角形，九层，高约 24 m。外轮廓自下而上逐层收敛，每层高度均匀递减，呈柔和的抛物线形。除第一层外，其他诸层砌实，不能登攀。塔身第一层比其他各层高，东面辟圆券门，通过甬道至塔心室。塔心室平面呈正方形，室壁上砌斗拱，顶部已毁。该层其他各面皆无门。外壁檐下有斗拱，檐上部用灰色筒板瓦覆盖，檐下转角处有木质角梁。塔刹残破，形制不详。地宫中曾发掘出石函、瓷片、鎏金泥胎佛像残片等遗物。

百家岩寺塔是河南省少见的金代大型八角形楼阁式砖塔，其建筑技术与环境艺术有机结合，堪称上乘佳构。

塔身构造仰视（文宣提供）

全景（文宣提供）

43 安阳 天宁寺塔

天宁寺塔又名文峰塔，位于安阳市文峰区文峰中环路天宁寺院内，为全国重点文物保护单位。塔始建于五代后周广顺二年（952），现存古塔的砖雕、铺作等部位有后期维修特征。该塔坐北朝南，塔西濒临湖水，塔影倒立其中，景致古雅，别有特色。

天宁寺塔是楼阁式砖塔，平面八角形，五层，通高38.6 m，整个塔身建在七层砖砌莲花基座上。第一层塔身高大，以上四层相对低矮，平面却逐渐增大，出檐渐深远，形成上大下小的奇观，在国内现存古塔中仅此一例。第一层塔身为条砖包砌，以上各层外壁涂灰刷红。南面开门，东、西、北面是三个装饰性假门。塔身八面的门窗之上为佛教砖雕造像，内容丰富，造型生动逼真，是豫北古塔雕刻的精品。每层塔檐使用了圆木椽和方形飞椽，檐上覆绿琉璃瓦时顶层用吻、兽、垂脊，每层檐下转角处挂有风铎，微风吹动时叮当作响。每层檐下施砖质仿木斗栱，各层斗栱形式各不相同。二层至五层塔身有相互交错的通风口。塔身虽为楼阁式，但有辽金时期密檐式塔的造型，又用喇嘛塔做塔刹，塔上有塔、一塔中兼有两种塔的风格，这种形式并不多见。

天宁寺塔内部结构为八角形壁内折上式，由南门进入塔内，登上陡峭的台阶之后，可逐层上至塔顶。塔顶设平台，平台中央砌有喇嘛塔形塔刹，周围是女儿墙。塔刹内有高大木刹柱，直达刹顶，塔刹内部为穹隆顶。

正立面图（文宣提供）

全景（文宣提供）

莲花基座及砖雕（魏文萃提供）

塔身砖雕（魏文萃提供）

44

许昌文明寺塔

许昌文明寺塔又名文峰塔，位于许昌市文峰路博物馆东院，为全国重点文物保护单位。

文明寺塔建于明万历四十三年（1615），时许州知州郑振光采纳风水先生之言，取巽方（东南方）文明之象，在许昌东南隅文明寺内建造文明寺塔（又叫文明塔，后称文峰塔），以求地方昌运繁盛。当年正月动工兴建，越八月告成。现存《许州郑公创修文明塔记》碑详细记载了修塔的经过。

许昌文明寺塔兼具佛塔、风水塔功能于一身，国内不多见，是研究明代宗教与民俗发展史的宝贵实例。塔身有许多砖雕佛像及佛教装饰图案，线条流畅，明快简洁，富有动感。塔为仿木结构楼阁式砖塔，平面八角形，高十三层，通高 50.03 m。塔体第一层较高，其他各层之面阔自下而上逐层稍有收敛，诸层高度均匀递减。

基台平面呈等边八角形，上为石质八角形束腰须弥座。塔身由外壁、回廊和塔心室三部分组成，内外壁皆用青灰砖三顺一丁垒砌而成，用白灰浆黏合。塔身第一层辟半圆拱券门，门上为“文笔耸秀”石塔铭，左上方竖刻“万历四十三年”。塔身各层翼角伸出石雕龙头角梁，翼角向上翘起，翩翩如飞，增加了塔身秀丽之感。翼角各挂铜质风铎，风吹铃响，悦耳动听。宝刹为宝葫芦状。

塔内结构亦分十三层，与外檐分层相同。壁体内砌筑砖石梯道，盘旋而上可至塔顶层。塔心室的藻井采用叠涩砖层、菱角牙子砖和砖制小栱头相间砌筑的方法，显得优美华丽，在河南现存楼阁式砖塔中甚为少见，独具地方特色。

许昌文峰塔塔身修长，形体优美典雅，居河南省 200 多座明代砖塔之冠。“文峰耸秀”曾被列为许昌十景之一，文明寺塔是许昌市的标志性建筑。

全景（段建辉提供）

林州

45 洪谷寺塔

正立面图（文宣提供）

洪谷寺塔位于林州市西南洪谷山上，此地为古林滤（今林州市）胜景。北齐文宣帝在洪谷山上为高僧僧达建洪谷寺，历代增修，今存有北齐千佛洞石窟、三尊真容像支提龛铭碑、大缘禅师摩崖塔龛、明清时期的洪谷寺塔林。寺内的洪谷寺塔为全国重点文物保护单位。

洪谷寺塔始建于唐，为密檐式塔，通高 15.4 m，平面方形，周身用条砖砌成，共分八层。第一层塔身高大，内中空，设方形塔心室，南开券门。以上各层平面逐层缩小，高度逐层递减，整体呈现出优美的抛物线形。塔每层南面辟假门，檐部均为正、反叠涩砖出檐。现有塔刹从形式上判断似为后人所修。

该塔出檐深远，体型肥硕，是安阳地区为数不多的密檐式唐塔。

第一层券门（文宣提供）

塔刹结构（文宣提供）

全景（文宣提供）

46 林州阳台寺双石塔

林州阳台寺双石塔位于林州市城南岭石村北。阳台寺始建于唐天宝九年（750），明、清、民国时期对寺庙均有修葺，现在寺庙已毁，仅存两座唐代石塔，为全国重点文物保护单位。

双石塔坐北朝南，东西相向而峙，均为方形密檐式佛塔，七层，由塔基、塔身组成，塔刹现已不存。

西塔通高 3.04 m，塔身第一层高大，以上六层低矮，塔檐由下而上逐渐缩小，塔体挺拔秀丽。塔基由两层组成。基座下层是方形，由上、下枋和束腰组成，四角各雕肥壮力士一名，力士袒胸，弯腰弓背，四正面正中各雕兽面一个，兽面两侧浅浮雕舞伎、乐伎各一名，造型各异。基座上层由仰、覆莲和束腰组成，束腰素面。第一层塔身南面开正门，方形门洞，拱券形门楣，门楣之上是两条龙组成，龙头朝下，门两侧有高浮雕力士，均残缺不全。第一层以上的六层塔身四面正中各有浅浮雕佛像一尊，七层塔檐下均叠涩四层，出檐上面边缘略微反翘。第四、五、六层塔檐残损。塔心室为方形，内部素面。

东塔高 2.99 m，第一层南门左边残损，第一层檐不存，现由后人用青方石照西塔形制补配，结构、外形、造像均与西塔相同。

阳台寺双石塔为典型唐塔造型，平面方形，塔身呈抛物线形。该塔外观挺拔秀丽，简洁大方，塔基和第一层塔身的雕像浑圆古朴，生动形象，具有较高的艺术价值。

西塔正立面图（文宣提供）

东塔（文宣提供）

西塔（文宣提供）

东塔舞蹈雕刻（文宣提供）

东塔飞天雕刻（文宣提供）

原阳 47 玲珑塔

玲珑塔位于原阳县西南原武镇善护寺旧址，原名善护寺宝塔，又名徽塔。清嘉庆年间善护寺毁于火灾，唯玲珑塔独存，现为全国重点文物保护单位。

玲珑塔创建于北宋崇宁四年（1105），坐南面北，砖结构，平面六角十三层，楼阁式砖塔，由基座、塔身、刹顶三部分组成，通高 47 m。因黄河泥沙淤埋，现地面仅存十二层，高 34 m。塔身自下而上逐层收敛，每层高度均匀递减，外轮廓呈抛物线形。菱角牙子砖和叠涩砖层砌出塔檐。角梁系木制，突出于塔身外部，上悬挂风铎，微风过时叮当作响。塔顶铁刹、覆钵、相轮犹存。

该塔于北面辟门，塔身各层均设置腰檐平座。塔身每层均辟半圆拱券门，塔身装饰长方形砖雕双交四椀逑纹格眼方形假窗或砖雕破子棂假窗。塔心室呈六角形，塔内有 0.6 m 宽砖砌梯道可登塔顶。此塔从外形至内部结构融合了楼阁式砖塔的艺术特点和结构形制，造型挺拔秀丽、结构严谨科学，为典型的宋代无柱额楼阁式塔。

塔依荷塘而建，大片的荷塘更使这座古塔显得端庄、秀丽。走近仰视，塔耸云霄，蔚为壮观；登塔远眺，心遥神畅。每当夕阳西照，塔影横空，景色更是绝妙无比。“烟寺暮雨”为原武镇八景之一。

塔窗（文宣提供）

塔内斗栱结构（文宣提供）

全景（文宣提供）

48

辉县善济塔

砖雕直棂窗（文宣提供）

塔心室斗栱（文宣提供）

善济塔位于辉县市中心路中段天王寺旧址，寺毁塔存。该塔为河南境内少见的保留宋金古塔形制的元代楼阁式砖塔，为全国重点文物保护单位。

善济塔建于元至元四年（1267），创建至今曾多次修葺，为当地一大人文景观。

善济塔坐西朝东，为楼阁式砖构佛塔，平面六角形，七层，通高24.4 m。台座为砖筑，边长5.54 m，青石砌边，青砖铺面。塔身外形第一层高大，底边长3.26 m，以上各层高度逐层递减，每层边长亦均匀收敛。壁面砌砖经过水磨，丝缝砌筑，砌法不岔分。塔檐下设仿木结构砖雕斗栱，是研究宋元建筑嬗递的珍贵实物资料。

塔身第一层东壁面辟门，入塔门为六边形塔心室，内设五铺作斗栱，塔身北壁用砖砌出可以登临的梯道。二至七层塔壁辟真、假门窗，分散设于各层塔身，有利于各层均匀受力，门窗形式基本上承袭宋制。塔壁佛像砖雕雕刻精美、形象各异。第五层外壁砖间嵌砌24个佛龛，龛内雕佛像，为研究元代佛教历史的珍贵资料。顶部塔刹已毁，仅余正中铁刹杆。

檐部构造（文宣提供）

塔心室（文宣提供）

全景（文宣提供）

卫辉

49 镇国寺塔

镇国寺塔又名灵应塔，位于卫辉市东南隅，明万历十三年（1585）卫辉知府周思宸修建，为河南省文物保护单位。

镇国寺塔为楼阁式砖塔，七层，高约 34.5 m， 平面六角形，每边长 4.85 m。塔身由下向上逐渐收分。通体由青砖垒砌，青砖上有“新”“辉”“胙”“汲”等字样。每层均有望窗六个，檐下有砖雕仿木结构的额枋、斗栱等装饰，并砌出线条柔和的腰檐。底层南北各辟一券门，在门楣上各镶嵌石碣一方，北面石碣上书“护国保民”，南面石碣上书“灵应塔”，均为篆刻字体，上款为“卫辉知府周思宸”，下款为“大明万历十三年□月”字样。第一层塔北门内迎面为佛龛，从南门可进入塔心室。塔心室外墙设有佛龛，共计 21 个。沿北门左侧踏道，经台阶盘旋而上可达第七层。塔顶内部以青砖砌成八卦图，中部有柏木刹杆。塔顶外部用孔雀蓝琉璃瓦覆盖。塔身每层檐角均悬挂风铎，微风吹拂时铃声悦耳不绝。

全景（文宣提供）

檐部构造（文宣提供）

50

鹤壁玄天洞石塔

正立面图（文宣提供）

全景（杨东昱提供）

玄天洞石塔原名玲珑宝塔，位于鹤壁市西南郊淇河北岸的山腰台地上，为全国重点文物保护单位。因塔屹立于北岸山上玄天洞东南，故名。据塔铭载，该塔始建于明正德七年至九年（1512—1514）。玄天洞石塔与玄天洞西南 30 m 处的另一座密檐式砖塔东西相望，故又称姑嫂塔。站在此处，上观高峰绝壁，绿树茵茵，下观淇水璧绕，波光塔影，隔河远眺鸡冠山，山水相映，风景秀丽。

玄天洞石塔直接建于山岩上，坐东向西，塔平面方形。该塔楼阁式，由塔基、塔身组成，顶部塔刹已毁。塔为九层，通高 14.41 m，自下而上逐层收敛。塔每层出檐，檐刻有兽面瓦当。塔身由形状各异、体量不等的青石构件组合而成，石块之间以浇铸银锭状腰铁或榫卯结构连接，形成一个较为牢固的整体。玄天洞石塔为河南现存体形最大的楼阁式石塔。

玄天洞石塔下部为须弥座。东、西两面转角处各有一尊力士浮雕像，均跣足袒腹，作下蹲按膝、背部扛塔姿势。两力士之间各浮雕一条姿态各异的云海行龙，四面共计十二条。

塔身第一层西面辟门，塔体檐下置仿木构斗栱。门两侧各浮雕一躯身穿甲胄的护法武士像。塔心室呈长方形，为海螺藻顶，高 2.80 m。第一层四壁转角处各有一根雕刻行龙角柱，龙昂首怒目，须鬣飞拂，四爪舞动，周围衬以卷云纹，雕工精细，堪称杰作。北、东、南三面各内嵌石碑 3 方。碑额及平板枋阴线刻有图像、佛名、佛像 100 尊、菩萨 20 尊以及施舍捐

石塔局部（杨东昱提供）

款建塔的题记、施主的姓氏和地址等。第二至九层为实心体，自三层以上每层东西两壁的角柱上均浮雕有托塔力士像，二层至九层每层壁均砌有横向排列的壁龛，共计 139 龛。

51 商城崇福寺塔

崇福寺塔又称白塔、北塔，位于信阳市商城县第一中学院内，为河南省文物保护单位。

崇福寺塔在原崇福寺后院，塔以寺名。有古诗赞曰："古刹轩昂枕台隍，宝塔崔嵬入云霄。"崇福寺塔山屏川绕，"峭然与金刚石佛并峙，为邑兰若冠，盖福地哉"。

崇福寺始建于唐代，明嘉靖《商城县志》载："崇福寺，旧名龙泉寺，久废，寺基并浮屠犹存，成化十六年僧明铠修建，更名崇福寺，置僧会司。"第一层东塔壁石刻题记为"崇祯贰年己巳孟冬"及督工增修崇福寺古塔人姓名。1914 年，白朗军攻陷商城，寺院及校舍半数化为灰烬，唯塔尚存。

崇福寺塔平面呈六边形，为楼阁式砖塔，残存七层，由塔基、塔身、塔刹三部分组成，通高 22.3 m，底边长 3.05 m。塔的外形第一层较高，以上诸层高度递减，呈柔和弧线。外壁敷白灰层，上以铁质葫芦状宝刹收顶，形象优美而秀丽。

该塔台基为六边形，边长 3.36 m，高 1.2 m，用赭红色料石砌筑成须弥座状。上枋浮雕行龙、麒麟、游鱼、鹿等瑞兽及灵芝、松、竹、梅等图案，上枭雕刻宝相仰莲图案，束腰减地浮雕折枝牡丹等花卉图案，折柱和转角立柱刻佛教万字纹。下枋雕刻大部分已脱落，模糊不清，下枭雕刻宝相覆莲。整个须弥座雕刻图案精美，线条流畅，造型形象生动，大有脱壁而出之势。

该塔第一层西面辟拱券式塔门，二层东北、东南，三层西面，四层东面，五层西南面，六层东北面及七层东面、西南面分别辟拱券门，其余各面砌出假窗。

崇福寺塔号称豫南第一浮屠，是豫南地区体量较大、价值较高的古建筑之一。该塔为明代早期楼阁式砖塔的代表之一，从塔身造型到台基装饰都非常精美，巍峨壮观，秀丽庄重，具有明显的时代特征。塔身砖石雕工艺精细，线条流畅，图案丰富，有较高的艺术价值。

塔檐部构造（李东升提供）

塔顶（李东升提供）

全景（李东升提供）

52

太康寿圣寺塔

寿圣寺塔位于太康县城西北 23 km 处高贤乡东侧原寿圣寺遗址上，为全国重点文物保护单位。

根据塔身石刻题记可知，该塔始建于宋代，后毁，明正德十三年（1518）重建。

寿圣寺塔坐北面南，平面呈正六边形，为七层实心楼阁式砖塔，通高 35 m。整座塔从底至顶渐收匀称，呈优美的抛物线形。基座底层边长 3.8 m，塔身一至六层在南壁辟圭形门，七层东南壁饰棂子假窗。

塔身各转角砌出倚柱，其上承托砖雕额枋、平板枋。各层檐角施铁质兽首衔风铎。檐下均置砖雕斗栱，一至五层为五踩出重翘斗栱，六至七层为三踩单翘斗栱，平身科斗栱的数量向上逐层减少。底层圭形门内辟方形塔心室，以上各层均实心。塔刹用砖砌圆形球体座，上置宝瓶（已佚）。

该塔用青砖加白灰浆垒砌而成。各层塔壁上均嵌砌善男信女布施的石雕佛像和石刻题记。其中第一层有佛像 101 尊，石刻题记 13 方；第二层有佛像 35 尊；第三层有佛像 19 尊，石刻题记 1 方；第四层有佛像 26 尊；第五层有佛像 19 尊；第六层有佛像 6 尊；第七层有佛像 5 尊。共嵌砌石雕佛像 211 尊，石刻题记 14 方。这些石雕佛像雕工精细，造型端庄，线条清晰优美。

檐部构造（陈钦源提供）

塔身局部佛教造像（陈钦源提供）

全景（文宣提供）

53 洛阳 龙门石窟

龙门石窟位于洛阳南郊伊河两岸，为全国重点文物保护单位、世界文化遗产。

龙门石窟始凿于北魏孝文帝太和十八年（494）迁都洛阳前后，洛阳附近的龙门成为继云冈之后又一个皇室开窟造像的中心。孝文帝及其后的宣武帝和孝明帝，在龙门地区进行了大规模的营建，开凿出以古阳洞、宾阳洞、莲花洞为主的一系列洞窟，兴起了龙门石窟建造史上的第一个高潮。此后连年战争导致石窟的营建日趋衰落。从唐太宗到唐玄宗期间，由于经济发达、崇佛之风兴盛，造像活动持续不断，先后开凿了以潜溪寺、敬善寺洞、宾阳北洞、奉先寺等为主体的石窟群，掀起了龙门石窟开凿史上的第二个高潮。龙门石窟经过前后400多年的营造，堪称我国古代雕刻艺术的典范之作。安史之乱后，龙门地区仍开凿了零星的石窟，并延续到北宋年间，十二臂观音菩萨是该时期的典型作品。

龙门山清水秀，古称“伊阙”，白居易说：“洛都四郊，山水之胜，龙门首焉。”“龙门山色”被列入洛阳八景之冠。龙门山石是质地坚硬而细腻的石灰石，既适合雕凿大型的石窟，也适合雕凿小型的造像。龙门石窟是我国目前保存比较完整的大型石窟群，据不完全统计，现存大小窟龛2 000多个，佛塔70余座，造像10万多尊，碑刻题记2 800多块。

古阳洞为圆形穹隆顶石窟。正壁雕一佛二菩萨二石狮，南北两壁各有三层像龛，为佛传故事和礼佛图、飞天等。宾阳洞在北魏龙门石窟中最有代表性。宾阳中洞为北魏窟，南北二洞在隋唐时期完成。宾阳中洞平面呈马蹄形，穹隆顶，尖拱形门，洞门外两侧各雕力士。正面（西面）塑一佛二弟子二菩萨，南北二壁各为一佛二菩萨，侧壁有佛传故事和著名的帝后礼佛图浮雕。由于北魏孝文帝迁都后大力推行汉化，该窟雕像一改云冈时期的风格，服饰、装饰甚至人物体型面貌等方面，都具有显著的中原文化特征。同时出现了以多画面来表现完整佛教经传故事的艺术形式，使雕像具有很高的欣赏价值。潜溪寺是唐代开凿的首个洞窟，平面为马蹄形，穹隆顶，内雕一佛二弟子二菩萨和二天王，其中菩萨像是唐代造像中的上品。

奉先寺（原名大卢舍那佛龛）坐西向东，原高约40m，宽30 m，深35 m，是龙门造像中规模最大、设计最严密、艺术水平最高的洞窟，雕有卢舍那佛、二胁侍菩萨、二弟子、二金刚和二天王。据说卢舍那佛系仿女皇武则天形象而刻，更增添其艺术魅力。

唐代还开凿了宾阳北洞、敬善寺、万佛洞、极南洞和看经寺等。唐代佛教空前普及，佛教形象被普遍世俗化。构图的创新、富于立体感的艺术手法使唐代作品在写实风格上达到了佛

远景（杨超杰提供）

雕艺术的顶峰。

龙门石窟是书法艺术的宝藏，其中“龙门二十品”是魏碑精华，唐代褚遂良所书《伊阙佛龛之碑》则是初唐楷书艺术的典范。

龙门石窟是中国三大石窟艺术宝库之一，是佛教文化、艺术的集中体现，同时也折射出当时的政治、经济以及文化风貌。石窟中保存了大量的宗教、美术、建筑、书法、音乐、服饰、医药等方面的资料，使它成为一座蜚声中外的大型历史与石刻艺术博物馆。

北魏莲花洞顶部莲花（杨超杰提供）

奉先寺全景（杨超杰提供）

奉先寺卢舍那佛局部（杨超杰提供）

奉先寺天王与力士造像（杨超杰提供）

万佛洞（杨超杰提供）

古阳洞（杨超杰提供）

54

巩义石窟寺

巩义石窟寺位于巩义市南河渡镇寺湾村，为全国重点文物保护单位。

巩义石窟寺是继洛阳龙门石窟之后北魏皇室开凿的又一个皇家石窟，于北魏景明年间（500—503）修建，原名希玄寺，唐代名十方净土寺，宋时称大力山十方净土禅寺，明称十方净土禅寺，俗称石窟寺。它是我国有名的北魏石窟之一，现存大雄宝殿和东西廊庑及佛教窟龛数区。

巩义石窟寺背依邙山余脉大力山，面临洛河，现存石窟 5 个，千佛龛 1 个，小佛龛 255 个，摩崖大佛 3 尊，佛像 7743 尊，碑刻题记 200 余块。除东端方形窟外，其余 4 窟都是有中心塔柱的方形窟。

西端第一窟是最大的一个窟。洞窟为正方形，四壁各长 6.5 m 左右，高约 6 m。窟门外两侧各雕金刚力士一躯，高 3.4 m，门东金刚之东残存一佛一菩萨。佛高 5.3 m，气势庄严宏伟，是现存北魏石窟中雕刻较早的摩崖大像。另外，窟门两侧还有北魏、北齐及唐宋各代造像龛 102 个。中心柱四面有佛龛，龛内雕一佛二菩萨二弟子，佛座左右刻狮子。各龛坐佛背光两侧刻有对称的飞天、化生和莲花。中柱西面神龛上的两个伎乐人雕刻得尤为精美，靠南的弹琵琶，靠北的吹横笛，生动活泼，飘然欲仙。四壁上满刻千佛，共 15 行，其衣着样式多达十余种。东、西、北三壁各有四个大龛，龛楣及两侧均装饰有飞天、莲花、忍冬和火焰等花纹图案。东、西、南三壁壁脚，浮雕有正在演奏的伎乐人，他们分别手执琴、鼓、横笛、排箫、羯鼓、箜篌、箫、法螺等乐器，含情注目，指法灵巧，形象传神。门内两侧刻《帝后礼佛图》，分三层六组。东侧以比丘为前导，以皇帝为中心，西边以比丘尼为先行，以皇后为中心，组成一支庞大的仪仗队，前呼后拥，来寺内烧香礼佛。这组帝后礼佛图浮雕，形象地反映了皇室的宗教活动，不仅构图简练生动，刻技纯熟，上面的颜色还隐约可见。该窟礼佛图保存基本完好，其装饰性之强、雕刻技艺之高，实为国内北魏石刻所罕见。

东端第五窟高 3 m，四壁边长 2 m，呈正方形，无中心柱。窟门内壁两侧各雕一尊与门同高的立佛，站于莲花和莲枝上。东、西、北三壁上均凿一个佛龛，龛内雕一佛二菩萨二弟子，龛外饰有飞天、卷草等图案。西壁佛龛下两侧各刻两个比丘，南侧题“比丘僧惠兴”，北侧是“比丘僧惠嵩”，这是石窟内唯一署名的两座比丘雕像。藻井是该窟雕刻最精彩的部分，六个伎乐环飞于中心莲花周围，并衬有彩云瑞草，组成一个花团锦簇的美丽图案，与四角的四个化生童子构成满窟飞动、天乐齐鸣的天堂欢乐景象。

巩义石窟寺中的雕像，其造像风格已脱离了北魏早期深目高鼻、秀骨清像的特点，而是面貌方圆、表情宁静的艺术形象，衣纹雕刻也趋于简单化，反映出雕刻风格已将本土艺术传统同外来宗教相融合。雕刻精美的礼佛图和窟顶平棊，体现了北朝后期的装饰风格，是不可多见的艺术珍品。

全景（文宣提供）

第一窟外壁（赵钧提供）

第三、四窟外壁（赵钧提供）

第五窟外壁东侧造像龛（赵钧提供）

第一窟皇帝礼佛图局部（其一）（赵钧提供）

第一窟皇后礼佛图局部（其二）（赵钧提供）

第三窟中心柱南龛造像（赵钧提供）

第一窟中心柱主龛造像（赵钧提供）

55

义马鸿庆寺石窟

鸿庆寺石窟位于义马市东南 14 km 处的常村镇石佛村，为全国重点文物保护单位。

石窟开凿于北魏时期，后有续凿。窟内存有金大定年间(1161—1189)、明嘉靖年间(1522—1566)及后代重修之碑。

鸿庆寺石窟背依白鹿山，前临涧河及崤函古道，白鹿山高40余米，上部为黄土，下部是砂岩石层，石窟开凿在山的东端岩壁上，南北一字排开，现存八窟。根据文献记载和造像的雕刻风格，保存较为完好的共四窟，除第四窟为唐代作品外，其余三窟均为北魏时期作品，另四窟损毁严重。

第一窟平面略呈长方形，深 6.5 m，宽 6.1 m，高 6.1 m。中有边长 3m 的方形中心柱，上有佛、鹿及执伞侍者、供养人等形象。方柱后雕刻分三层，下凿大龛，上为两层浮雕佛传故事。大龛尖拱形，龛内造像一铺五尊，为一佛二弟子二菩萨。西壁宽 6.1 m，高 6.1 m，中部横向排列 35 个尖拱形小龛，均雕跏趺坐佛，将壁面分为上下两层。下层并列开凿四个大龛，风化严重，从痕迹看均为一佛二菩萨。上层壁面画面分三幅，南侧为方形帷幕浅龛，龛楣为雕莲花的横梁，下雕鳞纹两排及锯齿纹一排，下雕帷幕，梁端雕龙首，口衔节状缨串帐坠。龛内雕为一佛二弟子二菩萨，本尊靠左。北侧亦为传统建筑装饰方形龛，本尊靠右。龛内雕为一佛二弟子二菩萨。主尊头侧有三个罗汉像。中幅宽 3.5 m，浮雕“降魔变”佛传故事图：龛左侧、上方、左上方雕菩提树，中为坐佛；龛上两魔托山下压，右侧雕七魔，分三层张弓、持矛、舞蛇；左侧雕十二魔，群魔飞舞，手持各种利器向佛进攻；最下靠内为持剑魔王，面佛而立，后有悦彼、喜心、多媚三魔女，持团扇搔首弄姿；在各种恶魔和画面边缘，雕刻许多飞舞奔驰的毒蛇怪兽，群集向释迦牟尼佛进攻。此浮雕故事图的规模居全国之首。

第一窟北壁布局与西壁相同，壁面分为上下两层。下层为并列的四个大龛，龛内雕为一佛二弟子二菩萨，主尊为跏趺坐佛。上层壁面高约 3.5 m，东侧大部坍塌，西侧保存画面宽 1.9 m，画面为浅浮雕“太子出城图”和礼佛图。整个画面中城池、楼阁、数目、人物比例适当，绘画透视效果逼真。

第一窟南壁下层自西向东并列四个尖拱形大龛。第一龛主尊为交脚弥勒，左右为二菩萨。第二龛主尊漫漶不明，右侧五人，左侧一人，下有博山炉及两个供养人，可能是释迦多宝或佛传故事。第三龛主尊为跏趺坐佛，左右为胁侍菩萨。第四龛龛内雕为一佛二菩萨，主尊为跏趺坐佛。南壁上层由内向外分三组画面。靠内第一组画面浮雕“犍陟惜别”佛传故事和礼佛图。画面中心为菩提树，树下是一思维菩萨形象，身躯前躬俯视，菩萨前雕一马。释迦牟尼决意出家，神情自然，犍陟姿形生动，佛与马恋恋不舍。菩萨前一人坐姿，左侧雕一组礼佛人物，分四排现存十人，上部有飞天残迹及莲花图案。第二幅可能是释迦牟尼佛和多宝佛画面，剥蚀严重。第三组画面宽2.3m，画面中部三尊大像，主尊为跏趺坐佛，左尊仅保留佛头，右尊作禅定印，仰莲方座，主尊上左立两菩萨。三组画面下方布置一组花卉人物浮雕，为九个歌舞伎乐人物。浮雕构图严谨，雕刻精美，堪称北魏佛教石雕艺术的佳作。

第二窟平面呈方形，宽 3 m，深 3.1 m，高 3.7 m，四面坡状覆斗顶。窟内西壁和南北壁各开凿一大龛。西壁雕覆莲柱尖拱形龛，龛内造像一铺五尊，为一佛二弟子二菩萨，头皆无存。主尊佛结跏趺于方座上，左弟子仅余轮廓，右弟子身披袈裟，双手合十，跣足立于圆形台座上。左菩萨仅余轮廓，火焰宝珠头光，右菩萨保存稍佳。龛下刻两排供养人，手持长茎莲花。北壁为尖拱形大龛，龛内刻一佛二弟子二菩萨，已损坏。南壁雕带双层覆莲柱的尖拱形大龛，龛内刻一佛二弟子二菩萨，头部皆失。主尊佛结跏趺于方座上，手作禅定印。雕刻保存稍佳。前壁窟门上凿尖拱形小龛，龛内刻一佛二菩萨。

第三窟前部崩塌近半，加砖墙支撑。正面现存一铺四尊像，缺一弟子。主尊原有泥塑已经脱落，仅存石像，高 2.8m。胁侍菩萨弟子皆为高浮雕造像。北壁为五尊造像，主尊无首及右弟子无首，左菩萨损毁，右菩萨位于正壁北端。南壁刻三尊幕形大龛，主尊为交脚弥勒菩萨，头残，左右为胁侍菩萨，横梁上雕莲瓣及三身化生童子，上有两身相向飞天。另外该窟还保存有尖拱形、圭楣形、帷幔龛、凸字龛等小龛 21 个。

第四窟平面呈方形，四面坡状覆斗顶。窟顶刻仿木结构莲

第一窟佛传故事雕刻（文宣提供）

第一窟局部（文宣提供）

花藻井，原有八身飞天，现存六尊。正壁大龛刻一佛二弟子二菩萨，龛外左侧雕四罗汉和三供养人，右侧雕三罗汉四供养人。右壁尖拱龛内刻坐佛三尊，主尊高髻，面相方圆，两手作禅定印。左右菩萨风化严重。龛楣上七尊坐佛，火焰舟形身光，跏趺坐，双手作禅定印，上雕两身回首飞天。左壁大龛已坏，其上尚有飞天一躯。

第五、六、七、八窟损坏严重，尚待清理研究。此地除石窟外，还保存造像、碑刻等多件石刻文物。鸿庆寺石窟处于崤函古道这一特殊的地理位置，是珍贵的历史文化遗存。鸿庆寺石窟洞窟结构严谨，雕刻题材多样，内容丰富，构思巧妙，画面精美，在中国雕塑史上具有重要的地位。

佛教造像（文宣提供）

安阳

56 小南海石窟

中窟外景（文宣提供）

小南海石窟位于安阳县西南25 km小南海北滨，面临洹水，背靠大山，依山而凿。现存三窟，均为北齐天保年间（550—559）建造。三窟造像大同小异，规模相近，风格古雅。

西窟进深1.76 m，面阔1.36 m，高1.76 m，平面呈方形，面积为2.4 ㎡。正中雕释迦牟尼佛一尊，结跏趺坐于长方形台座，左右为胁侍菩萨二像，两侧壁各镌刻菩萨三立像。门作拱券状，门楣上雕有滚龙两条，中间有一莲花，门两旁各雕刻有护法神王一尊，组成火焰拱门。

中窟进深1.34 m，面阔1.19 m，高1.78 m。平面呈方形，面积约1.6 ㎡。正中雕释迦牟尼佛一尊，火焰背光，内浅刻腾空飞舞的飞天六个，左右刻二胁侍菩萨，两侧壁各镌侍立菩萨三尊，其间各浅刻小型菩萨三尊，手拿莲枝。东壁上部有浮雕弥勒说法图案，西壁有浮雕莲枝菩提树图案。座台上刻有三个伎乐。全窟萦壁遍布拜佛积德、敬佛造像的题刻。门亦作拱状，有门槛。门额饰形象生动的二青龙，其间有火焰宝珠，下为两只金翅鸟。门洞两旁对称地刻有挺立着的天王浮雕，威武雄壮。门额上有大片削平岩石，上镌《方法师镂石板经记》。此摩崖题刻石板经乃标准的北齐书体，苍劲浑重，委婉秀丽，书法价值极高。

东窟毁坏较重，其进深和面阔均为1.29 m，高1.67 m，平面呈正方形，面积为1.66 ㎡。正面中间雕释迦牟尼佛一尊，左右刻二胁侍菩萨，两侧壁各雕三尊菩萨。其间弥刻大小佛像23尊，无统一布局，不像是一次刻成的。

中窟门楣北齐题记（文宣提供）

这里原是宏伟的灵山寺，可能有较大规模的石窟造像群，现仅余三座石窟，从形体结构、风格题材来看，与河北省峰峰响堂山石窟遥相呼应，是北齐时期石窟艺术的珍品。

中窟佛教造像（文宣提供）

东窟外景（文宣提供）

东窟佛教造像（文宣提供）

57 方城 佛沟摩崖造像

南石西壁一佛二菩萨和十六罗汉（文宣提供）

方城佛沟摩崖造像位于方城县小史店镇林场村姚林组东南1.5 km香山北麓，为全国重点文物保护单位。

方城佛沟摩崖造像地处南阳盆地北缘秦岭伏牛山余脉，为中国大陆南北地理与气候分界线。方城处于史称“夏路”的“南襄隘道”北端。《史记·越世家》载：“夏路以左，不足以备秦”，其索隐云：“楚通诸夏，路出方城。”《太平寰宇记》引习凿齿《襄阳记》：“楚有二津，谓从襄阳渡沔，自南阳界出方城关是也，通周郑晋卫之道。”以上均表明该处是中国中部南北经济交流和文化传播的通道。

佛沟摩崖造像的最早雕刻时代似为北魏，最晚雕刻年代应为唐宋时期。据《方城县志》引《宋志》记载：“香山在州（裕州，今方城）东南，上有香山寺。” 又载：“佛沟，在小史店东南十二里，摩崖造像，大者二尺余，小者尺许，背有千手千眼菩萨，盖仿龙门石窟而为之，然多剥蚀，无题记。”

造像分别雕刻在山上数块天然巨石上。南石高2.6 m，宽2.7 m，厚1.5 m，北石高3.1 m，宽3.3 m，厚2.5 m，共计有造像32龛138尊，其中南石四壁造像18龛66尊，北石三面造像14龛72尊，最大佛像高1.4 m，最小仅0.2 m，主要内容为一佛二弟子，或一佛二菩萨，文殊、普贤菩萨，十王像，十二臂观音等，形象逼真，雕刻技法娴熟。十二臂观音，是密宗造像中常见的题材，其风格同龙门石窟造像相近。石刻附近散置着富有藏传佛教风格的石雕“嚓嚓”，表明了此条古道在沟通汉藏之间文化的重要作用。

佛沟摩崖十二臂观音造像等密宗造像是研究古代密宗在中原的发展、传播和密宗造像特点的宝贵资料。

南石东壁地藏菩萨与十王像（文宣提供）

南石北壁十二臂观音（文宣提供）

北石北壁供养人（文宣提供）

南石南壁倚坐弥勒（文宣提供）

二 道教建筑

道教是中国古代的国教之一。河南是中华文明的重要发源地，也是中国道教文化的重要发源地。道教建筑多与自然景观相结合，后者对提升前者的形象起到了很好的衬托作用。《山海经》一书中，对于中岳嵩山岳庙的前身——中岳神祠及其所祭山神之形象即有明确记载，该庙在北魏成为中国道教理论的发源地和道教组织的中心。现存中岳庙是中国五岳庙中规模最大、时代最早、保存最完整的岳庙，庙内遗存涵盖东汉至清代的漫长时期，为研究中国岳祭制度的典型资料，中岳庙与位于其前的东汉太室阙是世界文化遗产“天地之中”历史建筑群的重要项目。国祭四渎庙有三座在河南，是研究中国水祭文化的珍贵资料。清朝政府在武陟县濒临黄河处建有规模宏大的嘉应观，既为河神庙，又为治理黄河的指挥中心，是研究祭河及治黄历史的珍贵资料。济源济渎庙是中国古代四渎庙中规模最大、保存早期建筑最多、布局最典型的祭祀水神的遗存，是研究中国祭水制度的珍贵实物资料。济渎庙内以对比手法构建的小北海胜景和宋代寝殿、临水石栏及元明遗构，在中国建筑史上享有盛誉。登封中岳庙、武陟嘉应观两座庙宇建筑均为河南少见的清代官式建筑群，其中也包含着珍贵的地方手法信息。洛阳祖师庙、开封延庆观、许昌天宝宫、安阳城隍庙、沁阳静应庙、济源奉仙观和阳台宫、浚县碧霞宫分别为河南各地道教建筑的代表作，同时也代表了不同地区、不同教派发展的历史。其中许昌天宝宫曾为中国真大道派第九、第十祖祖庭，沁阳静应庙儒、道、佛三教合流文化特色突出，为研究不同宗教文化之间的交流提供了珍贵的资料。

58

登封 中岳庙

中岳庙位于登封市东 4 km 处的中岳庙村，为世界文化遗产“天地之中”嵩山历史建筑群的重要组成部分、全国重点文物保护单位。

中岳庙是中岳嵩山主峰太室山的祀庙，其名称经历了太室祠、嵩岳庙、中岳庙的变化。据《山海经》载，太室山神祠是统领华夏文明发源核心区的宗祠，其祀神形象为人身三首，是该书所列中国诸山之神中级别最高的神灵。汉武帝刘彻游嵩岳时，因闻山呼万岁，令祠官加增其神祠，遂使之成为国家级常祭之庙。汉武帝、唐武则天、清代乾隆皇帝均曾亲临拜祭。唐宋两代是中岳庙的鼎盛时期，曾有“飞甍映日，杰阁联云”的宏大规模。庙内现存金承安五年（1200）《重修中岳庙图碑》所反映的风貌，代表了中国宋金时期国祀祠庙的建筑制度。清乾隆年间（1736—1795），朝廷对中岳庙大加整修，并设置道会司，以掌管全县的道教事务。

中岳庙的整体规划极具匠心。据清代高一麟《嵩岳庙史·序》载，中岳庙后倚黄盖峰、主山青冈坪、祖山太室山，左右分傍牧子岗与望朝岭，面对玉案山，庙前奈河自西北向东南蜿蜒而去，再南复有箕山为案山，大、小熊山为山阙，其选址完全符合中国古代堪舆学理论。中岳庙规模宏大，从石阙到黄盖亭中轴线长达 1.6 km，布局充满节奏与韵律，是中国古代建筑艺术的典范。曾有学者以其建筑体量为音阶、以建筑间距为音节，谱出三段上升旋律的优美乐曲。

现存中岳庙保留了宋代的平面布局，以明代建筑天中阁和清代乾隆年间所建造的峻极殿为代表的木构建筑及东汉至清代的金石文物。庙前 500 m 处为东汉石阙，为世界文化遗产“天地之中”嵩山历史建筑群的内容之一。庙院南北长 650 m，东西宽 166 m，占地 10.8 hm²，沿中轴线分布有汉代石翁仲、名山第一坊、遥参亭、天中阁、配天作镇坊、崇圣门、化三门、峻极门、嵩高峻极坊、拜台、中岳大殿（峻极殿）、寝殿和御书楼，中轴两侧有太尉宫、火神宫、祖师宫、神州宫、小楼宫、行宫遗址等跨院建筑，共七进十一层院落，落差达 37 m。庙后约 500 m 的黄盖峰上立有黄盖亭，为中岳庙建筑群的尾声。

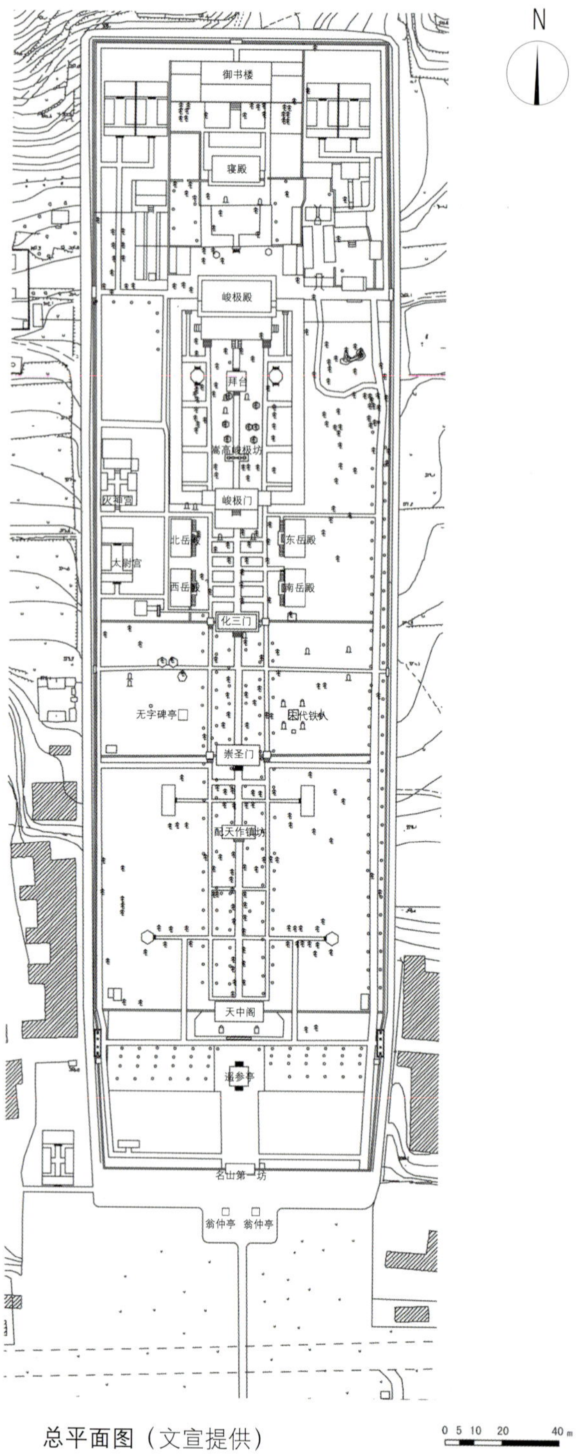

总平面图（文宣提供）

中岳庙藏有东汉、北魏及唐至清金石造像 36 座、碑碣 83 品，其中以东汉石阙与翁仲、北魏《嵩高灵庙之碑》、宋金四状元碑、宋代四铁人、金代《重修中岳庙图碑》与铸铁狮子最为珍贵。庙内保存汉至清代古柏 331 株，为国内少有。

中岳庙是国内现存规模最大、古建筑保存最完整、古树名木最多的五岳祠庙。

全景（文宣提供）

天中阁（文宣提供）

配天作镇坊（文宣提供）

御书楼（文宣提供）

峻极殿（文宣提供）

东汉石翁仲（文宣提供）

宋代铁人（文宣提供）

59 济源 济渎庙

济渎庙位于济源市区西北庙街村，在古“四渎”之一的济水发源地，庙中建筑时代自唐至清，是国内著名的古建筑集中地，为全国重点文物保护单位。

历代皇帝多次加封济渎神，唐天宝二年（743）封他为汉济公；宋康定二年（1041）又加封为清源汉济公；元至正年间（1341—1368）又封为清源汉济王。济渎庙全称济渎北海庙，古人认为，济水与北海相通，北海又很遥远，不能像东海、南海那样直接立庙祭祀海神，因此济渎庙就成了人们遥祭北海海神的地方。

济渎庙创建于隋开皇二年（582），是隋文帝杨坚为祭祀济水而敕建的庙宇。宋、明文献记载：“隋文帝开皇二年始立庙貌”，“庙创于开皇二年”。开皇四年，济渎庙东西两侧附建天庆宫院落。唐贞元十二年（796），庙后增建北海祠，继而又建御香院。宋开宝六年（973），重建和修缮济渎庙。据《重修济渎庙记》载，其时重建济渎寝宫，整体扩建和修葺济渎庙诸建筑，所以现存济渎庙基本保持了唐宋遗制格局。

济渎庙坐北朝南，平面总体呈“甲”字形。建筑排列在三条纵轴线上，形成前有济渎庙、后为北海祠、左列御香院、西傍天庆宫的总体格局，占地面积 86 255 ㎡。正中主轴线上建有清源洞府门、清源门、渊德门、寝宫、临渊门和龙亭等，傍列楼、阁、亭、台和配殿等宋元明清建筑。东西轴线上有御香殿、配殿和玉皇殿、长生阁等。临渊门东还保留有 27 m 长的唐代夯土围墙，是河南区域现存时代最早的地面墙垣。庙院后部围墙作圆弧状，以喻坤柔。庙内还保存有唐至清碑碣石刻 40 余品、古汉柏两株。

庙东部为御香院，为每年皇家祭祀济渎庙时钦差大臣和各级官员休息、临时居住的场所。庙西部为天庆宫，为创庙之时道士的居住场所，后成为道教重要活动场所，现存建筑有玉皇殿、长生阁等，以玉皇殿最具特色。

济渎庙内存有大量珍贵的石刻作品。《大明诏旨碑》，明洪武三年（1370）刻立，为明太祖朱元璋的圣旨碑。《济渎北海庙图志碑》，明天顺四年（1460）刻立，欧廉撰文，樊英作画，描述、刻画了济渎庙的整体情况。此外唐《济渎之记》、宋《重书龙池石块记》和《灵符碑》、金《济源县创建石桥记》、元赵孟頫所书的《投龙简记》、元许有王所书的《天下第一洞天》碣石和历代祭文碑刻都是珍贵的遗迹。

济渎庙是现存中国四渎庙中年代最早、规模最大、保存古建筑最多的一组古建筑群。

寝宫翼角（杜启明提供）

宋代寝宫（杜启明提供）

寝宫斗栱（杜启明提供）

寝宫梁架结构（杜启明提供）

明代清源洞府门（杜启明提供）

清源门（杜启明提供）

元明时期龙亭（杜启明提供）

玉皇殿（杜启明提供）

玉皇殿前古柏（杜启明提供）

60 武陟嘉应观

山门（文宣提供）

山门砖雕（文宣提供）

武陟嘉应观位于武陟县东大刘庄和相庄之间，为全国重点文物保护单位。

嘉应观南临黄河，北依太行山，东靠京广铁路，西南 1 km 是清雍正皇帝亲自督导治理黄河时修筑的“御堤”。该观创建于清代雍正元年至雍正四年（1723—1726）。自清康熙六十年（1721）八月至雍正元年，黄河曾四次在河南武陟县境内决口。为治黄安民，雍正皇帝登基前直接指挥堵口、筑坝工程，并于雍正元年口堵、堤成时敕建嘉应观。朝廷特命河道齐苏勒派知名匠师，并调豫、秦、晋、鲁、皖五省民工，遵照当时北京皇宫的标准并结合满族的传统风格营建。雍正皇帝在中轴线建筑落成时钦赐龙匾，定名“嘉应观”，亲自撰写并书丹碑文，观内建有御碑亭。御碑铁胎铜面。铜和铁的熔点、凝固点均不同，两种物质很难结合在一起，即便用现代技术铸造起来也有很大困难，因而该碑对于研究中国的冶铁技术乃至中国的科技发展史均具有不可多得的价值。雍正四年，兴建东西跨院，即河台、道台衙署。雍正皇帝两次颁“祭告河神文”，形容黄河为“四渎称宗”，命钦差在嘉应观数次御祭河神。乾隆皇帝巡游至此，御书“瑞应荣光”金字匾，悬于大殿门首。

嘉应观占地 9.3 hm²，分东、中、西三个院落。中部五进院落为祭祀河神、巡河行宫建筑群，主要建筑有山门、东西掖门、东西二方亭、钟鼓二楼、御碑亭、东西更衣殿、严殿、东西配殿、大王殿、过厅、禹王阁、风神庙、雨神庙。嘉应观中院建筑造型、结构具有官式建筑特征，是河南现存较少的清代官式建筑之一。建筑构件上运用木雕、砖雕、琉璃、铁铸、铜铸等多种工艺，并融合了圆雕、高浮雕、镂雕、阴刻等各种技术，作品件件精妙完美、形象传神，其数量之多、规模之大、工艺之精美均属罕见，充分体现了清王朝鼎盛时期经济、文化的繁荣。嘉应观中大殿天花板上彩绘的 65 幅龙凤图案，为满族风格彩绘，不仅技艺精湛，而且联系成组，是研究我国满族文化艺术发展的珍贵实物资料。

东西跨院为清朝治理黄河的指挥中心，也是现存最早的、级别最高的治黄机构。西跨院为原道台衙署，现存建筑有仪门、河兵房、议事厅、厢房及耳房等；东跨院为原河台衙署，现存建筑有仪门、西厢房、河台居室、道士房等。东西两跨院虽为衙署建筑，但与中轴线上的官式建筑有着截然不同的风格。两跨院多为硬山式建筑，卷棚或尖山脊结构，灰筒瓦屋面，多数前出廊，与豫北地区的民居极其相似。

武陟嘉应观为庙、衙署合一的清代建筑群，是黄河上规模最大、规格最高、保存最完整的黄河河神庙。嘉应观是治黄历史的缩影，是黄河文化的代表之一。

御碑亭（文宣提供）

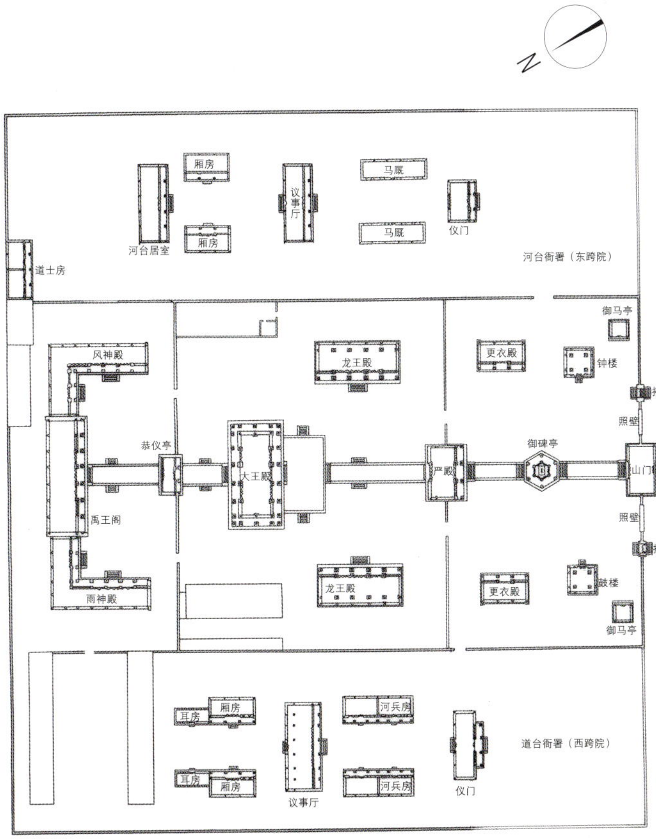

总平面图(文宣提供)

铜壳铁芯御碑（文宣提供）

大王殿（文宣提供）

恭仪亭（文宣提供）

大王殿天花（文宣提供）

鼓楼（文宣提供）

61 济源奉仙观

奉仙观位于济源市荆梁北街，北是济渎庙和庙街遗址，南为济源古城及护城河漭河，西是延庆寺舍利塔。该观距今已有1300多年的历史，是道教圣地济源王屋山最古老的道观之一，为全国重点文物保护单位。

奉仙观全称奉仙万寿宫，因观内三清大殿用荆木、柿木做梁，桑木、枣木做柱，故俗称荆梁观。该观始建于唐垂拱元年（685），时陇西皇室李姓家族250余人迁至河朔为唐高宗祈冥福，刻《太上老君石像碑》并创建奉仙观。奉仙观是我国重要的道教活动场所，武则天遣使祭济水时曾在此沐浴斋戒，宋代贺兰栖真在此修道时受到宋真宗召见，并被赐号“宗真大师”。金大定二十四年（1184）重建了三清大殿等建筑，使其规模达到了全盛时期。元至元二十七年（1290）道士卫葆光重修玉皇殿、三官殿等。清乾隆十七年（1752）重修三官殿，重建山门和厢房四座十六间。

奉仙观内现存建筑坐北朝南，南北长90.50 m，东西宽45.50 m，占地约4 100 ㎡。主要建筑依中轴线对称布置，依次为山门、东西厢房、玉皇殿、东西配殿和三清大殿。三清大殿平面柱网采用单槽，减柱造，八根内柱减去六根，仅以两根硕大的后内柱承托屋顶重量，同五台山佛光寺金代文殊殿有异曲同工之妙，是国内减柱造建筑的典型代表。三清大殿大胆挑战古制，采用罕见的枣木柱、荆木梁、柿木梁、桑木柱，其中荆木、桑木为忌用承重材，而且是古代忌讳的“早经死丧”的谐音，具有稀有性和趣味性，在建筑科学和建筑史学上具有较高的价值。

观内尚存唐至清历代碑碣石刻6通。《太上老君石像碑》，唐垂拱元年刻立，位于玉皇殿和三清大殿之间的六角亭内。碑文为楷书，骈体文，为唐代颂扬高宗功德之碑，具有重要的文物价值和艺术价值。清叶昌炽《语石》云：“文章宏赡，书法遒美，为唐代道教碑碣之冠。”古代建筑大师刘敦桢评价此碑：“碑身权衡匀妥，远胜偃师县武后御书诸碑”。《章圣皇帝御制诗碑记》，宋天圣九年（1031）刻立，上部是宋真宗赐贺兰栖真的七言诗，中部线刻贺兰栖真行旅图，下部刻贺兰栖真与真宗皇帝对话内容，碑文字体系杨虚己习王羲之书法而成。

三清大殿斗栱后尾构造（司治平提供）

三清大殿金代柱础（杜启明提供）

三清大殿（司治平提供）

三清大殿桑木柱与柿木梁（杜启明提供）

三清大殿明间斗栱（杜启明提供）

开封 62 延庆观

延庆观位于开封市区西南隅、包公湖东北岸，是我国著名道观，历史上规模较大，现仅存玉皇阁，为全国重点文物保护单位。

该观原名重阳观，是为纪念道教全真派一代宗师王重阳而兴建的道观。据传，金代王重阳带马钰、丘处机等弟子于金大定九年（1169）来开封布道，观此处有固道兴业之气，曰："吾后必宅是。"其弟子遵师嘱建立道观，即重阳观。金末观毁。元太宗五年（1233），受丘处机遗命，全真七子之一郝大通的弟子王志瑾重修重阳阁，历时 30 年，规模宏伟，殿宇壮丽，元帝忽必烈赐名大朝元万寿宫。元末毁于兵火，仅存玉皇阁一座。明洪武元年（1368）恢复道观，更名延庆观。崇祯十五年（1642），道观被黄河水淹没。清康熙七年（ 1668 ），赵足行等人倡约善男信女捐资重修该观。道光二十一年(1841)黄河决口，水涌入城，道观又一次被淹没。水退后，于道光二十七年（1847）再度修葺。光绪二十年（1894）和三十四年（1908）又两次修葺，使道观稍复规模。

玉皇阁（段建辉提供）

玉皇阁位于延庆观中部，坐北朝南，仿木楼阁式砖砌建筑，通高 18.17m。基座为石砌，低于现在地平面；上部阁体为砖砌，外表镶嵌蓝、绿、黄等多色琉璃件，色彩绚丽，华贵典雅。

阁整体结构可分为底、中、上三部分。底层为四边形，边长 9.7m，南部开门。内部为穹隆顶式结构，无梁柱。屋顶四角自墙边向内出挑十余层砖雕斗栱，呈放射状，与上部顶面重叠交错连在一起。斗栱位于墙体与穹隆顶的交接处，增大了屋顶与墙体的接触面积，也起到了一定的支撑作用。菊花、葵花、石榴、牡丹等吉祥图案的砖雕点缀于阁内屋顶中部，使整个大厅显得富丽堂皇、充满生机。底层檐口位置，墙外有仿木构五踩重翘砖雕斗栱，斗栱之上为砖雕椽飞。屋面覆盖绿琉璃筒板瓦。四角安放琉璃脊件及各种吻兽。中层为八边形实心砖体。上层为八角空心砌体，内部为穹隆顶结构，屋顶下环布斗栱及各种吉祥图案的砖雕。

玉皇阁结构设计科学合理，砌筑工艺高超，虽历经近千年，仍然稳定如初。屋面琉璃构件色彩艳丽，种类繁多，大小各异，而且基本没有脱釉或褪色，足证当时的琉璃烧制技术之高超。在建筑装饰方面，不仅有汉族建筑中常见的艺术形象，还有一些蒙古族喜闻乐见的形式，如内部穹隆顶仿蒙古包形象，戗脊最高位置站立的琉璃蒙古武士形象。这些都反映了元代各民族间的文化融合。

玉皇阁上部（段建辉提供）

玉皇阁内部砖雕斗栱（杜启明提供）

玉皇阁一层转角构造（段建辉提供）

玉皇阁内部仿蒙古包装饰（杜启明提供）

63 济源阳台宫

外景（文宣提供）

阳台宫位于济源市西北王屋乡愚公村，全称大阳台万寿宫，古称阳台观，为全国重点文物保护单位。此处形似凤身，背依状若凤首的天坛山，下临宛如凤尾的九芝岭，地望恰似“丹凤朝阳”形胜之地，其选址颇具匠心。

阳台宫始建于唐开元十二年（724）。为唐代王屋山道教著名三宫之一，由茅山宗第四代宗师司马承祯奉敕创建，开元十五年落成。唐玄宗御题匾额“廖阳殿”，又命其胞妹玉真公主进王屋山师从司马承祯。北宋建中靖国元年（1101）宋徽宗曾至阳台观，金贞元二年（1154）改观为宫。金正大四年（1227），丘处机弟子王志祐主持修复阳台宫，复盛一时。终元之世，由全真派十七任掌教大宗师完颜德明主持。元后至元六年（1340）重修玉皇殿。明正德十年（1515）落架大修大罗三境殿。明万历二十四年（1596）新建玉皇阁，并把大罗三境殿的木柱抽换为方形浮雕石柱。清康熙三十八年（1699）、乾隆年间、嘉庆六年（1801）均有重修玉皇阁和东王公、西王母二殿的记载。道光二十一年（1841）重修山门。

阳台宫建筑群坐北朝南，依山而建，逐级递升。院落南北长67 m，东西宽71 m，占地面积4 757 ㎡。建筑依中轴线而建，依次有山门、大罗三境殿、东西廊房、玉皇阁、王母殿、长生殿遗址等。

大罗三境殿保留了宋元时期的诸多营造手法。前檐明间、次间四方柱顶石沿用宋元时代的覆莲式柱础，正脊与垂脊采用瓦条脊式，保持了宋代遗风。殿内柱头两侧以龙首雀替承托大额枋，系明代手法。殿基纵横排列 30 根方柱顶石。明万历年间石柱分别雕刻云龙、丹凤、瑞禽祥兽、神仙世俗故事，主要有“八仙过海”“风云雷电仙坛”“张良与黄石公”“乘鹤仙人”“唐僧师徒西天取经”等，均系圆刀手法，属明代石雕艺术珍品。

大罗三境殿藻井（文宣提供）

玉皇阁为河南省最高大的明代歇山式楼阁建筑之一，建筑保存基本完好，正面四柱采用硕大的通长木柱，从第一层直达第三层，柱头前后斜杀，体现了明代建筑手法，为研究明清楼阁式建筑结构体系提供了完整实例。石柱雕刻精美，内容丰富，蕴涵了丰富的艺术和历史文化信息，为研究明代雕刻艺术、风俗民情提供了宝贵的素材。

大殿（顾馥保提供）

大罗三境殿（杜启明提供）

玉皇阁石雕龙柱（文宣提供）

洛阳 64 祖师庙大殿

大殿山面（文宣提供）

洛阳祖师庙位于洛阳老城北大街北端路东，为全国重点文物保护单位。

祖师庙始建年代无考，据《金元洛阳城池图》与《清代洛阳城关图》可知，该庙金元时期应已存在。现存祖师庙为清雍正元年（1723）河南知府刘天爵修建、乾隆八年（1743）高兴业维修。祖师庙是著名的道教宫观，原规模宏大，有戏楼、大门、照壁、前后殿等建筑，大殿内供奉祖师铜像。现仅存大殿。

大殿坐北朝南，立于长方形台基上，前设以青砖、条石砌成的月台。该殿面阔五间，进深两间，单檐歇山式，琉璃瓦覆顶。殿内平面采用减柱造，减去前排四根和后排次间、稍间缝上的两根金柱，仅保留后排中间两根后金柱，使殿内更显宽敞。殿内明间梁架为五架梁后接双步梁，五架梁前端置于前檐斗栱中，后端插入金柱。明间后金柱与两山之间置纵梁，内端插在金柱上，外端置于山面斗栱之中。次间与稍间梁架均用立在纵向大梁之上的金瓜柱承托，极尽巧思。

大殿既有辽金时期建筑的遗风，又呈现着浓厚的明清地方建筑特色，建筑结构大胆且洗练，是国内罕见的明清建筑佳构。

厢房（文宣提供）

全景（文宣提供）

65 孟州显圣王庙大殿

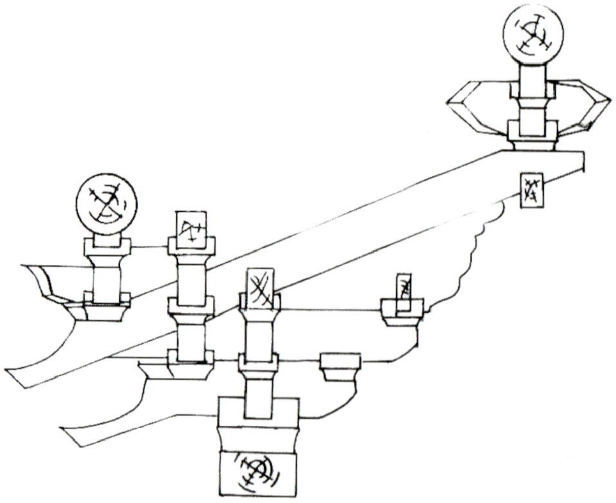
前檐补间铺作（文宣提供）

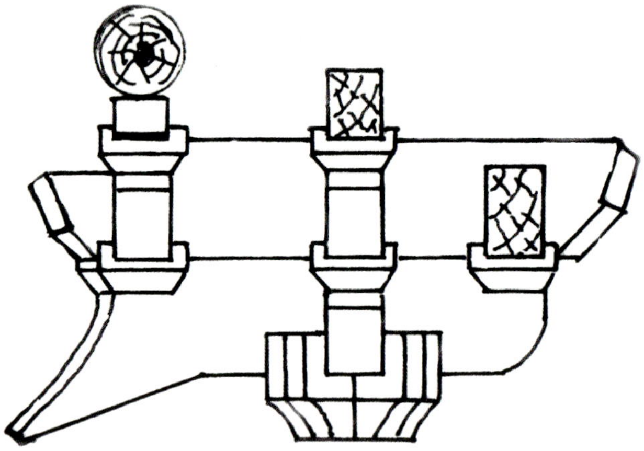
后檐补间铺作（文宣提供）

显圣王庙位于孟州市堤北头村学校内，南濒黄河，与古都洛阳隔河相望，北临丘陵，东为岳云宫，西为韩愈墓，为全国重点文物保护单位。

该庙建于元至正十一年（1351），后历代维修，原址位于堤北头村东南约 2 km 处的小金堤东侧。清康熙四十五年（1706）黄河泛滥，庙内许多建筑倒塌。乾隆二十四年（1759）几座保存较好的建筑被整体搬迁至元代开国大将宁玉后代捐出的土地上，并增修了附属建筑。现存主要建筑有元代建筑大殿三间，清代建筑舞楼九间、戏楼三间。

显圣王庙大殿位于寺庙中央，坐北朝南，面阔三间，单檐悬山造，灰瓦覆顶，绿琉璃脊饰。基座高 0.3 m，呈长方形，大殿平面亦呈长方形，殿前有长方形月台。大殿铺作布局疏朗，用材较大，斗栱中用瓜楞栌斗、真昂，大殿檐柱为覆盆式柱头，上端略向内斜，有较明显的柱侧脚和柱生起。该殿元代建筑特点明显：柱网为厅堂式布局，既增大了平面空间，又使大殿布局更加合理实用；梁架结构为彻上明造，梁枋做工粗犷，大梁的双木拼梁做法富有时代特色。

内部斗栱（张文彦提供）

全景（张文彦提供）

前檐斗栱（张文彦提供）

沁阳 66 静应庙

静应庙位于沁阳市邘邰村，创建年代不晚于元至元十四年（1277），明清两代进行了修缮和扩建，为河南省文物保护单位。

静应庙坐北朝南，占地 4 800㎡，现存建筑有祭亭、紫虚元君殿、梳妆楼、中佛殿、玉帝殿、城隍殿、瘟神殿、龙王殿、马王殿和东西道院等古建筑 17 座，为河南省保存规模较大的古代建筑群之一。

静应庙布局完整，古建筑保存数量较多，且庙中供奉儒佛道教派繁杂，为研究寺庙建筑布局及儒佛道三教合流提供了重要物证。紫虚元君殿及祭亭檩枋下的元代墨书纪年，为同期建筑断代提供了确切的实物依据。玉帝殿（铁瓦殿）的屋顶筒瓦、板瓦、滴水均为生铁铸造，用铁达 10 余吨，在古代建筑中较为罕见；且每件铁瓦上都铸造布施人姓名，涉及豫晋两省的各路、府、州、县，对研究该寺庙的规模、影响和民俗文化具有重要价值。

西来佛殿（文宣提供）

山门（文宣提供）

67

浚县碧霞宫

碧霞宫位于浚县城区浮丘山顶，为全国重点文物保护单位。

碧霞宫为明嘉靖年间浚县知县蒋虹泉主持兴建，至嘉靖四十二年（1563）竣工，历时21年。明万历年间，清康熙、嘉庆、咸丰、同治、光绪年间多次重修，渐具现今规模。

碧霞宫占地11 160 ㎡，前后三进院落，殿宇80余间，整体布局呈中轴对称，层次分明。中轴线上的主要建筑有山门、二门、三门、大殿、寝宫楼等，是一处保存完整、规模宏大的道教建筑群。

遏云楼又称戏楼，始建于清顺治年间，坐南朝北，位于碧霞宫中轴线最南端，距山门南百余米。山门后为前院，中间有一长方形瑶池，砖砌拱形石桥跨其上，东西两侧有帅殿四座和钟鼓二楼。过二门进中院，为碧霞宫主体建筑，两侧各建配殿三间，均为硬山造。配殿与大殿回廊间有石桥相通。大殿建在2m高的平台之上，由拜殿和正殿组成，绿色琉璃瓦覆顶，面阔五间。拜殿为单檐歇山卷棚式建筑，东窗上嵌有“灵镇东岱”四字，周围雕以缠枝葡萄、白鹤等装饰；西窗上嵌有“辉映西池”四字，周围雕以“百古图”装饰。殿内雕梁画栋，梁架上绘有滚龙、双凤、青松、白鹤、人物、花卉等不同类型的图案30多种，琳琅满目，美不胜收。后为正殿，悬山回廊式建筑，脊正中央立一莲台宝座，四周砌砖，砖上雕刻花卉、枝叶，花和叶上的脉络及花朵中的瓣蕊清晰可辨。莲台宝座上为神龛，神龛上雕凤和花卉，玲珑剔透，雕工精湛。大殿四周有回廊，檐下四周有18根青石方柱，柱与柱之间有石质护栏，上雕石狮和仙桃等，雕刻精细，形态各异。三进院由三门、厢房、寝宫楼组成，三门以柱上雕刻多幅佳联而闻名。寝宫楼为碧霞宫中轴线上最后一座建筑，建于清顺治三年（1646），为三重檐歇山顶、回廊楼阁式建筑，面阔三间，其建筑规模之大、构造之复杂，居豫北地区古建筑前列。

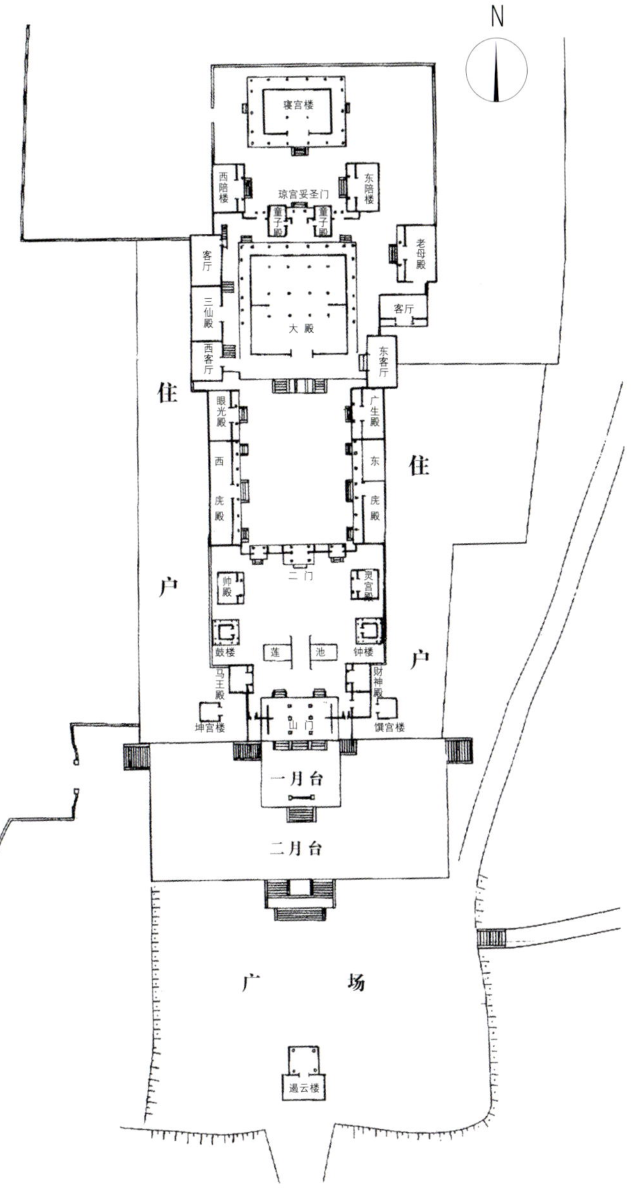

总平面图（文宣提供）

碧霞宫依山就势，布局紧凑，建筑随地形逐层升高增大，主导了参拜者的心理感受，是建筑心理学运用的范例。碧霞宫的建筑装饰内容博大精深，技艺精湛，是难得的艺术珍品。

山门（文宣提供）

二门（文宣提供）

拜殿与大殿的连接部分（文宣提供）

大殿（文宣提供）

寝宫楼（文宣提供）

许昌

68 天宝宫

天宝宫位于许昌县艾庄乡北石梁河畔，为全国重点文物保护单位。

天宝宫始建于宋嘉熙四年（1240），据《汴梁路许州长社县创建天宝宫碑》记载："自五祖太玄广惠真人（郦希诚）命举师卢德清往河南典教……庚子岁至长社沈村……因创立道观，名曰'天宝'。"后经旋真大师孙德通、圆明大师朱德宝的共同努力，使天宝观规模扩大，元至元六年（1269）奉昌童大王令旨，易观为宫。元朝建立后，尊崇道教。元惠宗后至元四年（1338）颁发圣旨，保护天宝宫。明代天宝宫再度复兴，明成化年间（1465—1487）、万历二年（1574）、崇祯年间（1628—1644）多次重修，使天宝宫形成了有七进院落、廊庑百余间的宏大规模。清康熙八年（1669）创建舞楼，此后多有重修。

天宝宫坐北朝南，现存建筑以明代为主，占地面积 2 hm²。中轴线由南到北长达 200 余米，依次有山门、四帅殿、关圣殿、玉皇殿、雷祖殿、真武殿等殿宇，两厢还建有配殿、斋舍、道房等，共七进院落。附近另有老君殿和三皇殿遗址。山门有"明嘉靖二十二年重修"方石两块，上部原有楼阁已不存。拜亭位于山门之后，创建于民国初年，方形三重檐亭式建筑，石柱上有"上八仙""中八仙"人物和花草虫鱼浮雕。四帅殿原为四圣殿，俗称四将军殿，为单檐硬山式建筑，面阔三间，进深一间，前后檐柱承托七架梁，檐下施三踩斗栱。关圣殿面阔三间，进深两间，单檐硬山建筑，檐下施五踩重昂斗栱，小青瓦屋面，琉璃剪边。玉皇殿为单檐悬山式，面阔三间，进深三间，檐下施五踩重昂斗栱，小青瓦屋面，琉璃剪边。真武殿俗称祖师殿，面阔十一间，进深四间，单檐歇山式建筑，前檐下置五踩重昂斗栱，后檐下置三踩斗栱，东、南、西三面环廊，前檐有 10 根方形石柱，上饰龙凤浮雕，雕工精湛，形象逼真，具有很高的艺术价值。

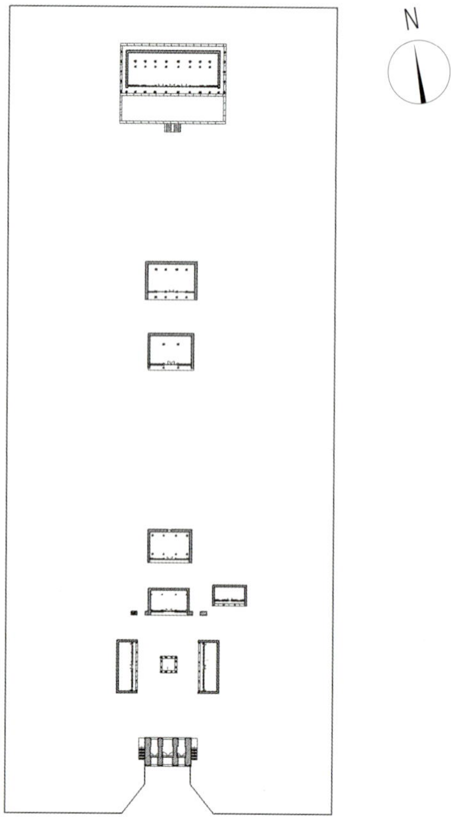

总平面图
（文宣提供）

山门（文宣提供）

天宝宫是真大道祖庭和圣地之一，在道教历史上有重要地位，也是豫中地区现存最为完整的明代古建筑群，是研究元、明建筑的重要实物例证。天宝宫保存的八思巴文《大元宣谕圣旨之碑》《汴梁路许州长社县创建天宝宫碑》《明真广德大师道行碑》等元至清 50 余通碑碣，可补真大道派的若干研究空白，为研究金、元道教发展史提供了重要的实物资料。

全景（李斌提供）

拜亭（文宣提供）

真武殿（文宣提供）

真武殿石柱（李斌提供）

69

登封南岳庙

南岳庙位于登封城西南大金店中街村，为全国重点文物保护单位。

此庙为三进院落，东西宽 66.8 m，南北长 90.8 m，占地约为 6 065 m²。

南岳庙的正殿是府君殿（大殿），面阔三间，进深三间，单檐歇山造，灰筒板瓦屋面，此建筑保存了许多金元时期的风格，为我省现存时代较早的木构建筑之一。殿前砖砌月台，明间及两次间均设踏跺。月台上原有拜殿建筑已毁，现仅存四柱础。大殿平面为长方形，殿内减去前檐内柱，以扩大使用空间。殿内两金柱间悬有匾额，其上楷书“位配南岳”四个大字。神龛已毁，现仅存上部的四块顶板，分别绘有飞马、花卉图案。大殿屋面为灰筒板瓦覆顶，正脊脊筒两侧高浮雕二龙戏珠图案，正中设狮子驮宝瓶，两端置吻，垂脊、戗脊两侧浮雕卷草图案。

据传，金兀术进入中原后，金国已有五岳庙之中的四座，唯缺南岳庙，便下令在此建南岳庙，名谓“位配南岳”。

大殿转角斗栱（孙艳云提供）

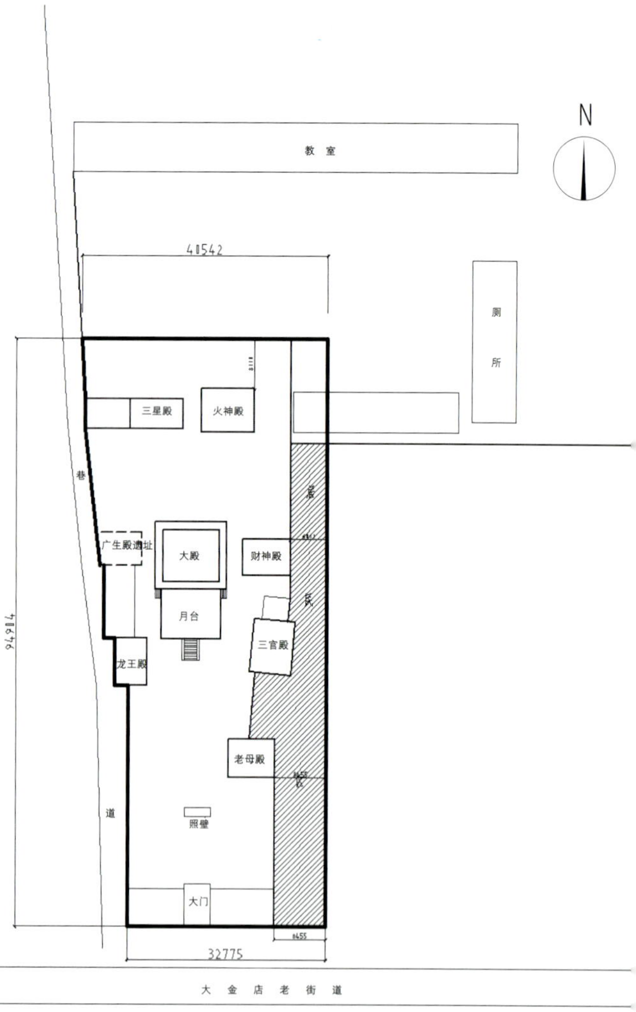

总平面图（文宣提供）

大殿（孙艳云提供）

大殿内柱斗栱（孙艳云提供）

大殿内部梁架（孙艳云提供）

70

卢氏城隍庙

卢氏城隍庙位于卢氏县城中华街路北，为全国重点文物保护单位。

我国在南北朝时期就有了祭祀城隍神的习俗，唐代民间已普遍祀奉城隍神，宋代城隍神被列入国家祭祀的范围。由于明代城市规模的扩大，城隍信仰达到了登峰造极的程度，明太祖朱元璋封京都等六府城隍神为“承天鉴国司民升福明灵王”，其余各府城隍神称“威灵公”，州的城隍神称“灵佑侯”，县的城隍神称“显佑伯”，各有品秩。

卢氏城隍庙始建于元代，明洪武初年重修，嘉靖年间（1522—1566）重建，并塑彩塑神像、增建殿宇。清乾隆十年（1745），又进行了大规模的重修。

卢氏城隍庙是豫西地区建筑规模较大且保存最为完整的古建筑群之一，现存建筑基本保持着明嘉靖年间时的规模和布局。建筑坐北朝南，沿中轴线依次为山门、左右过门、九龙壁、舞楼、献殿、后殿，另有东西厢房，面积约 2 300 ㎡。山门面阔三间，进深两间四架，单檐悬山顶，绿琉璃瓦屋面。该建筑为明代中叶修建，保留了较多的宋元建筑特征。舞楼为明代建筑，面阔三间，进深二间，单檐双层楼阁式歇山顶建筑，前檐为琉璃瓦，后檐为灰筒板瓦屋面，二层设回廊。献殿建于明代，面阔三间，进深二间，重檐歇山式建筑，绿琉璃瓦屋面。下檐斗栱为五踩重昂重栱计心造，昂头为琴面昂，昂嘴呈三角形，正面中央竖刻一沟槽，是河南目前已发现的四座沟槽昂建筑之一；前檐二层斗栱皆为五踩重昂重栱计心造，三角形昂嘴的正面竖刻沟槽；后檐上层斗栱为五踩单昂单翘，柱头科为五踩重翘。明间顶部四隅置抹角梁四根，并用“T”形的枋木组成八卦藻井。八个角下各施垂莲柱一根，组成一幅优美的殿顶装饰图案，此种做法为我省孤例。后殿紧接献殿，建于明代，面阔五间，进深二间，单檐悬山式建筑，斗栱为五踩重昂重栱计心造。昂头成琴面昂，中央刻沟槽，后檐柱头科为五踩双翘。

卢氏城隍庙完整地保留了明代城隍庙的规划布局特点和建筑风貌。

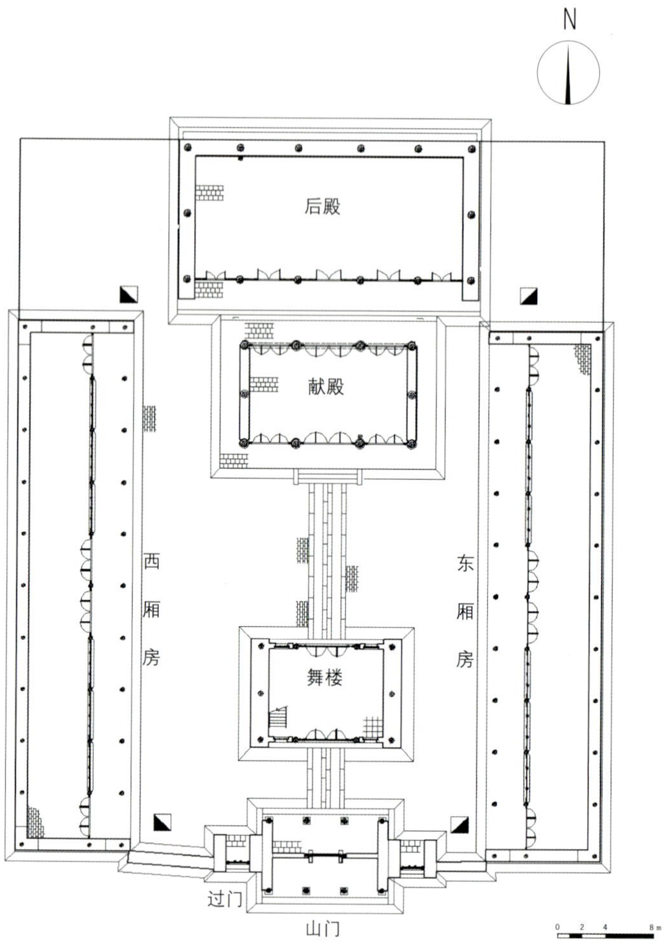

总平面图（文宣提供）

全景（王歌莺提供）

山门正立面图（文宣提供）

献殿（文宣提供）

献殿正立面图（文宣提供）

舞楼（文宣提供）

舞楼南立面图（文宣提供）

安阳城隍庙

71

安阳城隍庙即彰德府城隍庙，位于安阳市老城区鼓楼东街路北6号，为全国重点文物保护单位。据《彰德府志》等文献记载，府城隍庙创建年代较早，现存建筑年代多为明洪武二年（1369），清乾隆三十七年（1772）彰德府知府黄邦宁重修。

府城隍庙是安阳市最大的一处道教建筑群，坐北朝南，南北长120余米，东西宽50 m，中轴对称。据《彰德府志》内插图显示，原建筑群为四进院落，中轴线上的建筑有照壁、牌坊、大门、泮池、前殿、抱厦、大殿、寝殿、后殿等，前院西侧有府属七县城隍庙的二进院落，寝殿的东西两边各有偏院一个，中轴对称的还有厢房和后配殿，规模宏大。由于历史原因，现存建筑有大门、前殿、抱厦、寝殿、后殿。

大门面阔三间（12.3 m），进深三间（8.8 m），重檐歇山式，绿琉璃瓦覆顶，属明代建筑，虽历代维修，但其梁架结构未改变。大门柱网简洁，前后檐柱支撑一层斗栱和梁架，前后金柱直通上层檐，支撑三架梁、五架梁和上檐斗栱。上层檐下是三重昂七踩斗栱。梁架结构富有特色，使用大叉手，三架梁与五架梁之间的距离很小，故以方木代瓜柱。五架梁通跨，直接延伸至前后挑檐檩处。下层单步梁由大斗和驼峰承托。

明清时期城隍信仰甚为兴盛，府有府城隍庙，州有州城隍庙，县则有县城隍庙。安阳城隍庙是河南省保存下来为数不多的府级城隍庙。

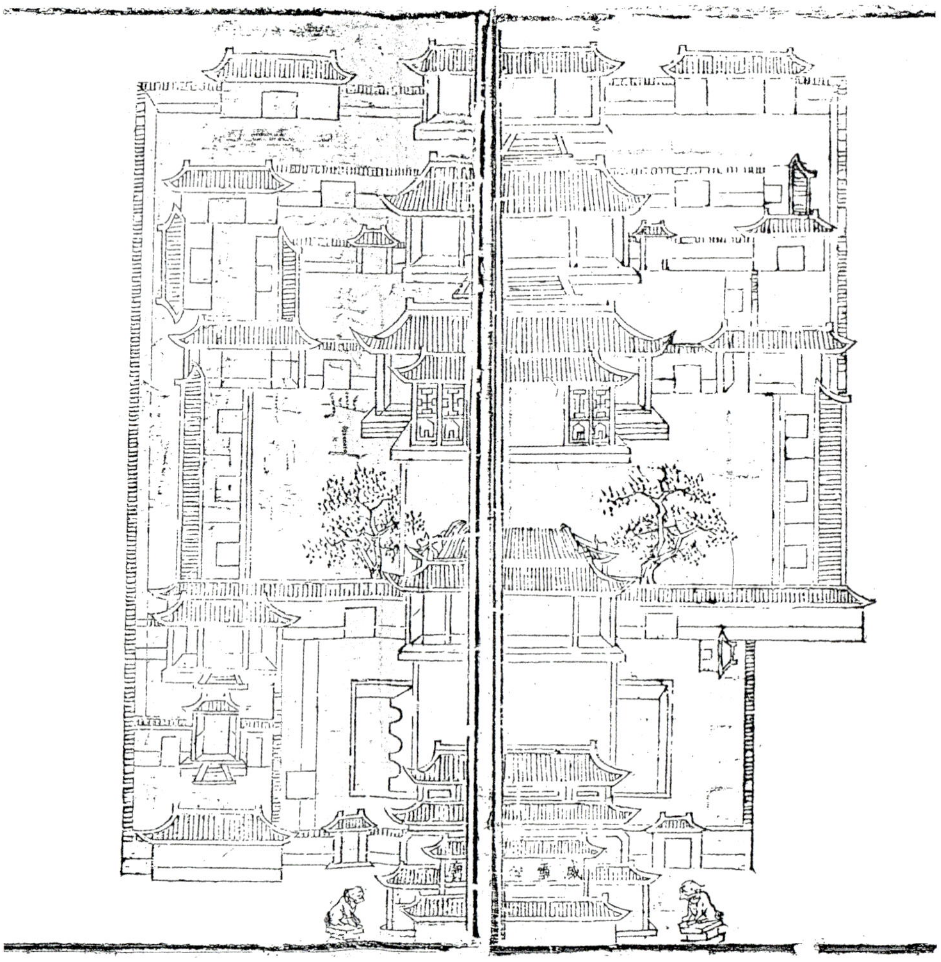

《彰德府志》上的城隍庙平面图（文宣提供）

牌坊及后面的大门（魏文萃提供）

后殿（文宣提供）

72 郑州城隍庙

郑州城隍庙位于郑州商城路东段，为明代初期所建，弘治十四年（1501）重修，其后屡有修葺。此庙全称“城隍灵佑侯庙”，距今已有600多年历史，是郑州市区内现存规模较大、保存较完整的古建筑群，为全国重点文物保护单位。

城隍庙坐北朝南，东西宽 50 m，南北长 130 m，面积为 6 500 ㎡。现存山门、二门、戏楼、大殿、寝宫、东西廊房等建筑。庙院规模宏大，建筑造型精美，雄伟壮观。

山门面阔三间，进深两间，硬山卷棚顶，檐下施斗栱。明间前后立四根石柱，门前有一对石狮。二门距山门十余米，面阔三间，进深两间，硬山建筑，绿色琉璃瓦顶。正脊两端有大吻，中部饰二龙戏珠和宝瓶，下有彩雕人物三尊，中置神像三尊，两侧各有一对追逐相斗的骑士，姿态各异，栩栩如生。四垂脊饰有飞龙舞凤和狮子滚绣球，瓦当、滴水也饰有鸟兽花卉，檐下斗栱承托，十分精巧秀丽。

戏楼面阔三间，进深两间，歇山式高台两层楼阁，高约15m。主楼居中，左右两侧檐下配以歇山式边楼，翼角重叠，造型优美。主楼前后有抱厦，室内方砖铺地。楼殿屋顶结构复杂，共有 19 条脊，均饰脊兽，正脊浮雕龙、凤、荷花、狮子等，千姿百态，充满动感。

戏楼北二十余米为大殿，面阔五间，进深三间，单檐歇山顶建筑，绿色琉璃瓦顶。正脊两端有大吻，脊中部立一雄狮，背驮火焰宝瓶，两侧饰有小宝瓶、海马、狎鱼等。脊筒两面雕有龙、人物、花卉等图案，垂脊均饰走兽和花草。檐下施斗栱，四周遮檐板彩绘内容丰富，形象生动。

大殿后面 20m 的寝宫是庙内的主要建筑，面阔五间，进深三间，歇山式建筑。殿前有卷棚，面阔五间，进深两间，绿色琉璃瓦顶，正脊中央饰一重檐庑殿式琉璃楼阁，两端饰大吻，脊筒两面雕滚龙、凤凰、牡丹等，玲珑剔透。

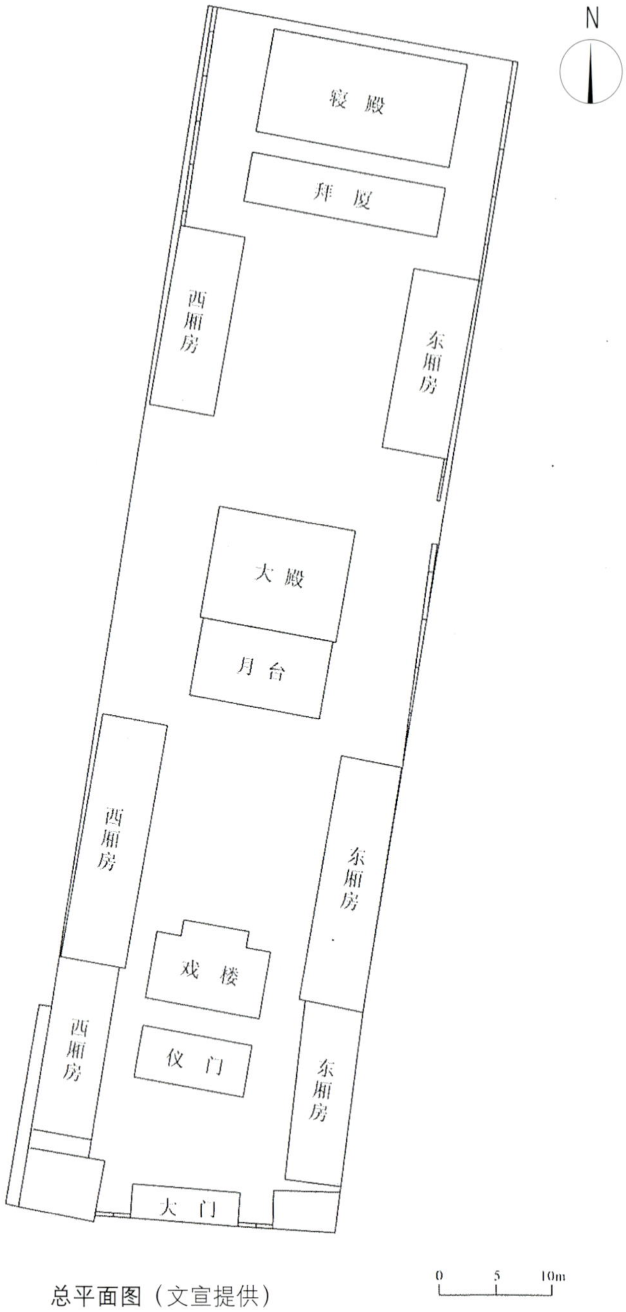

总平面图（文宣提供）

庙内碑刻很多，其中有张大犹草书石碑《福赞》《寿赞》两通，笔迹苍劲挺拔，为书法中的精品。

大殿（文宣提供）

寝宫（文宣提供）

戏楼（文宣提供）

73 登封老君洞

老君洞位于登封市嵩岳太室山南麓、逍遥谷北面十八限下山梁上，洞形若鸡卵，亦称“鸡卵洞”，南距登封市区约 5 km。

老君洞为唐代初年的隐士潘师正开凿，后人在洞内供老君塑像，故称老君洞。唐代以后，在老君洞周围增修了一所道院，分中院、东院和西院，房舍 100 多间。1984 年后进行大规模翻修，形成东西两个院落，东西长 188 m、南北宽 64 m，面积约为 1.2 hm²。东院为主体院落，从大门至后殿共三进院：大门至老君洞为一进院；壶室至正阳门为二进院；正阳门后为三进院。三进院落相互连接，中间凿石为阶。大门前设青石踏道共 108 阶，把大门衬托得愈加巍峨。大门面阔三间，青砖砌筑，硬山灰筒瓦板覆顶，正脊、垂脊饰宝瓶、走兽。门内北为老君洞，洞高约 2 m、深 4 m、宽 3 m 余，内供老君塑像。洞前修建有高大的砖砌平台，东、西、南三面辟有高大的圆券门，可通往洞内。南面券门为老君洞的正门，门两侧镶嵌砖雕楹联“峻极峰嵩阳胜地，古灵山金壶洞天”，行书字体，流利顺畅。洞前左右两侧相对有清光绪年间（1875—1908）创建的金钟楼和玉鼓楼，皆高 8 m，青砖砌筑，歇山式灰筒板瓦覆顶。老君洞顶平台上有明代修建的八角攒尖顶无木结构的砖亭，高约 4m，南面辟圆券门，门额上有明代登封县知县丁应泰题、俞安期书“壶室”二字，行书字体，清秀自然。壶室后有一座面阔三间、进深四步架的硬山灰筒板瓦覆顶的卷棚式建筑，无前墙，檐柱撑顶，彩绘栋梁，内塑老子骑青牛像。

老君洞内左右共有 6 座洞殿，砖石殿房利用自然崖壁作为后墙，规制虽然较为狭小，但是布局紧凑，具有精秀玲珑的风格，在嵩山地区现存庞大的古建筑群中独具一格，饶有情趣。

无极老母殿位于东院最后一进，建于清代末年，面阔三间，硬山顶出前檐，黄琉璃瓦覆顶。殿内施有两根合抱的对称高浮雕盘龙木柱，龙的形象栩栩如生。殿外前檐柱为方形石柱，上刻行书楹联“尊上玄穹步清云乃登九五，圣称无极居太上以通三千”。殿房瓦件上的花纹多为龙、兽和荷花等，塑造精细，形象逼真。

老君洞上方“壶室”（杜启明提供）

千佛殿位于无极老母殿东侧，面阔三间，硬山出前檐，灰筒板瓦覆顶。棂门槛窗，前檐柱亦为方形石柱，上刻楹联“人世间烟云任变幻，仙山中甲子自春秋”。西侧顺山房为祖师殿，形制同千佛殿，有楹联“道典通天万缘归正觉，峻峰障日紫气入三清”。此外，老君洞现有遗存的明、清碑碣 30 余品，内容多为重修、布施、记事等，在一定程度上反映了老君洞建筑群的历史。

山门（杜启明提供）

钟楼（杜启明提供）

外景（杜启明提供）

正阳门（杜启明提供）

社旗

74

火神庙木牌楼

正立面图（文宣提供） 0 0.5 1 1.5m

火神庙木牌楼位于社旗县赊店镇公安街第一小学内，为河南省文物保护单位。

木牌楼建于清道光元年（1821）八月，为创建于清雍正三年（1725）的火神庙的主要建筑，庙内另外保存有戏楼和大殿卷棚各一座。清代赊店的商品经济十分发达，火神庙是行商坐贾们祈福、纳祥、祛灾的场所。

火神庙木牌楼坐北朝南，为六柱三间五楼歇山式建筑。其平面呈“≻—≺”形，面阔三间，高约 10 m。六柱分别置于雕刻成鼓形石础的长方形基石之上，前后各开槽置以高 2 m 的夹杆石并锁以铁箍。主楼用十一踩斗栱，次楼用九踩斗栱。

火神庙木牌楼的斗栱布置和结构富有特色。明楼斗栱分为上下两层。木牌楼五层透雕的额枋，加上昂、耍头、华板、抱鼓石等多处精美的人物和动物木雕、石雕，使木牌楼成为一座传统雕刻艺术宝库。

斗栱构造（杜启明提供）

全景（杜启明提供）

屋面构造（杜启明提供）

夹杆石构造（杜启明提供）

三 伊斯兰教建筑

信奉伊斯兰教的民族很早就在河南区域生活，为河南的文明历史增添了光辉的一页。伊斯兰教建筑从形制上可分为两大类，即回族建筑与维吾尔族建筑，中原地区多为回族清真寺。开封东大寺、朱仙镇清真寺历史悠久，为研究我国伊斯兰教历史的发展提供了珍贵的资料。沁阳清真北大寺为我国中原地区时代最早、规模最大、保存最为完整的伊斯兰教建筑群，对研究中原地区伊斯兰教的发展提供了翔实的证据。郑州清真寺处于中国清真寺建筑的转型期，是难得的建筑文化资料。

河南的回族清真寺吸收了汉族传统建筑的技艺，不仅在建筑群的规划中采用了汉族的院落式布局原则，而且建筑也采用汉族的形式，甚至连伊斯兰教的特色建筑邦克楼亦做成亭阁式样。为满足礼拜功能，礼拜殿多采用勾连搭组合式坡屋顶。建筑大量应用中国特色小品建筑为点缀，装饰艺术中融入了伊斯兰教风格，情调淡雅而清新。河南的伊斯兰教建筑既融合了河南本土的古代建筑形式，又结合清真寺的功能需要，创造了独具特色的亭阁、敞厅，是我国清真寺建筑中的亮丽形象。

75

沁阳清真北大寺

沁阳清真北大寺位于沁阳市区北寺大街中段，创建于元代，为全国重点文物保护单位。

清真寺又称礼拜寺，阿拉伯语称“麦斯吉德”，意为礼拜的场所，回族穆斯林每日五次礼拜、每星期五的聚礼，以及一年一度的开斋节、宰牲节、圣纪节等节日都在这里举行。寺于明嘉靖四十年（1561）重建，万历十八年（1590）建拜殿四楹。崇祯元年（1628），寺毁于火灾，崇祯四年重修门、庭、堂、室，重建窑殿三楹。清代续建厦殿、讲堂及沐浴所等。道光年间窑殿因地震崩裂，清光绪十三年（1887）在原基上重建，并对殿宇重新进行彩绘。道光二十六年（1846）当地回族分支于寺西北创建清真新寺，后改为女寺。

清真北大寺占地约 3 100 ㎡，总体平面呈长方形，坐西朝东，由男寺和女寺两部分组成，现存殿堂与附属建筑 80 余间。清真北大寺以男寺建筑为主体，由厦殿、过厅、四讲堂、客厅、前后拜殿、窑殿及两侧沐浴室、居家仓储等建筑组成。主体建筑呈中轴线对称布局，建筑体量由前至后递增，拜殿由客厅、前后两重拜殿及窑殿共同组成，浑然一体，纵深达 36 m，建筑风格别具特色。

大门（厦殿）为单檐歇山建筑，面阔三间，进深两间，孔雀蓝琉璃瓦覆顶，脊兽齐全。檐下置单栱造异形栱，透雕花鸟图案，明间和次间各一攒。殿内脊枋上阴刻“大清龙飞嘉庆岁次己巳月拾玖日吉时创建”。殿内明间两侧立碑刻多通。厦殿彩画为元代所绘，形式介于旋子和苏式之间。殿前置八字墙，孔雀蓝琉璃脊兽和筒板瓦屋顶，檐下混枭砖叠涩至墙体，墙体顶部镶砌仿木的琉璃斗栱、平板枋、额枋及垂莲柱装饰，栱枋上施以牡丹、莲花、云线等图案。

四讲堂为卷棚式单檐硬山建筑，面阔三间，进深两间，灰筒板瓦覆顶。过庭为单檐卷棚式悬山顶，面阔三间，进深两间。客厅为卷棚式歇山顶，面阔三间，进深两间，明间檐下悬挂《明太祖高皇帝御制至圣百字》匾额一块。前拜殿为单檐卷棚歇山式建筑，面阔三间，进深两间，与窑殿、后拜殿连为一体，绿

大门（曹国正提供）

琉璃瓦覆顶。后拜殿面阔三间，进深三间，单檐悬山顶。檐下斗栱为五踩双下昂。殿内雕梁画栋，沥粉贴金，彩绘图案以牡丹为主，手法接近旋子彩绘，年代为明末清初。窑殿系砖砌无梁殿，面阔三间，进深两间，前为三个圆券门，明间后壁正中为神位龛。殿内分三室，砌作三穹隆顶，中室高，左右两室略低。明间殿顶为单檐“十”字歇山顶，两次间为单檐“T”形歇山顶，均为琉璃瓦饰顶，脊刹为宝瓶。檐下镶嵌琉璃斗栱、平板枋、额枋及垂莲柱，并雕饰牡丹图案。外观玲珑多姿，巍峨壮观，为我国伊斯兰教建筑的精品。

女寺位于男寺西北，与男寺相邻，占地625 ㎡，坐北朝南，四合院布局。主殿面阔六间，进深两间，绿琉璃瓦覆顶。另有东上房、西厢房、仓储房和伙房等。

清真北大寺建筑结构严谨，厅、殿造型别具一格，为我国中原地区时代较早、规模较大、保存较为完整的伊斯兰教建筑群，对研究伊斯兰教在中原地区的传播和发展有着非常重要的价值。

过厅（曹国正提供）

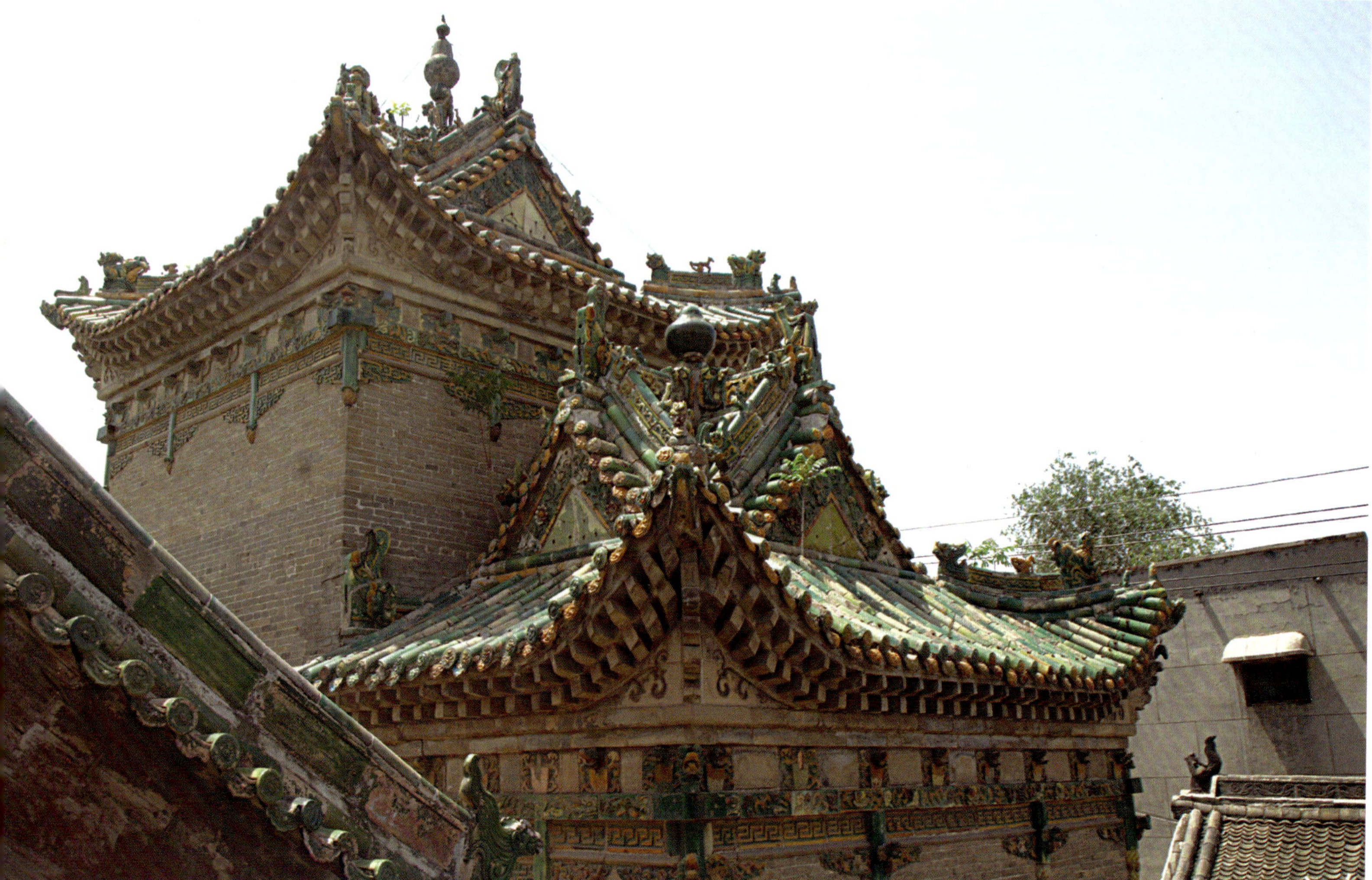

拜殿屋顶构造（曹国正提供）

拜殿（曹国正提供）

拜殿梁架（曹国正提供）

开封

76

朱仙镇清真寺

拜殿墀头上部的盘头（张武军提供）

山门木质透雕（张武军提供）

朱仙镇清真寺俗称北大寺，又称清真北寺、绿瓦寺，位于开封市朱仙镇东南隅的老虎洞街。寺始建于明嘉靖十年（1531），清乾隆三年（1738）重修，现为全国重点文物保护单位。

朱仙镇清真寺坐西朝东，呈中轴线对称布局，现存山门、拜殿均系清代所建，格局严谨，规模宏大。

山门面阔三间，进深二间，前有小型月台，歇山式建筑绿色琉璃瓦覆顶，两山施琉璃博风和悬鱼。前、后檐柱共八根，均为石质、方形，表面雕饰花鸟、山水、树木等各种精美图案。

拜殿是清真寺的中心，为穆斯林进行礼拜和祈祷的场所。拜殿由卷棚前厅、大殿、后窑殿三部分连体组成，前有月台。前厅系硬山式建筑，面阔五间，进深三间，屋面覆绿色琉璃瓦，为十二架前后双步廊用四柱结构。前厅两山墙上部有精美的砖雕墀头，雕刻有花卉和阿拉伯文字，极富民族、宗教色彩。大殿为硬山式建筑，面阔五间，进深三间，为十三架前后三步廊用四柱结构。前檐柱间设六抹头隔扇门，其中明间隔扇门棂芯镶蚌壳，既有蛤蜊的幻彩光泽，又有一定的透光性，俗称“鱼鳞窗”，为寺中一绝。大殿屋面覆绿色琉璃瓦，琉璃正脊中心置有一紫铜宝瓶，并以铁链固定，号称“钜瓶生辉”。后窑殿为硬山式，面阔、进深均一间，约 5 m^2，紧贴大殿后檐墙而建。卷棚前厅和大殿之间设地沟排水。卷棚前厅和大殿内还分别悬有“恪守清真”和“至诚无息”两方匾额，为清咸丰元年（1851）和道光十五年（1835）所制。

拜殿月台前立有两座碑楼，一为清乾隆三十二年（1767）所刻《清真古行正教条例》，另一为清嘉庆十年（1805）所立阿拉伯文石碑。其中阿拉伯文碑保存完整，文字清晰，笔法流畅，如行云流水，一气呵成。

朱仙镇清真寺由赛氏家族（阿拉伯人的后裔）和山西、陕西商人集资兴建，是当时朱仙镇回族群众和在朱仙镇开设商号的穆斯林商人活动的重要场所。

拜殿（张武军提供）

77

开封东大寺

开封东大寺位于开封市清平南北街 7 号，是开封市现存规模最大的伊斯兰教建筑，曾被誉为伊斯兰教河南省首坊。该寺始建年代无考，明永乐五年（1407）、清顺治十二年（1655）、道光二十六年（1846）曾数度重修，现为全国重点文物保护单位。

明洪武年间（1368—1398），朱元璋因东大寺青年积极从军，征战沙场，遂敕修重建，更名“大梁清真寺”。明永乐五年又敕赐重修寺院，时占地十余亩，规模宏阔，殿堂、经房、浴室完备，是中原一座较大的伊斯兰教建筑，明末河决被毁。清顺治十二年掌教曹明与教人郭鹿鸣、李尚红等重返故里，寻找院址并倡议捐资重建清真寺。清道光年间（1821—1850），清真寺屡建屡毁，重建后河南巡抚牛鉴奏请朝廷，赠与“护国清真”及“护国佑民”匾额，现开封东大寺基本保持了此次重修后的格局。

开封东大寺坐西朝东，呈中轴线对称布局，东西长 159.78 m，南北宽 50.6 m，占地面积 8 085 m²。共有三进院落，现存山门、东西厢房、二门、东西配房、礼拜大殿、东西配殿、沐浴室等建筑。

山门为硬山顶建筑，面阔五间，进深三间，占地面积 128.7 m²。明间门楣正中悬挂穆青手书“东大寺”匾额。柱础为多层式。屋面覆绿色琉璃瓦，正脊正中琉璃饰件上有“敕建清真寺”字样。

二门中柱式硬山顶建筑，面阔三间，进深两间，绿色琉璃瓦覆顶。

礼拜大殿由前厅、中殿、拜殿三部分勾连而成，室内空间宽敞，能同时容纳数百人举行宗教仪式。前厅为卷棚歇山式建筑，面阔五间，进深一间。中殿为硬山顶建筑，面阔五间，进深两间。前设隔扇门，鼓式柱础。其后檐柱与拜殿前檐柱合一，两山砌封护墙。屋面覆绿色琉璃瓦，正脊当中有铜质火焰宝瓶。拜殿为硬山式建筑，面阔五间，进深三间。两山封护墙上各辟一个券门，外有垂花门楼，以供通行及采光、通风。后檐墙内壁明间设壁龛，供奉阿拉伯文经典。外壁檐部为砖仿木构，仿制出椽、飞、一斗两升交麻叶头斗栱、平板枋、额枋、雀替、垂花柱等构件，并饰以雕刻，题材多为花草、锦纹等，工艺考究。屋面亦为绿色琉璃瓦，正脊中立有高大的火焰宝瓶，顶端饰星月。

开封东大寺是河南省历史悠久、规模宏大、保存完整的一处伊斯兰教建筑群，寺院内各配套设施如经堂、沐浴室、礼拜大殿等齐备，体现出完整的民族宗教仪式及生活习俗，是一部生动形象的伊斯兰教民俗教科书。

礼拜大殿（张武军提供）

拜殿墀头(张武军提供)

礼拜大殿卷棚梁架(东北)(张武军提供)

礼拜大殿卷棚梁架(西南)(张武军提供)

沈丘

78

至元清真寺

沈丘至元清真寺位于沈丘县槐店镇清真寺街，为河南省文物保护单位。

至元清真寺因始建于元至元年间（1264—1294）而得名，民国时期亦称“老寺”。金正大八年（1231），蒙古窝阔台合罕征调中亚各族人，其中包括穆罕默德·阿里所率的波斯营队，随军进攻金国临时都城汴京（今开封）。平金后，波斯营队被编入蒙古“探马赤军”，驻屯古项地（今沈丘县城）东郊。至元十年（1273），阿里在西天寺（今幸福街）西侧创建了豫东第一座“麦斯吉德”教坊——至元寺，明弘治十五年（1502）迁建于现址，由牌坊、山门和三进院落组成，有大小房舍63间，取伊斯兰教创始人穆罕默德的寿数而建。明末部分建筑毁于兵燹。清顺治十年（1653）重建。道光、咸丰、光绪年间三次修缮，1911—1915年再次重修。

沈丘至元清真寺为仿园林庙宇式建筑，坐西朝东，两进四合院，整体布局呈正方形，由主院、南庭院、西宅院组成。现存寺院占地4 304 ㎡，主要建筑有寺门、过殿、拜殿、大殿、卷棚、厢房、讲经堂、耳房、女拜寺、沐浴房、仓储房等。

寺门面阔三间，进深一间，为前后廊单檐硬山建筑。左右厢房各三间，为单檐硬山灰瓦顶。过殿面阔三间，两山八柱敞庭，单檐硬山灰瓦顶，墀头砖雕植物图案。两侧南北讲经堂各三间，单檐硬山灰瓦顶，并各带一耳房。卷棚与大殿为勾连搭式建筑，由天沟相连。拜殿面阔五间，单檐硬山卷棚灰瓦顶。大殿面阔五间，进深三间，单檐硬山灰瓦顶建筑。原北庭院内经月亮门进入园林，园中有古亭两处，古槐参天，为回民休憩、习武之所。

寺院原藏有明代陕西黑伯李阿訇手抄经书100余册，各种版本及手抄经书1 486册，以及李东连阿訇名画《三羊开泰》《七贤图》，匾额有古库法体“台思米”，皇帝万岁牌位，清嘉庆六年（1801）河南巡抚牛鉴题“明经堂”，直隶总督兼陕甘巡抚使巴图鲁海速鲁题“道元无极”，云南督军张凤鸣题“道遵独一”，沈丘籍副将、正定府镇台马迁襄题“是有真宰”及中原书法名家李润科书楹联“狱海火烈要是欲火点捻，考赛水甜究从德水发源”，清光绪年间（1875—1908）本邑大伊玛目杜宽题“德步桑梓”“功补造化”等，另有碑刻13通。这些文物至今仍有部分保存，堪称珍品。

过厅梁架（张斌远提供）

过厅（张斌远提供）

大殿内部梁架（张斌远提供）

79

郑州清真寺

郑州清真寺坐落在郑州老城（现管城回族区）清真寺街北段，此地旧称“回回营”，为郑州市回族聚居区。该寺是郑州市区规模最大、历史最悠久的古建筑群之一，为全国重点文物保护单位。

郑州清真寺原名城内清真寺，据考证始建于元代，明代已具相当规模，经明、清等历代重修，形成了一系列中国传统建筑风格与伊斯兰文化相融合的古清真寺建筑群。寺内殿宇肃整，古槐参天，古碑林立，整个建筑群布局严谨、风格清雅。

清真寺坐西朝东，由主院和跨院组成，占地面积11 497 ㎡，是一组朝向圣地麦加克尔白方向的四合院。主院由大门、望月楼、掖门、大殿、两侧厢房、院前照壁组成，分前后两进院落，院内植松柏；跨院有沐浴室、讲经堂、碑亭等。

大门为单檐歇山式建筑，面阔三间，明间西阔 3.24 m，次间西阔 2.80 m，通西阔 8.84 m；建筑通高 8.30 m。屋顶覆盖布筒板瓦。中柱式梁架布置，木构梁架为穿斗式与抬梁式并用，这种结构做法在郑州地区很少见。

望月楼为重檐歇山式阁楼，面阔三间，进深三间，绿色琉璃瓦覆顶，是供阿訇起斋观月、宣经之用的建筑，整部梁架严密合理。屋顶的山面出头挂琉璃雕花博风、悬鱼。檐下斗栱等木构件施彩绘，使雕刻精致的象鼻昂、雕花厢栱和云纹梁头更加美不胜收。

大殿是穆斯林信徒向真主礼拜的场所，为清真寺的主体建筑，平面呈“凸”字形，由四部分搭接而成：前部是硬山卷棚，中部为前后两座硬山式礼拜殿，后部为庑殿式窑殿，可称为“两脊一卷”勾连搭式建筑。四部分建筑的外墙连为一体，屋顶之间用天沟相接，殿内空间非常宏阔。

郑州清真寺中轴殿宇规划有序，在翠柏古槐花木的衬托下，呈现出国画般清静高雅的意境。寺内保存有元代抱鼓石，明代

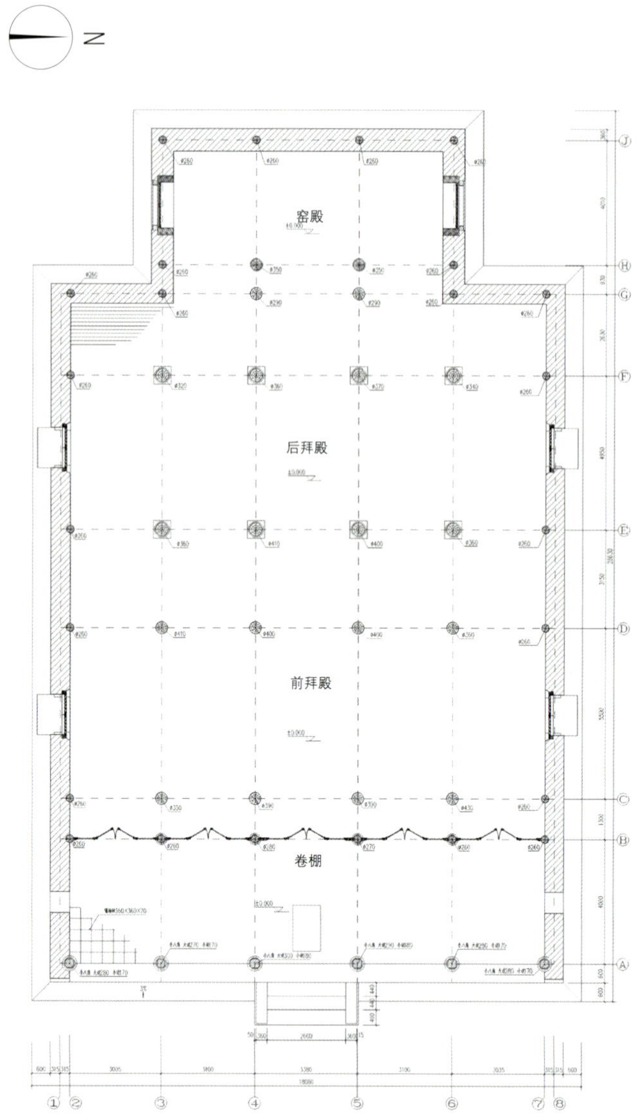

大殿平面图（文宣提供）

香炉、石鉴，清代碑刻，名人题字匾额，阿拉伯语、汉语砖木楹联等。驰名中外的“巴巴墓”是国内较早的伊斯兰教古墓之一，墓内安葬的是明朝初年来郑州讲学宣教的老山海、阿拉伯人默穆都哈。这些都是该寺珍贵的文化史迹。

全景（文宣提供）

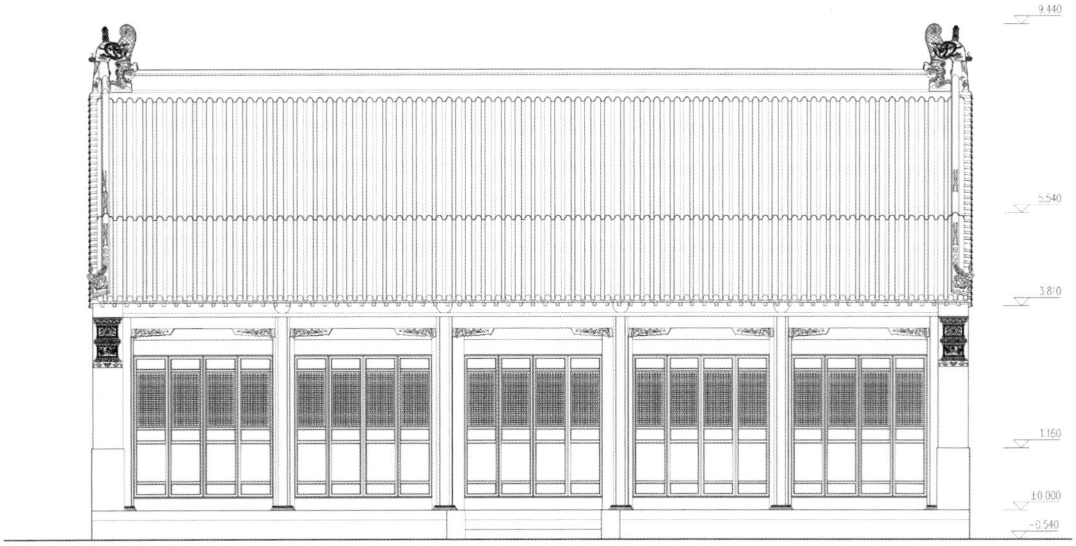

大殿正立面图（文宣提供）

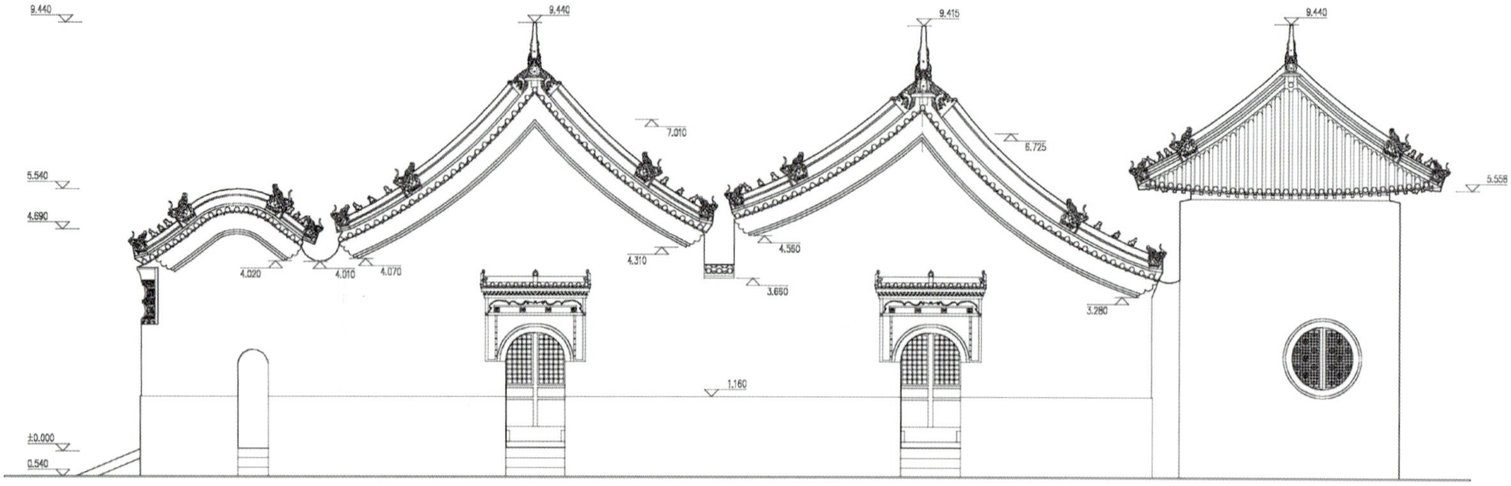

大殿侧立面图（文宣提供）

大殿门罩（文宣提供）

望月楼（文宣提供）

山门（文宣提供）

前院（文宣提供）

开封

80

善义堂清真寺

善义堂清真寺位于开封市鹁鸽市街路西，系清代甘肃行商客人所建，故又名甘肃寺。该寺创建于清同治十三年（1874），至光绪十三年（1887）落成，为河南省文物保护单位。

善义堂清真寺初为一所具有教育职能、兼可议事礼拜的“善义堂”，而非完全意义上的清真寺。据资料记载，寺院建成时有大殿十楹，拜殿七楹，两厢讲堂十楹，西厢学房六楹，门房二楹，经学堂十五楹，群房二十九楹，后殿二楹，耳房四楹，三门五楹，大门二楹，浴堂十楹，门面房十九楹，后门一楹，共计房一百二十二楹，规模庞大。1901 年慈禧由西安返京路过开封时亲书“善义堂清真寺”匾以赐之，从此它成为以举办宗教活动为主的场所。教民又于寺南侧建清真女寺一所。善义堂清真寺当时占地十余亩，有房一百余间，极为宏阔，现寺院坐西朝东，存有一进院落，有大门、廊房、南北讲堂及礼拜大殿等建筑，皆为一层。此外还有清代石碑三通。

大门为卷棚式门楼，灰筒瓦屋面。墀头砖雕精美，柱间木雕垂柱、雀替均工艺高超，形象生动。

廊房明间东连大门，为四檩卷棚式，灰筒瓦屋面，进深一间，面阔三间，其南北两端又与南北讲堂前廊相连。廊房明间西侧设有四扇屏门，雕有阿拉伯文字及博古花卉图案，门上部悬有“清真寺”匾额。

南北讲堂皆为面阔五间的五架前廊硬山式建筑，干槎瓦屋面，银锭花瓦脊。檐下花板、雀替、垂柱等雕有图案。其前廊与廊房及礼拜大殿相互贯通，形成环绕天井院的通道，使人在院内可避风雨。两讲堂西端都有圆拱券门通向礼拜大殿，南、北讲堂券门之上各有“以来”“亘古”砖雕匾额。

礼拜大殿为善义堂清真寺的主体建筑，体量庞大，由前（东）、中、后（西）三座硬山卷棚式建筑和后窑勾连搭而成。建筑屋面为灰筒瓦，各单体建筑之间以天沟连接，从而构成了一处面积宏阔、宽敞高大的礼拜场所。整个建筑东高西低，平面呈现“凸”字形。前卷棚面阔七间，为明三暗四形式，稍间和尽间隐入南北讲堂山墙之后。两侧尽间西端还各有一圆拱券门，通往后（西）院。前卷棚构架为七架前后带双步梁式，两山及屋面却是卷棚圆山式，建筑形式极为独特。中卷棚面阔五间，进深一间，构架为七架式，高度较前卷棚略低，山面和屋面亦为卷棚圆山式。后卷棚为七架后双步梁式构架，高度与中卷棚基本相同，两山亦各开有侧门。其山面和屋面形式同其他卷棚。后卷棚明间西端尚有一间后窑，内供奉阿拉伯文经典。

整个院内建筑布局紧凑，装饰精巧，为伊斯兰教传入中国后与中国传统建筑融合的重要实例。

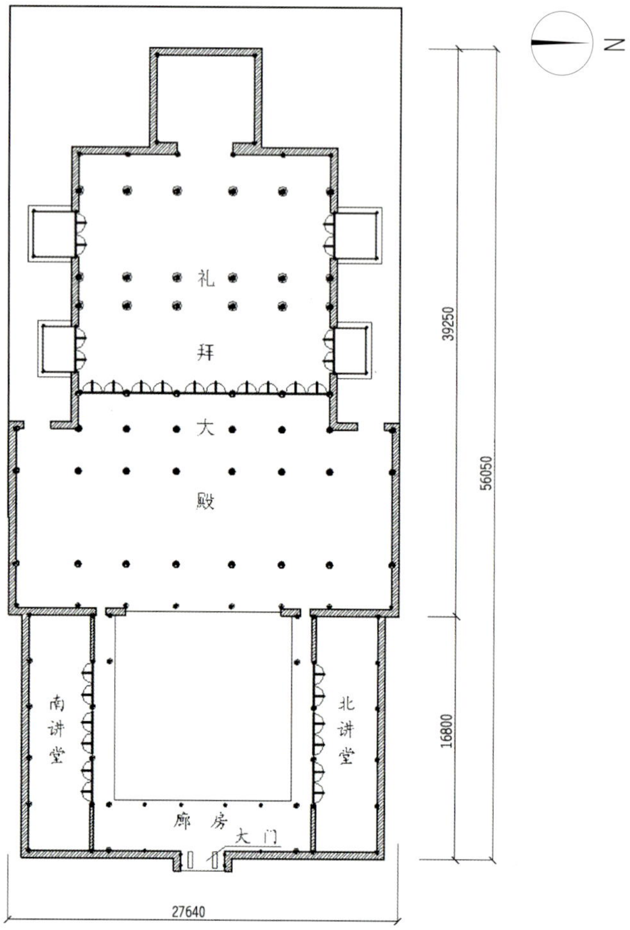

总平面图（文宣提供）

全景（张武军提供）

大门（张武军提供）

廊房墀头上部盘头（张武军提供）

礼拜大殿前卷棚构架（张武军提供）

博爱

81 西关清真寺

西关清真寺位于博爱县城西关街中段路北，为全国重点文物保护单位。

西关清真寺始建于明万历年间（1573—1620），明清以来多次重修，规模逐步扩大，现共有殿房 114 间，为全省规模较大的穆斯林清真寺之一。该寺主体建筑坐西朝东，现存建筑有大门、照壁、月台、卷棚、拜殿、窑殿等。

大门为二层楼阁式建筑，歇山式蓝色琉璃瓦顶，檐下施斗栱。门口有石狮一对。进入大门迎面是照壁，为彩色琉璃烧制而成，中间塑牡丹花，两侧塑莲花。照壁西侧为二门，亦称望月楼，坐西朝东，面阔三间，二层歇山顶。进二门，院内四周遍栽绿柏盆花异草。院内右边是沐浴室，能容纳百余人同时沐浴。左边三间是退思轩，均为西式建筑。另有对称的转花楼 6 间，均精雕细刻，工艺精湛，造型考究，十分典雅。

大殿分卷棚、拜殿、窑殿三部分，殿前有一月台。卷棚面阔三间，进深三间，蓝琉璃瓦覆顶，檐下施斗栱。拜殿与卷棚紧连，面阔五间，绿琉璃瓦覆顶。窑殿面阔八间，重檐歇山式，蓝色琉璃瓦覆顶，内置木构藻井。殿内讲经楼高 3 m，由楼梯到楼台皆精雕细琢，堪称木雕之精品。卷棚、拜殿、窑殿三殿互通一体，南北长 80 余米，东西宽 40 余米，非常壮观。殿北侧有用槐木、杨木雕做而成的宣讲楼。寺院藏经楼内存放着穆民们最尊崇的经典著作《古兰经》。

窑殿一侧（曹国正提供）

寺内原有碑碣多通，部分已无存，现仅存拜殿北侧清咸丰等年代重修碑三通。

西关清真寺雄奇壮观，声名远扬，穆民十分尊崇，常有外地穆民来寺学经取道。

卷棚和拜殿（曹国正提供）

拜殿内斗栱（曹国正提供）

窑殿的木结构（曹国正提供）

山门（曹国正提供）

大门门枕石（曹国正提供）

82

宁陵清真寺

宁陵清真寺位于宁陵县城信陵东路南侧东关清真寺路 10 号，为河南省文物保护单位。

清真寺始建于明万历九年（1581），为穆民瞻拜之圣地，因战乱而频遭侵袭，几乎不存，清光绪六年（1880）重修。

清真寺坐西朝东，原占地面积约 8 666 ㎡，整体布局为合院式，由东向西为门楼、过厅、大殿。门楼、过厅都是面阔三间、进深一间的单檐硬山顶建筑。大殿分为前殿和后殿，为勾连搭式硬山建筑。前殿面阔五间，进深 10 m，前带走廊。大殿建在高 1.1 m、边长 18.3 m 的台基之上，平面约为正方形，殿顶覆绿色琉璃瓦。正脊由大吻、宝瓶、牡丹花脊组成，"铁索链子四面走，五脊六兽四摆头，沟檐滴水琉璃瓦"是脊饰形象的真实写照。大殿檐下为雀替、额枋、平板枋，有丰富多彩的浮雕花鸟图案，平板枋上施五踩重昂斗栱。隔扇门窗雕花精细，装饰华丽。檐下悬有一匾，书"报本追远……李世勋敬立，大清光绪十五年十月"等字样。殿内地面铺木地板。殿内正中原嵌有"明万历九年"的匾额。前、后殿中间有木刻葡萄架花纹图案的夹山，后殿面阔五间，进深 10 m，为阿訇的传经处。后殿后部是面阔一间、进深 2 m 的后窑，高 17 m，四角攒尖顶，脊顶高竖新月标志。寺内以大殿为中心，周围还有廊房、过厅、门楼、谕台、浴室、教室等多座清代木构建筑。

宁陵清真寺保存完整，层次分明，雕刻精美，是豫东最具代表性的古建筑群之一。

后窑（陈钦源提供）

大门（陈钦源提供）

大殿（陈钦源提供）

大殿前檐木装修（陈钦源提供）

四 纪念建筑

河南自古就有尊崇先祖先贤的优良传统，绵延不绝，世代不辍，以寄托情思、教育后人。河南为中原腹地、文明之源，名人辈出，为纪念、拜祭历史名人而修建的纪念性建筑遍布域内，主要包括陵墓庙祠、名人祠庙两大类。

河南是中华文明的重要发源地，许多历史建筑具有巨大的社会情感价值。淮阳太昊陵庙为华夏人祖伏羲氏的墓祠，这里的庙会表演项目反映了远古的文化信息；卫辉比干墓庙不仅是商代诤臣比干的墓祠，亦为中国林姓的纪念地；汤阴羑里城是商代末期囚禁周文王之地，为中国八卦理论的诞生地；南阳张仲景墓祠为纪念中国医圣之地；而洛阳关林的“冢、庙、祠”三祀合一、郏县三苏墓祠的坟寺祠三体合一的建筑组合，为国内少见。

河南现存纪念商汤的祠庙很多，主要集中于豫西北地区，可能与商部族活动地域有较大的关系；洛阳周公庙是祭祀周代雒邑的规划营造者周公姬旦的祠庙；许昌灞陵桥关帝庙为纪念关羽于此“挑袍辞曹”千里寻兄而建；南阳武侯祠则为诸葛亮隐居躬耕之地和后人祭祀中国智圣的地方；汤阳岳飞庙和朱仙镇岳飞庙则分别为民族英雄岳飞故里和岳飞大败金兵之地的纪念祠庙。汤阴岳飞庙内存有岳飞手迹《送紫崖张先生北伐》《满江红》等碑刻，价值重大。

河南巩义北宋皇陵，是中国最大的露天宋代石刻博物馆；以新乡明代潞简王墓、禹州周王墓、南阳唐王府为代表的藩王建筑遗存是研究明代藩王文化的珍贵实物资料；其中潞简王墓的石象生规格超越了明十三陵；安阳袁世凯墓的建筑，代表着中国一个特殊历史时期建筑文化的面貌。此外，河南还有众多的家祠，或独立作为一方姓氏祭祀之所，或作为古建筑群中的一区而存在，也是古建筑家族中的重要一员。

83

淮阳太昊陵庙

太昊陵庙位于淮阳县城北 1.5 km 的蔡河之滨，为全国重点文物保护单位。

太昊陵庙是为“三皇之首”太昊伏羲氏兴建的大型陵庙。此地春秋时有陵，汉以前有祠。唐贞观四年（630）颁诏“禁民刍牧”。后周显德元年（954）“禁民樵采耕犁”。宋建隆元年（960）颁《修陵奉祀祠》，置守陵五户；乾德元年（963）诏三年一飨，牲用太牢。宋开宝至大中祥符年间（968—1016）陵与庙祀始有御祭。明洪武三年（1370），朱元璋访求帝王陵寝，太昊陵首列第一。洪武四年朱元璋驾幸陈，御制祝文致祭。正统十三年（1448）知州张志道奏立寝殿、廊庑、戟门、厨库、宰牲等房，天顺六年（1462）知州万宣复加修葺，立后殿、钟鼓楼、斋宿房、具祭器，又作三清观。明成化、嘉靖年间均有增修。清乾隆十年（1745）发帑银八千两，大为修葺，规模宏大的内外城垣全部建成。清末陵制世传五顷四十亩，规模之大，中原罕有。

太昊陵庙整体建筑群的布局和命名均依帝王规制和太昊伏羲氏先天八卦之哲理，总平面呈“凸”字形，坐北朝南，由外城、内城、紫禁城三道城垣护卫。

太昊陵庙是集陵、庙、祠为一体的古建筑群，保存了宋、明以来的整体布局，保存有以统天殿、显仁殿、太始门为代表的明清建筑，以及太昊陵、宋至清历代碑刻和古树名木。陵庙南北长 750 m，占地约 53.33 hm²。建筑沿中轴线对称布局，主要建筑依次为渡善桥、午朝门、东西天门、玉带桥、道仪门、先天门、太极门、三才门、五行门、父荫观门、俯察门、钟鼓二楼、东西廊房、两仪门、四象门、统天殿、显仁殿、太始门、八卦坛、太昊伏羲氏之陵、蓍草园。其附属建筑，据道光六年（1826）《淮宁县志》记载：东有岳武祠、老君堂、元都观、火星台，西有女娲观、玉皇观、三清观、天仙观等。太昊伏羲氏之陵上呈圆形，下为方座，象征天圆地方。墓前立“太昊伏羲氏之陵”宋碑一通。陵庙内现存侧柏、国槐等古树名木 117 株。另存历代碑碣 285 通，包括赞颂太昊伏羲氏的颂碑、重修或增修碑、功德碑、进香碑、御祭碑等，为研究太昊陵的历史保存了珍贵资料。另有明圆形铁纽钟，通高 113 cm，口径 75 cm，胸径 65 cm，纽为二龙连体状。钟体上部铸阴纹楷书“皇图永固，帝道遐昌”八个大字，中部铸楷书铭文计 285 字，下部一周铸八卦符号。

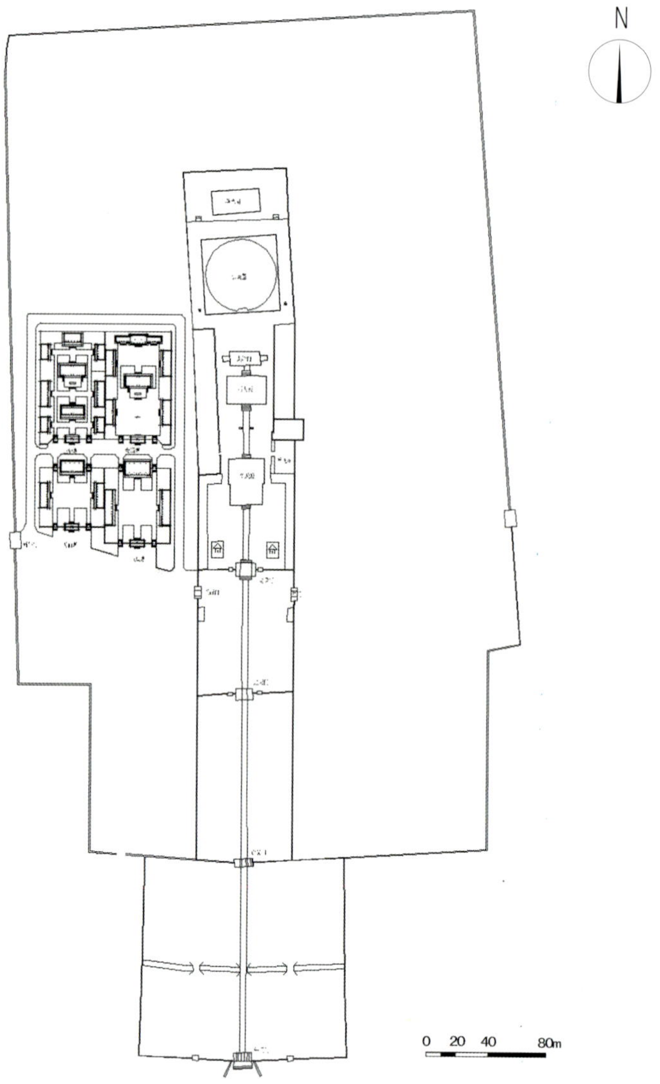

总平面图（文宣提供）

太昊陵庙是全世界华人谒祖朝拜的圣地，每年农历二月初二到三月初三，淮阳都要在太昊陵举行盛大的庙会，四方群众来此经商、演出，热闹非凡。庙会上出售一种泥捏的传统玩具，已有 2000 多年的历史，其塑造技艺及文化内涵是著名的非物质文化遗产。

先天门（文宣提供）

太极门（文宣提供）

鼓楼（文宣提供）

统天殿（文宣提供）

显仁殿（文宣提供）

太始门(文宣提供)

84

洛阳周公庙

洛阳周公庙亦称元圣庙，位于洛阳市区定鼎路东侧，北靠周公路，南至五贤街，为全国重点文物保护单位。

该庙是祭拜“元圣”周公的祠庙，与陕西岐山周公庙、山东曲阜周公庙并称为海内三大周公庙。周公姓姬名旦，为周文王第四子，因其封邑在“周”，故称周公。文王死后，周公全力辅佐武王治理国家，灭商立周。武王死后，周公“履天子之籍，听天下之断”，代成王管理国家。他“内弥父兄，外抚诸侯”，一举平定了武庚和三监的叛乱，稳定了周朝的统治。同时，他还分封诸侯，制礼作乐，为建立西周王朝的典章制度、维护国家秩序发挥了重要作用。

洛阳周公庙始建于隋末，据《资治通鉴》记载，王世充“为周公立庙，每出兵辄先祈祷”。唐贞观年间（627—649）和开元年间（713—741）都曾予以重修，明清时期亦多次维修。民国年间，吴佩孚进驻洛阳，将周公庙辟为花园，后称洛京公园。1932年国民政府迁洛，将考试院设在周公庙，戴传贤（季陶）题“定鼎堂”三字巨匾，至今仍赫然在目。

周公庙保存了明代以来的布局，整体规制序列清晰，轴线对称主次分明。周公庙坐北朝南，现为四进院落，占地4.4hm²，南北中轴线上由前到后依次为正南门、定鼎堂、礼乐堂、后殿及东西廊房。

定鼎堂为庙内主体建筑，建于明嘉靖四年（1525），为纪念周公辅佐周成王“定鼎洛阳”而命名。此堂面阔五间，进深三间，单檐歇山式建筑，堂前有月台。内檐斗栱的黑白彩画保留完好，与梁架彩画相互映衬，使室内显得格外庄重。定鼎堂保留了明代重建时的基本风格。1991年在东壁龛内发现明代彩塑一尊，为周公长子伯禽之像，是洛阳唯一一尊明代大型彩塑。

历代统治者都对周公推崇备至。他被视为洛阳的保护神，对于洛阳有着特殊的意义。

定鼎堂（文宣提供）

山门（文宣提供）

后殿（文宣提供）

会忠祠（文宣提供）

85

卫辉比干墓庙

卫辉比干墓庙位于卫辉市顿坊店乡比干庙村，为全国重点文物保护单位。

比干庙是我国最古老的忠臣庙之一。据《尚书·武成》记载："武王克殷，封比干墓。"因而周武王时期应为最早的修建年代。北魏太和十八年（494），魏孝文帝巡视卫辉，封墓建庙，并撰《吊比干文》。唐贞观十九年（645），唐太宗追赠比干为太师，谥号"忠烈公"，并修缮庙院。元延祐四年（1317），仁宗下诏为比干修庙塑像。明弘治七年（1494），孝宗重建比干庙。明万历、清康熙年间维修。清乾隆十五年（1750）九月，乾隆皇帝亲至比干庙祭吊并亲笔书丹祭文。

比干姓子名干，殷纣王的叔父，官居少师，因进谏而遭剖心。宋嘉祐六年（1061）的《林氏家谱》记有："比干忠谏而死，正妃陈氏避纣难，于长林生子泉。"所以，比干庙又被视为天下林氏的家祠。1934 年，当时的国民政府主席林森曾派林修、林越、林异觉为代表至比干庙扫墓祭祖。

比干墓庙保存了明弘治年间（1488—1505）重修以来的建筑群格局。庙南北长 410 m，东西宽 153 m，占地 6.8 hm²。中轴线建筑依次为照壁、山门、仪门、木牌坊、拜殿与大殿、石牌坊、比干墓。左右建筑分别为财神殿、碑廊、三公祠等，另有魏孝文帝《吊比干文碑》（宋重刻）、唐太宗《祭比干文碑》、清乾隆《御制诗碑》等历代碑刻 86 通，以及 300 余株古柏，构成了布局完整、规模宏大、庙墓合一的古代建筑群。

照壁为明代所建，长 11.60 m，高 6.89 m，厚 1.28 m，绿色琉璃瓦顶。照壁正中央镶嵌 24 块高浮雕琉璃砖组成的牡丹花卉图案，构图新颖，雕工精细。木牌坊为二柱一楼式，两柱下均有制作规整的抱鼓石，雕缠枝花卉图案和石狮。檐下置重翘重昂七踩斗栱，黄色琉璃瓦顶，绿琉璃瓦剪边。木构件彩画二龙戏珠、花卉、人物故事等图案，额枋书"殷太师庙"。

拜殿面阔三间，进深一间，卷棚式绿琉璃瓦顶，梁架均饰彩画。大殿面阔五间，进深三间，单檐歇山式绿琉璃瓦顶，檐下施三踩斗栱，为明孝宗时重建。木构件均施旋子彩画，额心绘二龙戏珠、宋锦等图案，遮檐板分别绘火焰三宝珠、龙凤等图案。石牌坊两柱单门，额枋上雕"殷太师比干墓"。石柱上阴刻对联"孤忠心不死，故社柏犹存"。石坊顶端中央雕刻心形，左右置日、月，名曰"丹心照日月"，象征比干的忠贞与日月同辉。

碑廊面阔十三间，进深一间，布瓦卷棚顶。廊内共竖立、镶嵌珍贵碑碣 64 通，多出自历代帝王、官吏和文人学士手笔。墓前亭内竖立墓碑，上刻"殷比干墓"，相传为孔子挥剑所刻，被世人尊为"天下第一碑"。

比干墓庙是庙墓合一的建筑群，被称为"天下第一庙"。比干是中国民间供奉的文财神，被称誉"天下第一仁"，是中国历史上以死谏君的第一人。比干墓庙的建筑、碑刻以及平冠柏、开心柏、没心菜等自然景观无不包含着神奇感人的传说。

照壁（文宣提供）

山门（文宣提供）

拜殿（文宣提供）

86 汤阴羑里城

汤阴羑里城位于汤阴县城北约 4 km 处，是世界遗存最早的国家监狱，也是风靡全球的周易文化发祥地，为全国重点文物保护单位。

羑里城遗址南北长 105 m，东西宽 103 m，面积达万余平方米，为高出地面约 4 m 的龙山文化、商代晚期至东周的文化遗址，上建文王庙，始建年代无考。明《河南通志》记载："文王庙在汤阴县北八里羑里城中，昔文王演易之所，后人因建庙焉。岁时有司致祭，三岁一遣使祭享。"明成化四年（1468）知县尚玑、嘉靖二十四年（1545）巡抚魏有本、天启三年（1623）知县杨朴重修文王庙，清顺治、雍正、乾隆年间均有重修。

文王姓姬名昌，谥号文王。生于公元前 1152 年农历九月十五日，卒于公元前 1056 年。据《史记》记载，纣王喜怒无常，滥杀无辜，"西伯闻之窃叹。崇侯虎知之，以告纣，纣囚西伯羑里"。姬昌在被囚的 7 年间潜心研究，将伏羲八卦演为 16 卦、384 爻，并提出"刚柔相对，变在其中"的富有朴素辩证法的观点。羑里城坐北朝南，现存建筑多为明嘉靖二十一年（1542）重修，主要建筑有演易坊、山门、大殿、拜殿、演易台。演易坊由青石雕琢而成，三门四柱石牌坊，柱为方柱，柱脚有石鼓南北相抱。门额上镌刻"演易坊"。演易台坐西朝东，砖石结构，台基高 1.2 m，室内分上下两层。门额上留有"大明嘉靖二十一年九月重修"字样。山门前的石阶两旁，左立明成化四年刻《周文王羑里城》碑，右立明嘉靖二十二年刻禹碑，相传为大禹治水功德碑，又作"岣嵝碑"，碑文凡 77 字，其书法非符篆，又非缪篆，颇为奇特。碑阴为明人杨慎写的《禹碑歌》。山门面阔三间，山门明间两侧分置"河图""洛书"汉白玉造像石。大殿为 1993 年重建，重檐歇山式建筑。大殿前甬道两侧有明清碑刻十余通。其中主要为明嘉靖二十年《文王易》碑和清乾隆十五年（1750）十一月巡幸中岳返京途中拜谒文王庙所题御碑。

羑里城是中国历史上第一座国家监狱，也是纪念"文王拘而演《周易》"的圣地，具有重要的历史文化价值。

山门（文宣提供）

演易坊（文宣提供）

拜殿（文宣提供）

87

南阳武侯祠

南阳武侯祠又名“诸葛庐”，位于南阳市西部卧龙岗上，为全国重点文物保护单位。

武侯祠是三国时期著名政治家、军事家诸葛亮“躬耕南阳”的故址和后人祭祀诸葛亮的地方，始建于魏晋时期。据明嘉靖《南阳府志校注》和清康熙《龙岗志》载，诸葛亮殁没五丈原后，其故将黄权（南阳人）曾率族人在南阳卧龙岗建庵祭祀，时称“诸葛庵”。西晋永兴年间（304—306），镇南将军刘弘“观亮故宅”并“立碣表闾”。宋、元、明、清历代重修。康熙五十年（1711），知府罗景发现前人题咏石刻，内有“卧龙岗十景”，即按十景加以扩建，另建书院于祠前。其后多次维修。

卧龙岗南滨白河，北障紫山，岗峦起伏，曲折回旋，势如卧龙。武侯祠坐西朝东偏南，门左为读书台，右为龙角塔，构成左环右抱的“龙虎砂”，深得古代堪舆学的精髓。

武侯祠现存主要建筑依地势分布在层层抬高的中轴线上，布局严谨，疏密相宜。武侯祠保留了元明以来的整体布局，占地面积 12 hm²，沿中轴线分布有千古人龙石坊、三顾坊、仙人桥、山门、三代遗才坊、大拜殿、茅庐、宁远楼等，与两侧的碑廊、古柏亭、野云庵、老龙洞、半月台、躬耕亭等形成两进院落。北路三顾堂、南路卧龙道院各两进院对称布列，形成以左中右三条轴线为中心的建筑群，共五进院落，地势由低至高相差约 15 m。左右另有读书台、卧龙书院、汉苑等附属建筑，多为明清重建或增建。在山门前左、右方，原有对峙的龙角双塔，系南阳知府顾嘉衡和南阳知县钮镭于清咸丰四年（1854）秋所倡建，塔砖构，六角七级，通高 11.1 m，依岗就势高高矗立，颇有“龙头生角”之势，故名“龙角塔”。双塔其中一座已毁，现存的一座仍矗立在卧龙岗南端的高阜处，为不可多得的风水塔佳构。武侯祠祠园地势开阔，景色宜人，其总体布局既不失名士祠宇的严谨肃穆，也保留了故居园林的活泼清新。

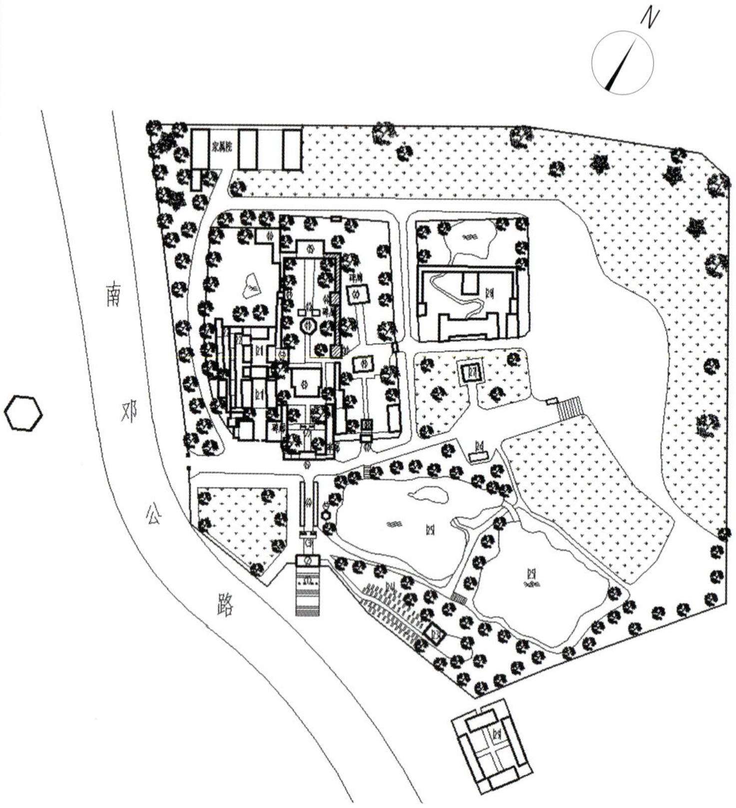

总平面图（文宣提供）

南阳武侯祠是国内现存规模最大、古建筑保存最完整、古树名木最多的武侯祠。祠内保留有古柏等古树名木数百株，建筑风格融园林建筑、祠庙建筑和当地民居为一体，展现了高水平的建筑艺术，平面形式丰富，空间组合多变，群体布局和谐，周围环境优美。武侯祠保存着汉以来的历代碑刻 400 余通，在全国诸多武侯祠中位居首位，是记载武侯祠历史沿革的重要资料。其中《张景造土牛碑》《李孟初碑》《赵刲碑》等三通汉碑为世所罕见的珍品。

大拜殿（文宣提供）

三代遗才坊（文宣提供）

古柏亭（文宣提供）

三顾堂(文宣提供)

野云庵(文宣提供)

诸葛草庐（文宣提供）

山门（文宣提供）

88 洛阳关林

洛阳关林位于洛阳城南 7 km 的洛龙区关林镇，为全国重点文物保护单位。

关林因曹操厚葬关羽首级而名闻天下，为国内三大关庙之一，是集“冢、庙、林”三祀合一的古代经典建筑群。据《三国志·武帝纪》载：“（建安）二十五年春，（操）至洛阳，权击斩羽，传其首”。曹操刻沉香木为躯，以王侯之礼将关羽葬于洛阳城南，后人便据冢建庙，遂有洛阳关林。宋代封关羽为“武安英济王”，所以当时称为“武安王庙”。元代又名为“关大王冢庙”。明万历三年（1575）洛阳万安康懿王之第二子袭爵，于万历二十一年在关王冢前建坊，并奏请坊名，皇帝赐坊名曰“义烈”。据关林万历二十五年《创塑神像壁记》载：“我皇上御极，屡勤忠义，乃敕封‘协天大帝护国真君’，而元冢依然如汉制。洛国王疏请创建殿宇，以为栖神之所。不日，寝宫落成，西配殿工竣……于后寝宫塑神像七尊，工始于二十一年，逾年告成。”据此可知，现存洛阳关林始建于万历二十一年。万历三十三年，敕封关公为“三界伏魔大帝神威远镇天尊关圣帝君”，故有“关圣帝君冢庙”之称。自清顺治十七年（1660）到光绪三十三年（1907），清朝政府和地方乡绅先后对关林建筑进行了 25 次修缮和添建。顺治五年谥封关羽为“忠义神武关圣大帝”，康熙五年（1666）加封洛阳关帝冢为“忠义神武关圣大帝林”，道光八年（1828）谥封“威显”，即“忠义神武灵佑仁勇威显关圣大帝林”。

洛阳关林北依隋唐故城，南临龙门石窟，是豫西地区现存最完整的明清时期宫殿式建筑群，保存有以大殿、舞楼为代表的明清建筑，明清碑刻 100 余方，石坊 4 座，大小狮子 110 多个。现存的关林占地约 12 hm²，殿宇廊庑 150 余间。建筑左右对称，整体布局均衡。中轴线上的主要建筑依次为舞楼、大门、仪门、甬道、拜殿、大殿、二殿、三殿、石坊、八角亭，最后为关冢。关林古柏达 800 余株，成排成行，挺拔高耸，枝干刚劲，苍翠阴郁，古朴壮观。

洛阳关林与湖北当阳关陵、山西解州关帝庙并称国内三大关庙。“关林翠柏”为旧时洛阳八景之一。

砖构香炉（杜启明提供）

舞楼（文宣提供）

中轴甬道望柱石狮（顾馥保提供）

拜殿远景（文宣提供）

89 许昌关帝庙

许昌关帝庙，又称灞陵桥关帝庙，位于许昌西郊的石梁河畔，为全国重点文物保护单位。

许昌关帝庙为纪念关羽在灞陵桥“挑袍辞曹”而修建。清康熙二十八年（1689）《创建关帝行宫挑袍碑记》记载了该年王弦道等乡绅捐资建庙的过程。康熙六十一年夏，知许州王逾曾捐俸扩建关帝庙。据《许州八里桥重修关圣帝君庙碑记》记载，雍正十年（1732）官方对庙内建筑进行了一次维修，此后清乾隆、嘉庆、道光、同治年间又多次维修。1920 年，该庙主持宋宇平在关帝庙门前修建戏楼一座。

现存许昌关帝庙为三进院落，中轴线上有山门、仪门、钟鼓楼、拜殿、大殿、春秋阁、厢房、道士院等，庙中古柏参天，碑碣林立。山门面阔五间，进深三间，单檐歇山建筑。拜殿面阔三间，进深一间，单檐硬山卷棚建筑。大殿面阔三间，进深三间，单檐硬山建筑，梁架结构为七架梁接前后抱头梁。春秋阁面阔三间，进深二间，为单檐硬山楼阁式建筑，两层通高 9.6 m。

庙存清代砖石结构灞陵桥一座，系利用上世纪重建灞陵桥清淤时发现的清代古桥构件重建而成。

许昌关帝庙内保存了大量珍贵的碑刻、匾额、楹联，如“兄玄德弟翼德仇孟德力战庞德，生解州出许州战荆州威震九州”等名联，被人们广泛传颂。《汉关帝挑袍处》碑，明崇祯十五年（1642）刻立，是明末大将左良玉驻扎许州时所立。碑的右上方刻“重修灞陵桥”，正中大字草书“汉关帝挑袍处”。山门墙上嵌有清同治十年（1871）的《移集呈稿》碑，揭示了“商关公”的商业文化内涵及其魅力，为研究清代的税收制度和市场管理提供了可靠的文物佐证。同时，它也揭示了商人把关羽视为“武财神”供奉起来的原因。此关帝庙内关羽和曹操同殿供奉，较为少见。

中国各地关庙众多，有关公“头枕洛阳，身在当阳，魂归故里，功在许昌”之说。许昌灞陵桥因关羽“挑袍辞曹”，最能体现关羽忠义精神，正所谓“青龙偃月挑袍处，灞陵古桥留英名”。

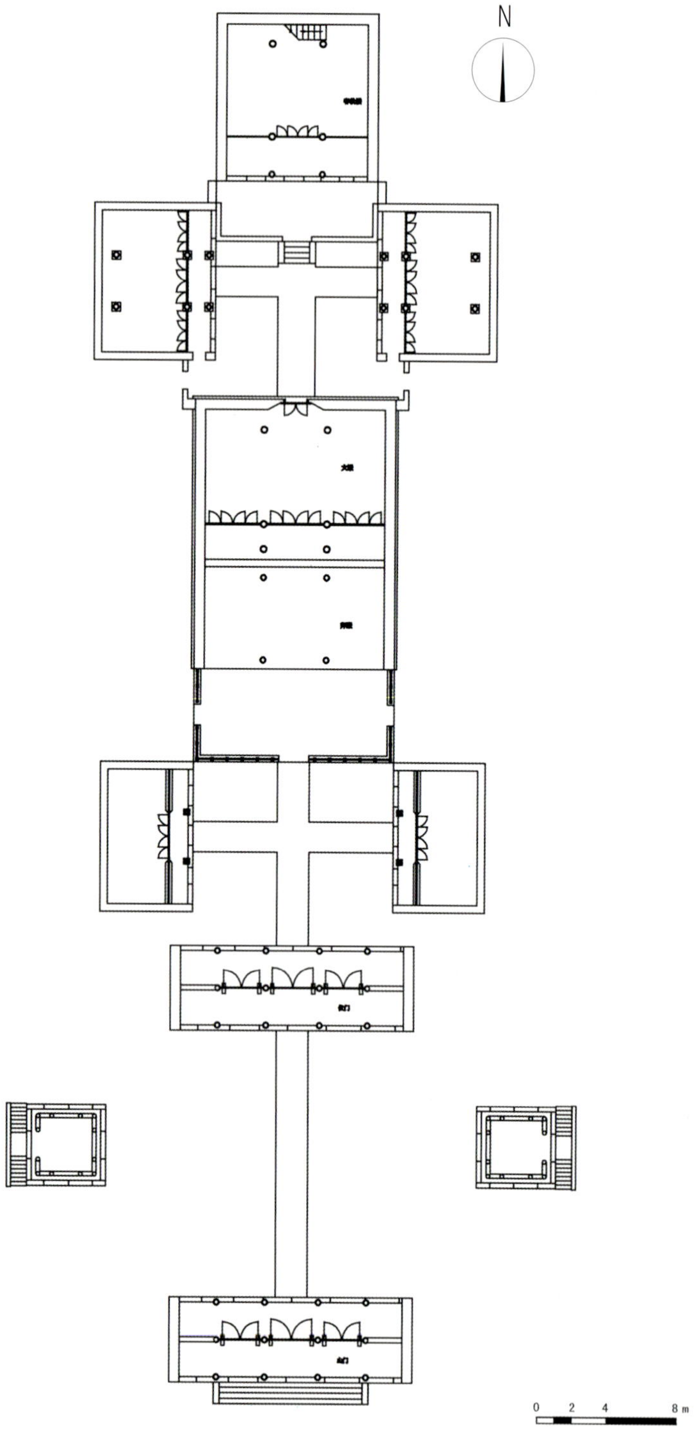

总平面图（文宣提供）

全景（文宣提供）

山门（文宣提供）

春秋阁
（文宣提供）

灞陵桥（文宣提供）

灞陵桥石狮（文宣提供）

汤阴岳飞庙

90

岳飞庙位于汤阴县城内西南隅岳庙街，原为“精忠庙”，又称“宋岳忠武王庙”。庙中主要祭祀岳飞，同时也祭祀他的家族和部将，是一座合祭祠庙，为全国重点文物保护单位。

岳飞庙始建于明景泰元年（1450）春，明、清多有增修。整体布局略呈长方形，占地面积约 6 190 ㎡。主体建筑坐北朝南，南北长 110 m，南宽 35 m，北宽 60 m。岳飞庙整体建筑呈中轴线对称分布，主要建筑坐落在中轴线上，次要建筑分落左右。中轴线上有施全祠、山门、仪门、御碑亭、正殿、寝殿、三代祠，两侧主要有精忠坊、东大门、肃瞻亭、觐光亭、东西配房等。

精忠坊为河南现存不多的六柱五楼木结构牌楼，始建于明正德七年（1512），为岳飞庙的西大门。坊额上书“宋岳忠武王庙”。施全祠为硬山式建筑，面阔三间，进深一间，祠顶覆筒板瓦。祠堂后壁镶嵌“尽忠报国”四字，为明成化二年（1466）云南道监察御史孙珂所书。祠前并排有秦桧、王氏等五具铁跪像。东大门为庑殿式砖制仿木结构，灰瓦顶，门两侧八字墙上“忠”“孝”二字，揭示了岳飞的精神核心。

山门为硬山式建筑，面阔三间，进深两间，山门两侧八字墙内镶嵌琉璃壁。仪门为清道光五年（1825）重修，庑殿式砖制仿木结构，面阔三间，主门为石券门，绿色琉璃瓦顶，掖门为砖券门，灰瓦顶。

仪门前东院为肃瞻亭，西院为觐光亭。东西院和仪门院的四周花墙壁间分别镶嵌形制不一的碑碣 94 块，多为明清时期文人学士歌颂岳飞的诗词文赋和重修、扩建庙宇的碑记。御碑亭，系清乾隆十五年（1750）秋皇帝巡视嵩山回京路过汤阴岳飞庙题诗碑所建，单檐卷棚歇山顶，面阔三间，进深三间。

正殿为硬山式灰瓦顶建筑，绿琉璃瓦剪边，是岳飞庙的主体建筑，始建于明景泰元年（1450），明、清、民国及解放后屡经修葺。该殿面阔五间，进深三间，前檐下施五踩重昂斗栱，梁架为九架前后廊。

寝殿又称“贤母祠”，硬山式建筑，面阔五间，进深一间。此外还有岳云祠、四子祠、岳珂祠、张宪祠等建筑。

岳飞庙现存有明、清两代官员及文人学士所题的诗词歌赋和修庙记实等约 200 块碑刻，诗、歌、词、赋，真、草、隶、篆样样皆有。明天顺二年（1458）汤阴庠生王熙书写的岳飞《满江红·怒发冲冠》，是迄今发现的最早的一块《满江红》碑刻；明天启二年（1622）著名画家董其昌书写的《重修岳鄂王祠记》碑，从八个方面概括了岳飞光辉的一生；清乾隆皇帝的《经武穆祠》碑，是清代封建帝王对岳飞的肯定；道光、咸丰、同治、光绪年间越南使臣的题碑，是研究岳飞国际影响和清代对外关系的珍贵资料，具有较高的历史价值。

汤阴是岳飞的故乡，汤阴岳飞庙是全国诸多岳庙中最具代表性的祠庙。

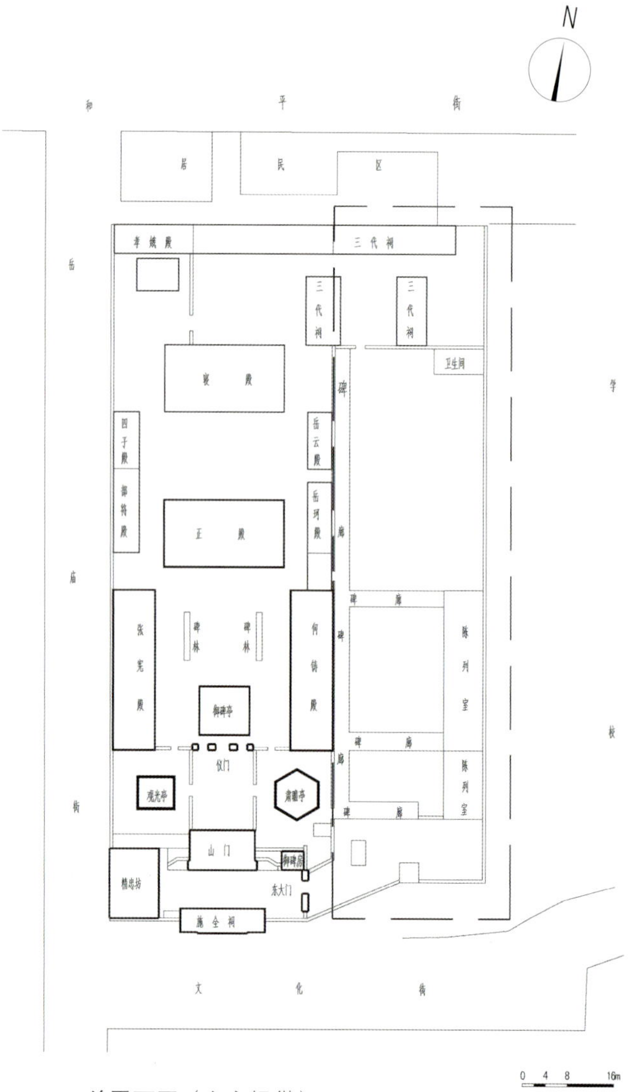

总平面图（文宣提供）

精忠坊（文宣提供）

寝殿（贤母祠）
（文宣提供）

91

开封 朱仙镇岳飞庙

大殿（文宣提供）

朱仙镇岳飞庙位于开封市朱仙镇，始建于明成化十四年（1478），为纪念民族英雄岳飞大败金兵的丰功伟绩而建。据庙内明正德十五年（1520）河南布政使何孟春所撰《岳鄂武穆王庙记》碑载："宋岳鄂武穆王之庙始建于鄂，再建于杭，三建于汤阴，而今建于梁城南之朱仙镇。"朱仙镇岳飞庙为明代重要的岳庙之一，也是全国现存规模、影响最大的岳庙之一，为全国重点文物保护单位。

明成化十四年，河南布政使吴节、开封知府张岫在朱仙镇建立岳飞庙，内祀岳飞及一门忠烈，名"岳武穆祠"，后又称"岳鄂武穆王庙""岳鄂王庙"，俗称岳庙。

岳飞庙坐北朝南，南北长 150 m，东西宽 80 m，占地面积 1.2 hm²，中轴线对称布局，由南向北依次有山门、拜殿、碑楼、大殿、寝殿及东西两侧的厢房、配房等。

大殿建于明代，为庙中仅存的古代建筑，上金檩上有"大明天启二年壬戌八朔甲子日"墨书题记。其平面呈长方形，面阔五间，进深三间，单檐歇山建筑，绿色琉璃瓦覆顶，通高 11.17 m。殿前正中有月台，月台南、东、西三面设置踏阶。大殿平面为前后廊式柱网。卷棚梁架上存有清代彩绘，与同时期官式彩绘手法迥异，表现形式更趋灵活生动，地方风格浓郁。屋面前后坡正中有黄琉璃瓦菱心，正脊当中置琉璃宝瓶，两山设木质悬鱼。

大殿前两侧还矗立着四座高大的砖砌碑楼。碑刻有明嘉靖三十七年（1558）所立《朱仙镇岳庙记》，正德十六年（1521）立《呈请官祀岳庙记》，正德十五年何孟春撰文、李充嗣书丹的《岳鄂武穆王庙记》，碑阴摹刻岳飞手迹《满江红》诗文，字迹清晰，书体奔放遒劲，岳飞忧国忧民的情怀、义胆忠心的赤诚和文韬武略的精深跃然石上。另有明隆庆四年（1570）李邦珍撰文的《岳鄂王庙重修记》，碑阴双勾勒刻岳飞于宋绍兴五年（1135）亲书《送紫崖张先生北伐》文，字体奔放遒劲，为书法中的佳品。

大殿斗栱（张武军提供）

山门(张武军提供)

郏县 三苏墓祠

92

三苏墓祠位于郏县茨芭乡苏坟寺村小峨眉山下，为全国重点文物保护单位。

三苏墓祠是北宋大文学家苏轼、苏辙兄弟的墓冢和其父苏洵的衣冠冢及三苏祠堂的合称。宋崇宁元年（1102），苏轼葬于汝州郏城钧台乡上瑞里，植柏树、建坟院。宋政和二年（1112），苏辙葬郏，始称“二苏坟”。元代元贞元年（1295）至至顺三年（1332）修建坟院，相继修建了门墙、新房，并建广庆寺，树碑、建神道、置地，由寺僧守护坟、寺两院。元至正十年（1350）于广庆寺后接建三苏祠堂，并泥塑彩绘三苏像于祠堂内。至正十二年置苏洵衣冠冢于轼、辙两冢之间，改“二苏坟”为“三苏坟”。明成化十三年（1477），整修苏坟扩建祠堂为五间，东西厢房各三间，竖门三间，植柏树3万余株。弘治十一年（1498），整修广庆寺及三苏祠。正德二年（1507），建红石牌坊一座。万历三十六年（1608）至清道光四年（1824），多次整修苏坟。

三苏墓祠规划选址深得中国古代堪舆学精髓，背靠小峨眉山，两侧两道山岗似两道娥眉，逶迤南下，左右环抱，勾勒出了三苏墓祠所特有的环境风貌，乃旷古之风水宝地和营造良构。

三苏墓祠园区由三苏坟、三苏祠和广庆寺三部分组成，总占地面积3 hm²。三苏墓园坐北朝南，占地14.8 hm²。门前神道两旁四株宋代古柏苍翠挺拔，干虬叶茂；神道前华表矗立，庄严肃穆；石马、石羊、文豹、翁仲两侧侍列，仪仗严整。明代红石牌坊为单间双柱出头式牌坊，前后为抱鼓石，两侧施夹杆石，别具一格。坊额正中隶书“青山玉瘗”四字，柱刻“是处青山可埋骨，他年夜雨独伤神”联语。东有斋房五间。飨堂系清顺治十年（1653）修建，堂内外石碑林立，内墙壁上镶有历代名人题咏石匾。飨堂后是40 m²大的砖铺祭坛，坛北三苏冢隆起，依次为“宋东坡子瞻苏先生墓”“宋老泉苏先生墓”和“宋颍滨子由苏先生墓”墓碑。三供桌刻有龙和瑞禽、祥兽、花卉等浮雕，工艺精湛，古朴浑厚。三苏墓冢周围碧草绒绒，幼柏丛丛。坟院内元、明、清三代的588株古柏交错葱郁，柏香扑鼻，一派幽穆气氛。

广庆寺、三苏祠坐落在墓园西南300 m处，坐北朝南，寺前祠后，在同一条轴线上。广庆寺现存山门、天王殿、大雄宝殿和东西厢房等。东跨院还有过厅和官厅等古建筑，67株古柏郁郁葱葱，使整个院落显得幽深静谧，庄严肃穆。三苏祠面阔三间，进深二间，祠内暖阁保存着珍贵的元代大型三苏泥塑彩色像。三苏祠堂前金、元、明、清石碑数通，其中《三苏先生佳城图》碑尤为珍贵。

三苏墓祠因三苏而名扬天下，为国内罕见的墓园、祠堂、寺院组合，在翠柏掩映之中庄严幽静。三苏墓祠“苏坟夜雨”为汝州八景之一。

广庆寺山门（王歌莺提供）

三苏祠（王歌莺提供）

飨堂（王歌莺提供）

93

开封 禹王台

禹王台位于开封市东南的禹王台区，为纪念中国古代传说中治水有功的大禹，1523 年在此建禹王庙，故称禹王台；相传晋国音乐家师旷曾吹奏于此，又称古吹台。禹王台现为河南省文物保护单位。

1400 多年前郦道元在《水经注》中对禹王台已有记载。台于战国魏梁王时称为鼓吹台，后历代又有乞活台、讲武台、二姑台、禹王台之称。明正德十二年（1517）毛伯温撰《三贤祠祀》中已有“禹宫”的称谓，明清两代对禹王台屡加增修，清道光十八年（1838）于台西侧开凿莲池，广约数亩，旁植桃柳。1927 年，对淤塞莲池进行疏浚。台现高 3 m 许，四围环以沟渠，台上有清代禹王庙建筑群，台周绿树成荫，碧水荡漾，风景幽雅。

禹王台平面呈不规则椭圆形，南北径 180 m，东西径 150 m（底径），台壁以石料包砌。台下正南有牌楼，台上建筑群坐北朝南，南北长 110 m，东西宽 72 m，由轴线上的两进院落和东西偏院组成。四周用围墙构成了严密的封闭空间，并沿建筑外壁和围墙筑有围廊，墙壁之上镶嵌大量碑刻，形成了琳琅满目的碑刻长廊。台上建筑群轴线北端为御碑亭。台下建筑与台上建筑保持严格的中轴线设置，由南向北依次有牌楼、御书楼、东西配房、二门、禹王殿、东西厢房及殿两侧的三贤祠、水德祠和殿后的御碑亭等，建筑品类众多，各呈异彩。

牌楼为悬山顶，三间四柱三楼柱不出头式，覆绿色琉璃瓦，比例匀称，构造简洁。牌匾上有“乾隆二十七年仲冬三月谷旦”和“豫使何熠题□□道光二十九年仲夏三月重建”题记，明间走马板雕有“古吹台”三字。 御书楼为硬山建筑，因原悬有康熙于康熙三十三年（1694）亲题“功存河洛”匾额得名。楼面阔三间，进深三间，前后带廊式，高二层 11.65 m，屋面覆灰瓦，室内设木质楼梯可登上层。室内东壁上嵌有 1923 年康有为游开封时所作的《游禹王台诗》手书刻石，为近代书法珍品。

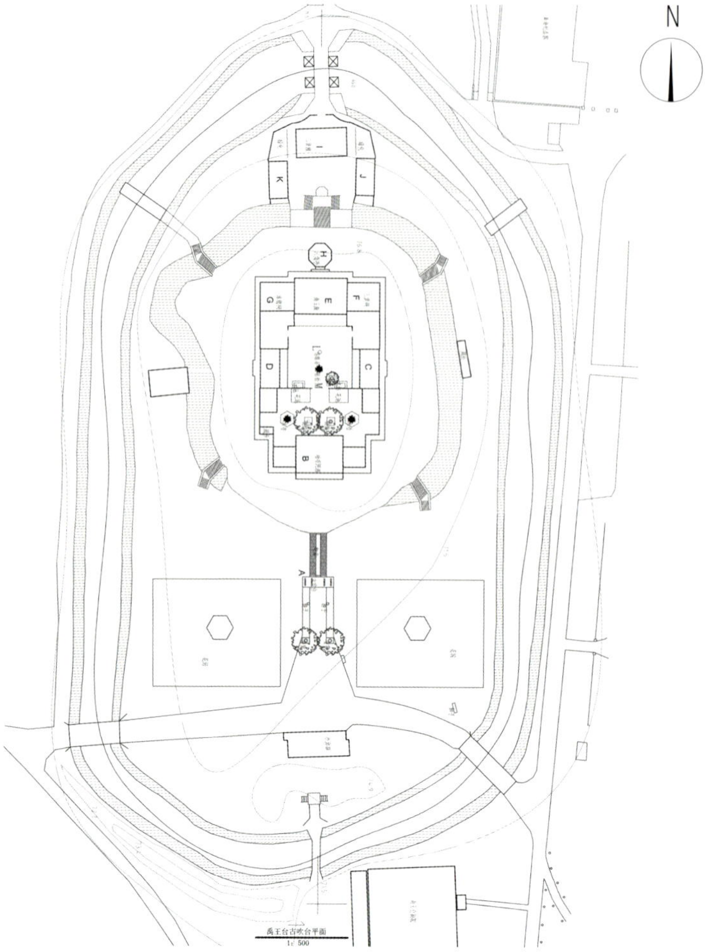

总平面图（文宣提供）

禹王殿为硬山式建筑，面阔三间，进深四间，通高 9m 许，由前厅和大殿连搭而成。前厅为六架卷棚，卷棚后檐柱与大殿前檐柱合一，大殿前后带廊。后檐墙内壁嵌有清光绪二十三年（1897）河南巡抚刘树棠摹刻的“岣嵝碑”。岣嵝碑内容为歌颂大禹的功德，南宋时发现于南岳衡山摩崖，非篆非符，形似蝌蚪，俗称蝌蚪文。禹王台所存岣嵝碑保存完整，字迹清晰，品相精良，为国内古代岣嵝碑中的上品。

禹王殿东西两侧有跨院，分别为三贤祠和水德祠。三贤祠是纪念唐代高适、李白、杜甫三位高贤的建筑。水德祠，明代在祠内祀奉秦代以后治水名人 29 人，清道光十年（1830）增祀明清两代治水有功者 8 人，共 37 人。

御碑亭为单檐八角攒尖亭。乾隆于 1750 年巡游至开封，在禹王台忆古追昔，作五言律词一首，勒刻于石，立于亭内，故称御碑亭。

禹王台建筑形式古朴典雅，各座单体错落有致，互为呼应，规划合理。院内外石碑林立，自明代至民国时期近 500 年，共 34 块，有碑文 16 篇，内容包括文学、史实，体裁有诗词、游记、碑记，字体涵盖真、草、隶、篆，具有较高的史料、文学和书法价值。

牌楼（张武军提供）

二门（张武军提供）

禹王殿（文宣提供）

94

博爱 汤帝庙大殿

大殿（文宣提供）

汤帝庙大殿位于焦作市博爱县城南孝敬乡东王贺村，是纪念商代汤王的庙宇。庙院已毁，现仅存大殿一座，为河南省文物保护单位。

根据清康熙时期的重修碑记载，此庙建于鞑靼王时期。大殿的主要结构特征显示它为元代时期的建筑，明清时期曾重修。汤帝庙大殿是汤帝庙的主殿，位于中轴线的最后面，坐北朝南，面阔三间，进深三间，单檐歇山顶，灰瓦覆顶。殿前有月台，正面和两侧各有五级台阶。大殿四周檐柱均为小八角石柱，覆盆式柱础。檐下施斗栱，栱眼壁上有彩绘，内容有山水、花草、人物等。大殿整体屋面坡度较缓，草栿梁架，昂嘴扁瘦，用材简洁，手法粗犷。各部件比例合理，柱侧脚和柱生起的使用给人以稳固挺拔的感觉，较好地保存了元代特点。

大殿前檐斗栱（文宣提供）

大殿山面（文宣提供）

95

沁阳药王庙木牌楼

全景（文宣提供）

药王庙木牌楼位于沁阳市东北隅的药王庙内，据清道光十九年（1839）《创建三皇阁碑记》载，药王庙木牌楼创建于清乾隆十五年（1750），清嘉庆六年（1801）重修，现为河南省文物保护单位。

药王庙木牌楼为三间四柱三楼柱不出头式，庑殿顶，屋面灰筒板瓦覆顶。木牌楼建于长 10.5 m、宽 3.2 m 的须弥座台基上，须弥座由浮雕仰俯莲和混、枭砖砌成。明间面阔 4.12 m，柱高 5.47 m；次间面阔 1.79 m，柱高 4.17 m。牌楼枋身皆浮雕华丽图案，明间正面大额枋上为坐龙和行龙，平板枋上雕丹凤朝阳的云纹瑞兽图，自左向右依次为瑞兽、麒麟、丹凤和白虎，大花板左右浮雕狮子戏绣球，小额枋下置透雕龙首雀替和单栱头斗栱，两次间大小额枋及雀替亦透雕二龙戏珠等图案。牌楼背面额枋上布满凤凰、牡丹和二龙戏珠图案，同正面相呼应。明间大花板中部匾额刻“济世慈心”（正面）和“洞鲸在抱”（背面）金字行书，字两侧雕刻寿字图案。

药王庙木牌楼巍峨秀丽、造型美观，做工细腻精湛，正背额枋两面均透雕龙凤、牡丹图案，花板和额枋复饰以贴金装饰，是一座艺术价值较高的古建筑珍品。

木雕（文宣提供）

新乡 96 潞简王墓

“潞藩”石坊（杜启明提供）

神道石刻（杜启明提供）

潞简王墓位于新乡市北郊 13 km 处的凤凰山（系太行山余脉）南麓，为全国重点文物保护单位。

潞简王墓系明代神宗皇帝朱翊钧之弟潞简王朱翊镠之墓，陵墓由潞简王墓和次妃赵氏墓组成，东为潞简王墓，西为次妃赵氏墓。据明代《御赐潞简王圹志》记载，潞简王墓建成于明万历四十三年（1615）。次妃赵氏墓开始营建时应为明万历二十九年至万历三十年。墓群竣工至明朝灭亡，均有守坟户看守。

潞简王墓占地面积巨大，规模宏伟。陵墓北依凤凰山，南望黑龙潭，左揣金灯寺，右托峙儿山，是中国传统堪舆理论选址的实物例证。

潞简王墓的使用功能几经变迁，但是平面布局基本保持了明代修建时期的格局。潞简王墓占地 6 hm²，分神道和城区两部分。神道自南向北依次为“潞藩佳城”石坊和华表一对，狮、麒麟等瑞兽十四对和翁仲两对，石象生内容、规格均超过了明十三陵，是明代石刻的珍贵实物。后有石筑水塘和御河桥、城门楼。城内依次为“维岳降灵”石坊、棱恩门、享殿、石坊、明楼 、宝城，分三进院落：前院以石牌坊为门户，碑廊有二世潞王草书唐诗石刻 336 方；中院以面阔三间歇山式过厅为门户，院内有享殿遗址和配殿两座，有皇帝御赐和东宫遣使祭碑两通和朝廷各衙门及河南布政司等地方官员祭碑八通；后院以石坊为门户，有墓碑和石刻“五供”，最后为石筑宝城和拱券式墓室，墓室距地表 7.5 m，总面积 175 ㎡，分主墓室、左右侧室、中间庭堂、甬道五部分。

次妃赵氏墓占地约 3 hm²，位于潞简王墓西 140 m 处，建筑布局与潞简王墓大体相同，没有神道。院内亦分前、中、后三院。城门前有一高大照壁，城门外两侧置石狮一对。城门为三个券门，城内自南向北依次为石坊、棱恩门、享殿、石坊、明楼、墓冢。两座石牌坊雕刻精美绝伦，后院明楼保存较完好，主墓地下宫殿距地表 15 m，面积达 240 ㎡，大于东区墓冢，形制则与其相同。

周边另有郡主、王子墓等多处陪葬墓。

潞简王墓是我国目前保存现状最好、占地面积最大的明代藩王陵墓。

御河桥（杜启明提供）

维岳降灵石坊（杜启明提供）

五 文庙书院建筑

文庙建筑的出现，距今已有2500多年的历史。河南为中国传统文化发源地，名人祠庙遍布全省各地，纪念孔子的文庙曾遍布大小城镇，其形制均制度化。河南文庙是文物建筑中数量较多的一类，历史上全省各州、府、县均设有文庙，现分布在全省各地的文庙仍有近50处。河南文庙建筑的布局和形式，大都端庄严肃，制度相同，主要由奎壁（照壁）、泮池、状元桥、棂星门、戟门（大成门）、大成殿、尊经阁、文魁楼、崇圣祠（启圣祠）、乡贤祠、名宦祠、节孝祠、东西厢房等庙宇建筑以及明伦堂等古代儒学建筑组成。建筑形式大多仿照我国传统官殿建筑，绿瓦飞檐，雕栏玲珑，巍峨壮观。洛阳河南府文庙创建于金元时期，与府学结合，为我省现存最早的文庙。永城芒砀山夫子庙，乃为纪念孔子游说天下避雨驻足之事而设，是现存唯一不在城镇的文庙。

书院是我国封建社会独具特色的文化教育模式，是中国教育史上与官学平行交叉发展的一种教育制度。它萌芽于唐末，鼎盛于宋元，普及于明清，改制于清末，是集教育、学术、藏书为一体的文化教育机构。它在综合和改造传统官学和私学的基础上，建构了一种不是官学、但有官学成分，不是私学、但又吸收私学长处的新教育制度。自书院出现以后，我国古代教育便发生了一个很大变化，即出现了官学、私学和书院平行发展的格局，三者成鼎立之势，直到清朝末年。它们之间虽有排斥，但更多的是互相渗透与融合，促进了我国古代文化教育的发展和繁荣。世界文化遗产“天地之中”历史建筑群中的登封嵩阳书院为宋代四大书院之一，名儒司马光、范仲淹、程颢、程颐等相继在此讲学，名扬海内。扶沟大程书院为我国著名的早期书院，以二程之姓命名，足显程氏之影响。汝州学宫是“庙学合一”的布局，对研究明清时期教育制度具有重要意义。

登封

99 嵩阳书院

《大唐嵩阳观纪圣德感应之颂》碑（文宣提供）

嵩阳书院位于登封市城北嵩山南麓的太室山峻极峰下，为世界文化遗产“天地之中”历史建筑群的内容之一，全国重点文物保护单位。

嵩阳书院始建于北魏太和八年（484），原名嵩阳寺，为高僧生禅师创建，隋大业年间（605—618）更名为嵩阳观。唐弘道元年（683），唐高宗李治曾以嵩阳观为行宫。五代后唐清泰元年至三年（934—936）进士庞式曾在嵩阳观聚徒讲学，后周时改名太乙书院。宋至道年间（995—997）赐名“太室书院”，并赐九经子史，置校官，生徒数百人。宋景祐二年（1035）赐名嵩阳书院，并设院长掌理院务，拨学田百亩以供开支。名儒司马光、范仲淹、程颢、程颐等相继在此讲学，一时声名大振。金大定年间（1161—1189）书院更名承天宫。明重修后复改为嵩阳书院，并建二程祠。清康熙十三年（1674）知县叶封重修，康熙十六年耿介又复兴书院并增建修补。耿介亲自执教授业，成绩显著。

嵩阳书院经金、元、明、清多次增补修建，规模逐渐形成，布局日趋严整。现嵩阳书院从南到北共五进院落，中轴线建筑分别为大门、先师祠、讲堂、道统祠、藏书楼。

大门面阔三间，为硬山式灰瓦卷棚顶建筑。先师祠和讲堂均为面阔三间的硬山式灰瓦顶建筑。道统祠为面阔三间的歇山式灰瓦顶建筑，周设回廊。藏书楼为面阔五间的硬山式灰瓦顶楼阁式前出廊建筑，两侧配房有程朱祠、丽泽堂、书舍、学斋等。

嵩阳书院内尚有许多碑刻，尤以山门外西侧的《大唐嵩阳观纪圣德感应之颂》碑最为著名，此碑刻立于唐天宝三载（744）二月五日，碑高约 9 m，宽 2.04 m，厚 1.05 m，由碑座、碑身、碑首三部分共六块巨石组成。碑首结构严谨，造型雄奇，用四块巨石分三层雕造叠筑而成，上层以圆雕形式雕出二龙戏珠的碑脊，中层是由二石并列而成的承托龙珠的云盘，其上浮雕精美的云朵，其下为方形题额，题额由裴迥书篆体“大唐嵩阳观纪圣德感应之颂”十二字，左右浮雕降龙，两侧浮雕麒麟，碑背面云盘明代时被雷击毁了一半；碑身正面题刻由李林甫撰文、大书法家徐浩书丹，字体为八分隶书，字态端正，一丝不苟，

大门（文宣提供）

被誉为中国书法宝库中的一颗璀璨明珠，碑的背面及两侧有欧阳永叔跋文和游人题记；碑座为方形，四面共雕造十个小龛，前后各三个，左右各两个，龛中雕有裸体蓬发、手持兵刃并擒拿各种妖蛇的力士像，龛外平面上雕刻纤细花纹、卷草及童子图案。此碑书法遒雅，雕刻精美，堪称中国古代碑刻的稀世珍品。此碑原立于嵩阳书院山门外西南 200 m 处，1984 年整体搬迁至此，是唐代嵩阳观旧址的标志。

书院内还保存两通明代的线刻图碑，一通为登封县图碑，一通为三将军柏碑。保存在书院中的两株汉封“将军柏”为这座建筑群增添了浓郁的沧桑感。

嵩阳书院是我国创建最早、影响最大的书院之一，与商丘睢阳书院、湖南岳麓书院、江西白鹿洞书院并称北宋四大书院。

道统祠（张斌远提供）

藏书楼(文宣提供)

汉封“将军柏”（司治平提供）

清代杏坛(杜启明提供)

洛阳

100 河南府文庙

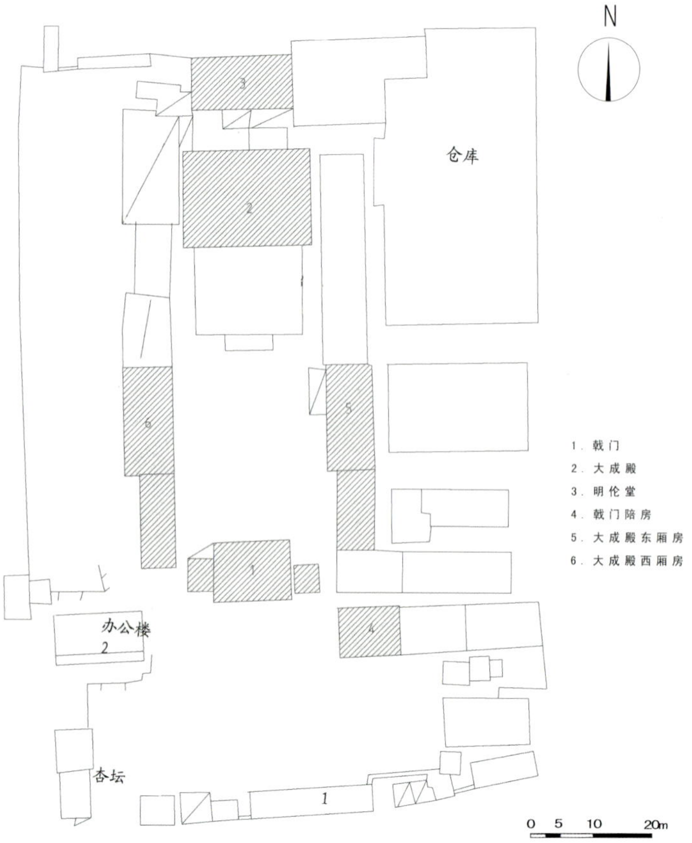

总平面图（文宣提供）

河南府文庙位于洛阳市老城区东南文明街中段路北、文明街小学院内，为全国重点文物保护单位。

河南府文庙是祭祀春秋时期的思想家、教育家孔子的庙宇。据《洛阳县志》和《金元洛阳城池图》等资料推测，文庙始建于金元时期，元时毁于兵灾。明洪武二年（1369），河南府（治所洛阳）奉诏重建府儒学，地址在城内东南隅宋代西京国子监所在地（今文庙址）。明景泰二年（1451）、嘉靖六年（1527）、万历四十三年（1615）相继修建。清顺治八年（1651）在旧址扩建。民国初年，明德中学迁于河南府儒学。抗日战争时期，文庙曾遭日军飞机轰炸，大成殿殿顶南坡西半部被炸毁。中华人民共和国成立后文庙得到多次维修。

河南府文庙为豫西地区现存规模最为完整的文庙建筑群。据记载，原河南府文庙建筑群由照壁、棂星门、泮池、戟门、大成殿、明伦堂、尊经阁及乡贤祠、名宦祠等组成。现存金元至清代建筑戟门、掖门、大成殿及明伦堂等十余座，建筑坐北朝南，中轴左右对称，布局严谨，层次分明，整体结构规整，庄重华丽，为不可多得的文庙建筑实例。

文庙前有下马碑一通，庙内尚存府学碑、河图洛书碑等珍贵的石刻。

洛阳河南府文庙保留着从金元至清代具有不同特征和风格的建筑，是一组内涵丰富的建筑艺术宝库。

明伦堂石陛（文宣提供）

建于金元时期的戟门（文宣提供）

大殿（文宣提供）

101

南阳府文庙

南阳府文庙位于南阳市老城区新华东路北侧，为河南省文物保护单位。

南阳府文庙始建于元至元八年（1271），曾毁于战火，明代初年在原址重建。明永乐八年（1410）再次毁于战火，时任南阳知府刘时遂迁府文庙于城东先农坛，以后屡有修葺。清顺治十年（1653），府文庙迁于明藩唐王府旧址上重建，并附建儒学，其后多有重修。

府文庙现仅存大成殿和照壁。大成殿坐北朝南，坐落在一个长 15.25 m、宽 23.8 m、高 1.5 m 的砖砌台基上。殿前有长 16.3 m、宽 11.5 m、高 1.3 m 的月台，月台前正中设有七级石台阶。大成殿面阔五间，进深三间，单檐歇山顶，殿顶覆灰色筒板瓦，檐下置斗拱。室内为抬梁式木构架，梁架用七架梁对前后单步梁，九步架十一檩。殿内七架梁上尚保存原始墨龙彩绘。

府文庙前有陶塑照壁一座，长 6.3 m，高 5.5 m，制作精良，保存完整，前后两面均有浮雕画面，以人物、鸟兽、山、树、建筑为主，以故事画面反映世俗文化。其主画面为“鲤鱼跳龙门”，前面有“十八学士登瀛洲”“入阁拜（象）相”“挂印封（蜂）侯（猴），背面有“雁塔题名”“五子登科”等图案。左右两边镶嵌楷书浮雕对联“化育谁克独参，尚岐宫墙瞻美富；文明从此大启，会看庠序起风云”。照壁正面题铭“邑镇秦德川造”，是一座设计独特、工艺精湛的陶塑照壁。1979 年移建于南阳武侯祠汉碑亭广场。

南阳府文庙大成殿是豫西南一带保存较好、规格最高的文庙建筑。

大成殿（贾付军提供）

“鲤鱼跳龙门”照壁（文宣提供）

太康文庙

102

太康文庙位于太康县城黉学街东北，为全国重点文物保护单位。

据记载，太康文庙始建于汉代，元末遭兵燹。明洪武三年（1370）重建，明永乐、宣德、景泰、成化年间重修。崇祯十五年（1642）毁于兵火。清顺治五年(1648)重建。康熙六年(1667)、民国二十三年(1934)两次重修，1952年曾维修。太康文庙原有泮池、棂星门、戟门、拜殿、大成殿、崇圣殿等建筑，整个文庙布局紧凑，结构严谨。

太康文庙坐北朝南，占地面积2 400 ㎡。现仅存拜殿和大成殿，均为清代建筑。拜殿面阔五间，进深三间，单檐歇山顶，覆灰色筒瓦。檐下四周置五踩重昂斗栱，用材较小，制作精巧；平板枋、额枋、斗栱均有彩绘。大成殿建筑在高1 m的台基上，殿前为月台。大成殿面阔七间，进深五间，为前檐出复檐的歇山建筑，顶部覆绿色琉璃瓦。檐下置五踩双下昂计心斗栱，每间设平身科四攒，转角斗栱承托角梁将四翼角高高挑起。梁架及斗栱均有彩绘。前檐明间和两次间均装有隔扇门四扇，两稍间置槛窗。殿内青砖铺地，14根金柱承托梁架，其梁架构造为穿斗式与抬梁式的结合体，构造形式为七架梁对前后双步梁。

太康文庙大成殿屋面前坡的复檐构造，与汉代陶建筑明器表现的不完善的歇山顶类似，在河南古代木构建筑中仅此一例，甚为奇特。

大成殿梁架（文宣提供）

大成殿前檐翼角（文宣提供）

大成殿（陈钦源提供）

103

郑州文庙

郑州文庙，位于郑州市东大街中段路北，为全国重点文物保护单位。

据明嘉靖《郑州志》记载和《郑县志·四关图》所示，文庙创建于汉永平年间(58—75)。元季兵毁，明洪武二十八年（1395）知州张奝重建。明宣德、正统、天顺、成化、弘治、正德年间和嘉靖十一年(1532)相继修葺。清顺治六年(1649)知州王登联等协力重修，庙貌巍然。康熙五十年（1711）重修。乾隆三年（1738）知州张钺对文庙进行了大规模修建。光绪二十二年（1896）重修。民国三年（1914），当地政府曾对大成殿进行修葺，民国时期军阀混战，殿宇廊庑多被拆毁，1937年归河南省立郑州工业职业学校使用。抗战期间，郑州两度沦陷，文庙遭到轰炸，仅大成殿、戟门两座建筑幸存。新中国成立后，人民政府曾多次拨款对文庙进行维修。

清代郑州文庙建筑布局遵循规制，中轴线上共有五进院落，棂星门内并排三院，正南有彩陶照壁，东西有过街牌坊各一座。中轴线建筑依次为棂星门、泮池、大成门、大成殿、明伦堂、敬一亭、尊经阁等。尊经阁东侧有书斋房、启圣祠，西有斋房、土地祠和射圃亭，两侧为庑房。东院有学正宅、名宦祠，西院有儒学、乡贤祠等。除上述建筑外，还有金声玉振坊、居仁门、由仁门、崇义门、祭器库、神厨、育德仓、义仓、宰杀厅、进德斋、修业斋、存诚斋等建筑。

郑州文庙现仅存戟门和大成殿两座建筑。

戟门，面阔三间，单檐硬山顶，清代所建。

大成殿面阔七间，进深四间，单檐歇山式建筑，雄伟高大，巍峨壮观。正脊两端正吻高 1.8 m 有余，脊阳面浮雕二龙戏珠图案，背面为凤穿牡丹图案。两山为琉璃博风悬鱼：东山博风正中雕着玉皇大帝，两侧为八仙持宝器飘然渡海图；西山博风正中雕如来说法像，两侧为三国戏曲人物，悬鱼是琉璃烧制

大成殿（张斌远提供）

的三朵开放的牡丹花。整个博风悬鱼采用平地起凸手法，线条圆润流畅，简繁适中得体，形象生动逼真，堪称杰出的艺术品。大成殿内部梁架的各间节点，均精细雕出各式花卉。金檩下的花墩雕有青山野鹿、仙树太宝、原野大象、牧童斗牛、天马行空、鼎前舞剑、奔马相斗、凤鸟栖树、猛虎下山、蛟龙腾空等图案。

郑州文庙内现存明、清、民国时期碑刻十余通。

大成殿翼角结构（张斌远提供）

大成殿斗栱（张斌远提供）

大成殿山花（张斌远提供）

郏县文庙

郏县文庙又称文宣王庙、孔庙和夫子堂，位于郏县县城南大街中部东侧，为全国重点文物保护单位。

郏县文庙具有双重功能，既是祭拜孔子的庙宇，又是郏县的学宫。孔子后裔的一支在唐代迁到郏县，被称为“郏县派”，是孔子四十三代中兴祖以前的孔氏家族十大支派之一，后来又有“鲁山派”“宁陵派”部分族人迁至郏县，成为地方望族。五代时期，孔姓族人在时任县令郭忠恕支持下，捐资创建孔氏家庙，于后周显德元年（954）竣工。北宋末年部分建筑和设施毁于战火。金泰和六年（1206）县令奉旨在孔庙旧址修建官方文庙。明洪武三年（1370）对文庙进行了整体维修，清代又多次维修。

郏县文庙整体布局坐北朝南，由中、东、西三条南北轴线并列组成。中轴线从南至北依次是照壁、泮池、状元桥、戟门、大成殿；东轴线依次为节孝坊、节孝祠、崇圣祠和古代儒学署，以崇圣祠和节孝祠为主体建筑；西轴线上有忠义祠、土地祠等。东南另有文奎楼院一处。

郏县文庙目前保存基本完整，南北长 328 m，东西宽 145 m，总面积约 5 hm²，现存有戟门、大成殿、文奎楼、崇圣祠等主要建筑。戟门面阔三间，进深两间，单檐硬山式，灰筒板瓦覆顶。梁架结构为前后檐柱及中柱分心，前后双步梁。大成殿面阔五间，进深三间，单檐歇山式绿琉璃瓦顶，梁架为九檩八步架。殿通高 15.5 m，坐落在高为 1.14 m 的台基上，前有月台。檐下大额枋与平板枋透雕日月云气、人物车马、桥梁房舍、花鸟山水、卧榻桌椅等精美木雕图案。前檐四根木柱通体透雕腾龙，柱顶刻制虎面，雕刻精湛，栩栩如生，为河南木雕盘龙柱孤例。柱础八面浮雕，中间二柱础正面刻河图和洛书，其他分别刻“鱼跃龙门”“一品当朝”“封侯挂印”等吉祥故事，雕刻精巧。殿内外檐斗栱、檩枋等处彩画采用中原民间手法，保存完好。文奎楼，又叫八卦阁、魁星楼（魁星是传说中主宰文章兴衰的神）、奎文阁。重要的考试前，秀才们会到魁星阁拜魁星，祈求科举仕途成功。文奎楼原建于明万历六年（1578），清乾隆二十四年（1759）重修。整座建筑坐落在高 2.44 m，长 14.55 m，宽 11 m 的高台之上。平面有两围柱，外围檐柱为当地特有的红石材，里围一圈金柱通达上层作为上檐的檐柱。楼通高 14 m，重檐八角绿琉璃攒尖顶，檐下施斗栱。一层内金柱间用青砖砌筑墙体，南面及东西面各置板门，其余各面辟圆窗。

郏县文庙的建筑布局、造型和装饰做法具有典型的中原地方风格。

大成殿转角斗栱（文宣提供）

大成殿柱础（文宣提供）

大成殿（文宣提供）

大成殿前檐木雕龙柱(文宣提供)

文奎楼（文宣提供）

105

信阳文庙

大成殿转角构造（文宣提供）

信阳文庙位于信阳市区东方红大道西段信阳军分区院内，其现存大成殿为河南省文物保护单位。

据《汝宁府志》《信阳州志》记载，旧文庙原在城内东北隅，元至正年间（1341—1368）建，后毁于兵燹。明洪武四年（1371）改建于州治东宋代信阳军故址，即今大成殿所在地。万历四十四年（1616）增修，崇祯十四年（1641）毁。清顺治、雍正、乾隆、嘉庆、道光、同治朝和民国年间均有修葺。

清代康乾时期，文庙颇具规模，中轴线上依次有下马碑、照壁、大成门、状元坊、金声坊、棂星门、泮池、戟门、名宦祠、乡贤祠、大成殿、东西庑、明伦堂、进德斋、修业斋、启灵祠、学正宅、训导宅，另有尊经阁、敬一斋、崇圣祠、义路坊、礼门坊、玉振坊、围墙等建筑物及学塘，素有“壮丽宏敞，甲于中土”之誉。建筑多毁于民国时期，目前仅存清代大成殿。

大成殿坐北朝南，面阔五间（18.34 m），进深三间（10 m），单檐歇山顶，殿内共计有三排十八柱，青石柱础。檐下置五踩斗栱，但又在柱头上用斜撑擎檐，极为罕见。梁架为八檩前后廊式。木作工艺水平较高，有南方建筑轻巧、素雅的风格。绿色琉璃瓦屋面中部作黄色琉璃瓦菱形图案，五彩龙凤大脊，中部置狮子驮宝瓶脊刹，两端置大吻，其垂兽、戗兽、仙人、走兽俱全。

该建筑地处南北方建筑工艺技术与风格手法的交汇地带，兼有南方秀丽典雅、北方浑朴庄重的建筑风格。

大成殿前檐（文宣提供）

大成殿（文宣提供）

大成殿山面（文宣提供）

106

新蔡文庙

新蔡文庙俗称黉学，位于新蔡县城东南隅，为河南省文物保护单位。

据清《新蔡县志》载，儒学在城外东南隅，知县李演于元大德八年（1304）创建，明洪武十一年（1378）知县应宗毅重修，天顺元年（1457）迁建东城外大街北，嘉靖三十四年（1555）知县朱茹迁建于城内东南隅。明末遭兵燹，清顺治五年（1648）知县钟谔重修，顺治十年知县谭宏宪修葺，康熙二十七年（1688）增修，焕然一新。后逐渐衰败，现仅存大成殿和棂星门等建筑。

棂星门为文庙第一重门，为由三座牌坊组成的三间六柱式石牌坊门，造型疏朗俊秀，风格独特。中坊横枋上雕有兰、菊、牡丹图案及“大明嘉靖丙申中秋吉日”“知县韩县丞张典吏刘”字样。棂星门保存完整，为河南现存不多的组合式石牌坊。

文庙大成殿为单檐歇山式木构建筑，灰瓦顶。面阔五间（18.5 m），进深四间（9.8 m），高 9.2 m。檐下斗为一斗三升。殿前有月台，月台东西两侧均有踏步，南部正中镶有一块雕刻精细的御道石，殿前东西各竖一通下马石，碑文曰：“奉旨文武官员军民人等至此下马”。

大成殿内供明代孔子青铜像一尊，高 1.25 m，重 200 kg，坐式，衣襟左下角铭文为“大明封刑部主事曹大夏于嘉靖庚戌年长至日造”，衣襟右下角铭文为“先师孔子司寇像颜曾思孟像各一尊奉之塾官司钦于万世”。此明代孔子铜像国内罕见，极为珍贵。

庙内另有《重建儒学碑记》和《重建文庙碑记》《颜子赞碑》等古碑四通，是研究文庙历史的珍贵资料。

大成殿内明代孔子铜像（鲍伟提供）

大成殿（鲍伟提供）

棂星门（鲍伟提供）

107

永城 芒砀山夫子庙

芒砀山夫子庙亦称文庙，位于永城市东北 35 km 芒山镇夫子山南麓，为河南省文物保护单位。

夫子山是芒砀群山中的一座，因孔子于周游列国返鲁的路上曾在此避雨、晒书而得名。后人为示纪念，在此建庙、立碑而祀之。夫子庙始建于宋代，明末曾遭兵燹，清康熙十三年（1674）、三十年及咸丰十年（1860）和民国二十七年（1938）数次重修，现存庙宇为清末所建。

夫子庙现存建筑为四合院式布局，坐北朝南，由大成门、启圣殿及两边的东西厢房组成。夫子崖东 60 余米处有三座清代佛塔，统称郭塔。

大成门面阔三间，进深两间，单檐硬山仰合灰瓦顶。构架为五架梁前檐带廊式。檐柱为八楞石柱，前檐柱正面阴刻楷书楹联一副："宫墙数仞，不得其门终外望；邸平直矢，能由是路即中行"。

启圣殿面阔五间（19.20 m），进深四间（13.20 m），硬山式灰瓦顶建筑。构架为七架梁带前后双步梁，并出四架梁前廊，前廊梁下做轩。廊下有四根石柱擎檐，石柱正面阴刻知县陈梦莲所题楷书楹联："德配天地，脩高明博厚之大；道冠古今，统二帝三王之傅""近圣人居，若此其甚；中天下立，无得而踰"。殿前有月台，正中青石台阶陛石雕有云龙。

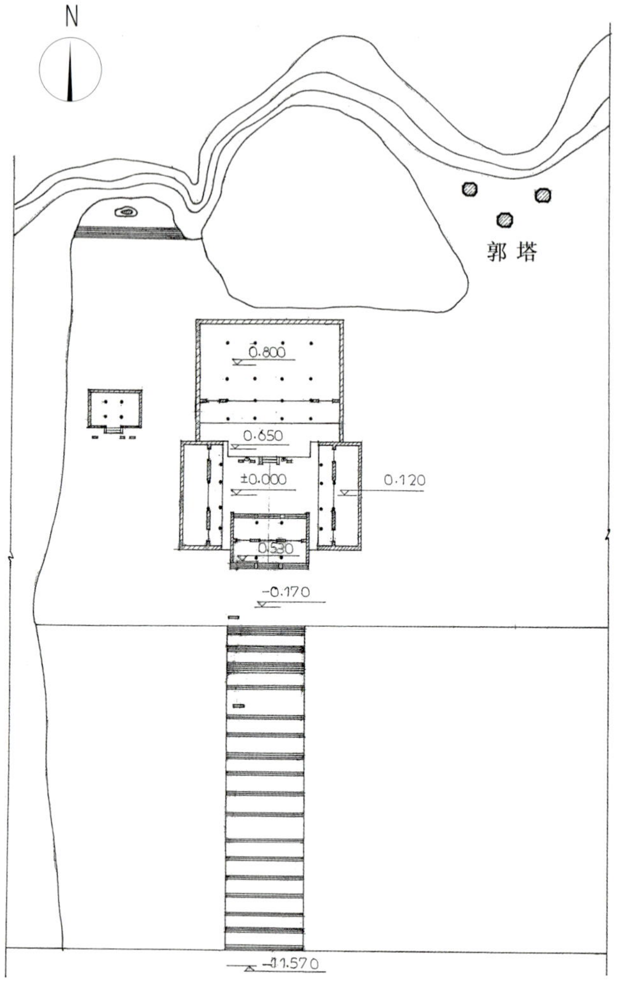

总平面图（文宣提供）

院内两株古柏和三通石碑分立两边，分别为康熙二十八年（1689）孔子六十七代孙袭封衍圣公孔毓圻撰文的《夫子庙碑记》，康熙三十年县令周正纪撰文的《夫子崖碑记》和乾隆十五年（1750）孔子第七十一代孙孔昭焕撰文的《勒石碑记》。西边的柏树斜倚石碑，形成了"柏抱碑"的景观，东边的一棵柏树在清朝捻军与清军战于芒砀山时曾遭火烧，但仍枝叶繁茂。

夫子崖为永城旧时八景之一的"石崖滴翠"。

启圣殿（文宣提供）

夫子崖——孔子避雨处（文宣提供）

郭塔（文宣提供）

108

汝州学宫

汝州学宫又称文庙，位于汝州市区城隍庙街（广场街），为全国重点文物保护单位。

汝州学宫始建于明洪武三年（1370），明清时期屡有修葺。1916 年政府出资重修学宫，并改为汝阳中学。1944 年，临汝被日军占领，学宫成为日军驻地。1948 年，中原军政大学由鲁山文庙迁至汝州学宫。

学宫坐北朝南，平面呈长方形，南北长 300 余米，东西宽 50 多米，总面积 2 h㎡。整组建筑群基本保存完好，以大成坊、文明坊、大成殿、启圣宫等为中轴线，东西廊房呈对称布置。

大成殿为文庙主体建筑，由大殿及月台两部分组成，总平面呈“凸”字形，单檐庑殿绿琉璃瓦顶。月台边缘设有青石制作的栏板望柱，月台正面及东西两侧分别设踏道进入殿内。大殿面阔五间，进深三间。檐下设五踩重昂斗栱，斗栱种类较多，构件富于变化。明间正中脊檩有“清嘉庆十六年重修”字样。

启圣宫面阔五间，单檐硬山顶，灰筒瓦屋面。

学宫现保存有《汝帖》，为北宋徽宗大观三年（1109）由汝州州牧收集、筛选并精工雕刻而成的书法碑刻，按中国书法的发展顺序，以金文、篆、隶、草等编次，内容囊括了历代帝王、名臣及著名文人墨客之书法珍品。据明正德《汝州志》记载：“《汝帖》碑记十二刻，皆历代名人所书，见在汝学。”明清时期，《汝帖》与《淳化阁帖》《泉州帖》《绛州帖》并称为四大名帖。

斗栱（文宣提供）

大成坊（文宣提供）

大门（文宣提供）

大成殿（张斌远提供）

109

扶沟大程书院

鸟瞰（文宣提供）

立雪讲堂木雕（文宣提供）

大程书院位于扶沟县城内西南隅书院街北侧，为河南省文物保护单位。

大程书院为宋代著名教育家、理学家程颢于宋熙宁八年（1075）至元丰三年（1080）在扶沟县任知县时所建，当时名“书院”，程颢为政宽厚，注重教化，世称明道先生，后人曾将它改为“明道先生祠”。据碑刻记载，明代曾多次改建书院，并改名为明道书院。康熙二十八年（1689）知县缪应绢重建书院，修建了大门、龙门和讲堂、东西文场等房屋100余间。程颢与其弟程颐合称“二程”，均为名重一时的大儒，程颢居长，故称“大程”，于是人们便把程颢创建的“书院”称为“大程书院”。它是我国目前保存完好的书院之一。

书院坐北朝南，整体建筑结构严谨，布局规整，现存建筑为前后二进院落，其南北长80 m，东西宽40 m，占地面积3 200 ㎡。中轴线上依次为大门、龙门、东西厢房各两排（东西文场）、立雪讲堂，房屋计73间。建筑形制均为单檐硬山式布瓦顶，表现出朴实雅静的文化特质。

大门面阔三间，单檐硬山顶。两侧均有三间硬山布瓦房。龙门面阔三间，单檐硬山顶。龙门两侧亦均有三间硬山布瓦房。

立雪讲堂是师长讲学授业的场所，堂前有月台。讲堂面阔、进深各三间，为单檐硬山灰瓦顶。前檐施五踩双下昂斗栱。内有前后金柱各两根，梁架为七架梁对前后单步梁。“立雪讲堂”之名源于宋代知名学者杨时和他的朋友冒雪求学于程颐门下的“程门立雪”典故，表现了古代学者求知的真诚和坚毅，是书院教育文化的组成部分。

大程书院历史悠久，是我国早期著名书院之一，也是我国目前保留最完好的古代科举考场之一。建筑本身除饰以大量精美的木雕、砖雕以外，还有许多具有书院文化特色的建筑物。大程书院保存完整的东西文场，在其他著名书院中亦属罕见。每当大程书院龙门开启，豫东百姓无不争先恐后赶往书院“跳龙门”，以期好运，久而久之成为一项百姓避灾祈福、喜闻乐见的民俗活动。

大门（陈钦源提供）

立雪讲堂(文宣提供)

六 衙署建筑

衙署是封建统治者的权力象征。在群雄逐鹿中原的历史频繁更迭中，河南历代衙署建筑大多灰飞烟灭，目前保留的衙署建筑仅有少量府、州、县衙署，另有协镇都督府、厘金局旧址各一处。

府级衙署以南阳府衙为代表，它也是全国现存唯一的府署建筑。南阳府衙建于元代，明清多有修葺。府衙的布局与九宫格比例相仿，轴线分左、中、右三路，前后布局分为三等份，分别为前导区、三堂区和后花园区。府衙内道路四通八达，各建筑檐下均设廊门相通，既解决了北亚热带区域多雨气候所带来的不便，又便于传递公文，显系经过精心规划。府衙建筑残留的彩画是研究中国衙署彩画制度的珍贵资料。该衙署自元代到20世纪60年代，一直作为政府办公场所。内乡县衙是我国目前保存最好的古代县级衙门，其总体布局与《明史》《清会典》所载规制相符，是研究古代县衙制度的宝贵实物资料。这两处古代衙署还有一个共同之处，即二者均位于中国南北气候分界线上，其建筑融合了中国北方的抬梁式和南方的穿斗式两大结构体系特色，诚为可贵。密县县衙的监狱是我国使用时间最长的县级监狱，对研究古代的狱制具有重要价值。许昌府衙、叶县县衙均有较高的文物价值。淅川荆紫关是中国古代重要的水陆码头和经济重镇，明清政府于此设协镇都督府，凸显了此地的重要战略地位。社旗县赊店镇在明清时期是中国南北九省商品经济往来的重要枢纽之一，南阳、唐河、方城、泌阳四县的厘金（税金）总局设于该镇，谓之“南裕公司”（知署厘金局的官员更为三品道台衔，足见其地位之重要），现为国内罕见的古代税收机构遗存，这也说明了昔日南阳商品经济的发达。

110

南阳府衙

南阳府衙位于南阳市民主街（清代称察院街）100 号，为全国重点文物保护单位。

府衙始建于元，《元史 · 地理志》载：“元至元八年升（金申州）为南阳府”。《明嘉靖南阳府志校注》 载：“南阳府治在城内西南，国朝洪武三年同知程本初即元故址修建。正统五年同知汪重重修。”清代，南阳府衙仍为府治处所，署内建筑时有增改裁并。1914 年废南阳府，原南阳府辖县统归豫南道。1933 年，南阳府衙为第六行政区公署，部分建筑有所修葺。新中国成立后至 1965 年，南阳府衙为南阳专员公署所在地。

南阳府衙保存了以大堂、二堂、三堂为代表的清代早期建筑和数量众多的碑刻，是我国目前保存最完整的知府衙署。府衙位于南阳城西南部，坐北朝南，南北长 240 m，东西宽 150 m，占地 3.6 hm²。位于中轴线的建筑有照壁、大门、仪门、大堂、寅恭门、二堂、内宅大门、三堂、后花园；两侧建有八字墙，生门、死门，大堂耳房、厢房，寅恭门耳房、配房、厢房，二堂厢房、耳房、配房，官宅厢房，三堂耳房、厢房、配房、宾兴馆、马号等。它们与东西副线建筑构成了规模宏大的建筑群。整个建筑群占地数百亩，亭堂数百间，院落数进，布局多路。建筑轩敞，陈设华丽，是封建社会统治机构的缩影。

大堂面阔五间（20.23 m），进深三间（10.28 m），单檐硬山顶，平面明间减柱造。明间梁架为七架梁对后双步梁，次间为五架梁对前后双步梁。前檐斗栱为单栱只替，斗下有皿板。大堂前有卷棚一座，面阔同大堂，进深一间。大堂是知府发布政令、举行重大典礼和公开审理案件的地方，整体形象高峻、威严。寅恭门面阔五间（18.65 m），进深三间（9.03 m），单檐五檩前后廊硬山灰瓦顶，前廊顶做成轩廊。脊枋上遗有“道光二十七年岁次丁未荷月上”墨书题记。二堂面阔五间（17.65 m），进深三间（11.88 m），单檐硬山灰瓦顶，梁架为七架梁前后廊式，规模仅次于大堂，整体具有凝重庄严的气氛，是知府预审案件及大堂审案时退思、小憩之所，故又称“思补堂”。三堂是知府的内邸，结构装饰与大堂、二堂明显不同，面阔五间（18.45 m），进深三间（11.21 m），单檐硬山灰瓦顶，梁架为七架梁前后廊式。前廊顶部为轩廊，室内为方格形天花。堂内以隔扇分割为明间、品茗斋、起居室、更衣室（西次间后部）。三堂陈设豪华典雅，是知府接待上级官员、商议政事、办公起居之所。三堂后为后花园，是知府休憩娱乐之所，有丽康阁、喜雪亭、流觞亭等建筑。

南阳知府衙门是中国清代 215 个知府衙门中建筑保存比较完整的府级官署衙门。

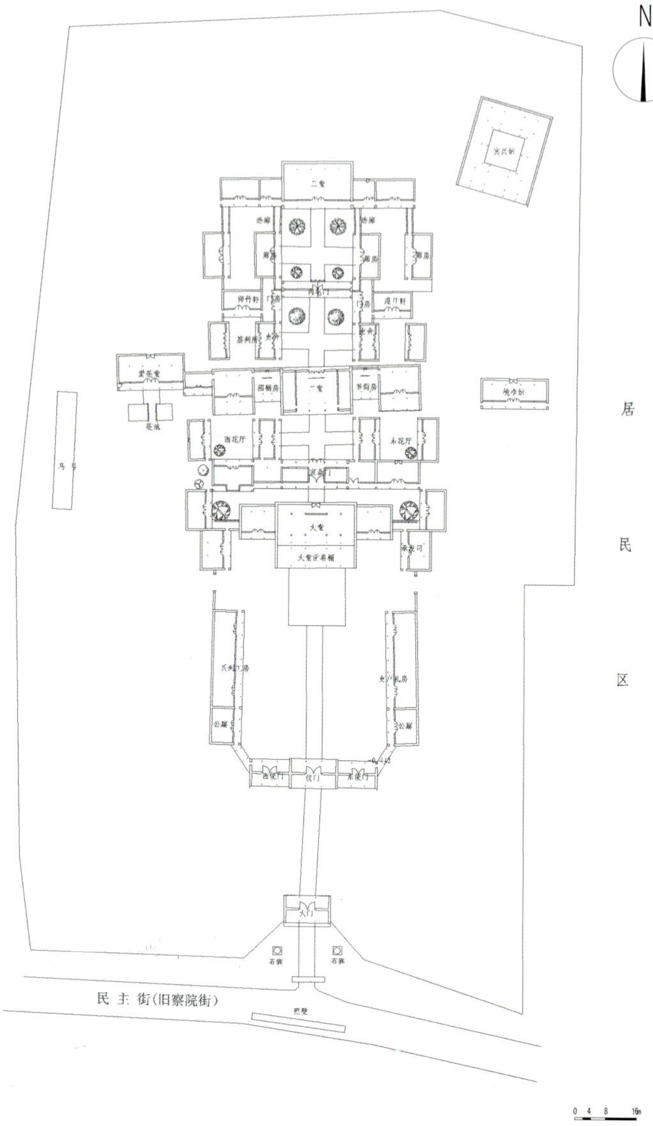

总平面图（文宣提供）

大门（文宣提供）

仪门（文宣提供）

大堂（文宣提供）

二堂（文宣提供）

三堂（文宣提供）

三堂院门（文宣提供）

11

内乡县衙

内乡县衙位于内乡县东大街中段北侧，为全国重点文物保护单位。

内乡县衙始建于元大德八年（1304），明、清、民国时期均为县治所。据记载，“县治居城之中，元大德八年县尹潘逵始建”。明洪武二年(1369)知县史唯一重建。清顺治十八年（1661），知县张风翼修县署。康熙五年（1666）知县马万里修大堂、戒石坊、民皂房、仪门、土地祠、寅宾馆、巡捕衙等。其后康熙、嘉庆、道光、咸丰年间俱有修葺。光绪十八年（1892），钦加同知衔正五品官章炳焘知内乡县事，重建内乡县衙，民国人称“迄今观其规模，不可谓不宏远也”。内乡县衙历经元、明、清、民国四代，其间到任县官230人。自1948年内乡解放到1968年，内乡县人民政府驻此20年。

内乡县衙规划布局独具特色。县衙受主持营建者浙江绍兴籍县令章炳焘的影响，整个建筑群融南北风格于一体，规模宏大，布局严谨。现存建筑群占地2 hm²，有五进院落，厅堂房屋260余间，高低错落，左右对称，廊道相通。中轴线上依次分布有照壁、宣化坊、大门、仪门及主体建筑大堂、二堂、三堂等，东西辅线上分别有县丞衙、主簿衙、典史衙及花厅、库房、账房、狱房等。整个建筑群为清代小式建筑，小青瓦屋顶，脊饰为瓦兽。县衙门首左侧有明万历三十九年（1611）知县易三才等所立的《三院禁约碑》，是整饬吏治、倡导廉政的珍贵实物资料。

宣化坊为四柱三间三楼式木牌楼，面阔12.73 m，进深2.8 m，通高9 m，檐下用九踩四昂斗栱。知县每月初一、十五在这里宣讲圣谕、教化百姓。

大堂面阔五间（21.44 m），进深三间（10.77 m），单檐硬山式建筑。构架为五架梁对前后单步梁。大堂只有明间和东西次间为堂，东西稍间用墙分隔，形成夹室，这应是封建等级制度要求规避的特殊做法。大堂左右分列着县衙的职能办事机构——六房，东侧为吏、户、礼三房，西侧为兵、刑、工三房，反映了左文右武的规制。二堂面阔五间（19.7 m），进深三间（10.97 m），单檐硬山式建筑。构架为五架梁对前后单步梁。二堂同大堂一样，明、次间为堂，东西稍间仍为夹室。二堂是知县处理日常政务的地方，也审理部分案件，又称“琴治堂”“双柏堂”。后部的内宅门划分出“前衙后邸”（又称“前堂后宅”）的格局，门外为知县处理公务的地方，门内为知县的内宅。三堂面阔五间（21.18 m），进深三间（10.7 m），

大堂（段建辉提供）

单檐硬山式建筑。构架为五架梁对前后单步梁。三堂是知县的内邸，也是知县接待上级官员、商议政事、办公起居的场所，一些事关机密的案件也在三堂审理。三堂前对联为“得一官不荣，失一官不辱，勿说一官无用，地方全靠一官；吃百姓之饭，穿百姓之衣，莫道百姓可欺，自己也是百姓”，堪称警世名言。

除建筑外，县衙珍存文物近千件，如有600多年历史的三尺法案、清咸丰皇帝的圣旨、宣讲圣谕广训的牌、犬押重犯的脚镣、县官们的生活用品等。

内乡县衙是我国目前保存最完整的古代县级官署衙门，整体布局严格按照清代地方官署规制，表现了“坐北朝南、左文右武、前朝后寝、狱房居西南”的传统礼制思想，反映了我国封建社会基层政权的运作模式和官吏的生活起居，是研究封建社会的一座珍贵的文史资料库。

二堂（段建辉提供）

三堂院门及匾额（段建辉提供）

仪门（文宣提供）

六班房（文宣提供）

112

叶县县衙

叶县县衙位于叶县县城中心街，为全国重点文物保护单位。

叶县县衙始建于明洪武二年（1369），历经明、清、民国，直至20世纪70年代初，一直作为县级政权办公所在地。明清之间，朝代更迭，几经修复。据清康熙三年（1664）《叶县志·廨宇》载，县治在城东街。大堂五间，后有穿堂。咸丰七年（1857）二堂大火，咸丰八年知县钮达璋重修。同治五年（1866）知县何鼎修寝堂及西退室。同治六年知县欧阳霖到任，题大门楹联："天听民听天视民视，人溺己溺人饥己饥"。同治八年（1869），知县欧阳霖修半舫堂。

叶县县衙总体建筑布局分为中轴线和东、西副线。南北长140.4 m，东西宽120 m，占地16 848 ㎡，总体呈不规则长方形。

大门面阔三间，进深三间，单檐硬山顶，屋面为灰筒板瓦。仪门面阔三间，进深两间，单檐硬山顶。

县衙大堂由大堂及其前部卷棚构成。卷棚面阔三间，进深一间；大堂正房面阔五间，进深三间，单檐硬山顶。梁架为五架梁对前后双步梁。两稍间为夹室。大堂脊枋上有题记"大清同治八年岁次己巳夏四月同知衔调署叶县事中牟县知县彭泽欧阳霖重修户部主事邑人杜鹤慈监修"。

二堂面阔五间，进深三间，单檐硬山顶。梁架为五架梁对前后单步梁。两稍间为夹室。明间后金柱设屏风一道，后檐墙辟门通三堂。三堂面阔五间，进深三间，单檐硬山顶。梁架为五架梁对前后双步梁。二堂脊枋上有题记"大清咸丰八年同知衔叶县知县钮达璋重修"。

东侧跨院中建筑依次为狱房、宅院、厨院；西侧跨院中依次为西群房、虚受堂、思补斋、书房、大仙祠。县衙最后为后花园，园中假山耸峙，绿水长流，亭榭掩映，鸟语花香，保存有石榴、桂花等珍花异木。

大门（文宣提供）

厢房（文宣提供）

叶县县衙建筑群延续了明代以来的衙署建筑格局，各进院落均为四合院结构布局。同时，因叶县地处古代南北文化结合带，其建筑在木雕、砖雕等方面又融入了南方建筑工艺精巧、细腻的特征，形成了独特的建筑风格。

叶县县衙是我国现存保存比较完整的少数古代县衙之一。

大堂（文宣提供）

三堂（文宣提供）

113

密县 县衙

密县县衙位于新密市老城区十字街，为全国重点文物保护单位。

密县县衙始建于隋大业十二年（616），明洪武三年（1370）知县冯万金在废址重建。明崇祯六年（1633）知县苗之廷重加修葺。清顺治三年（1646）知县崔养略加修葺。康熙二十二年至二十四年（1683—1685），知县衷鲲化重建。民国十三年（1924）增建东西花厅及配房。1949—1958年，县衙为密县人民政府办公所在地。1959—2003年，县衙监狱仍作为县公安局看守所使用。

密县县衙坐北朝南，延续了明清以来的格局，占地面积约2.1 h㎡，由中轴线上的主院和侧院组成。主院中轴线上原依次排列着钟鼓楼、牌坊、大门、仪门、大堂、二堂、三堂、大仙楼、马号等建筑。

县衙现保存有大门、仪门、大堂、二堂、监狱等清代灰瓦硬山建筑。大门面阔三间，进深一间，单檐硬山建筑，门前左右砌八字墙。仪门面阔三间，进深两间，为县衙第二道大门，门两侧配东西便门（俗称生门、死门）。大堂面阔五间，进深三间，构架为五架梁对前后双步梁，单檐硬山顶，为县衙的主体建筑。大堂前部卷棚面阔三间，进深一间，其前设月台及踏道。二堂面阔五间，进深三间，构架为五架梁对前后双步梁，单檐硬山顶，又名“琴治堂”。三堂面阔五间，进深三间，构架为五架梁对前后单步梁，单檐硬山顶。

密县县衙监狱，自建成启用后一直沿用到2003年，为目前我国使用时间较久的县级监狱，是研究古代监狱制度的重要标本。

清慎堂（文宣提供）

大堂（张斌远提供）

大门（张斌远提供）

114 许州州衙

许州州衙位于许昌市老城旧城中轴线北端，为许昌市文物保护单位。

据历代《许州志》《许昌县志》记载，夏、商代，许昌属豫州管辖；西周、春秋时，许昌为许国，都邑在今许昌县张潘；北周时改为许州，治所迁至许昌市区；隋、唐、五代时期许州治所未有大的变动；宋元丰三年（1080）许州升为颍昌府，治所同上；元明两代复称许州；清雍正十三年（1735）许州升为府，后又改为直隶州。民国年间，许州州衙为许昌行政督察专员公署、县府官衙。新中国成立后，许昌专署、许昌县人民政府也曾以此为办公处所。

许州州衙坐北朝南，南北长八十丈（267 m），东西宽二十二丈（73 m），即汉、唐以来旧基而建。中轴线上的主要建筑有古颍郡坊、大门、仪门、大堂、中和堂（二堂）、梅花堂（三堂）、喜雨台（后厅），惜多已毁。现存三堂和后厅两座建筑，皆为清代所建。

三堂也称梅花堂，明嘉靖《许州志》记载："梅花堂在正宅，梅数株，腊月开，故名梅花堂。"梅花堂面阔五间（18.18 m），进深三间（8.40 m），为硬山式建筑，构架为七架梁接前廊单步梁，檐下饰一斗二升斗拱。这里是知州接待上级官员、商议政务及起居的地方。建筑整体高敞轩昂、宏丽精致。

后厅面阔五间（17.60 m），进深二间（9.05 m），构架为七架梁带前单步梁，硬山式建筑。这里是知州起居及家人的居住场所。

许州州衙是河南省现存唯一一处清代直隶州衙署。

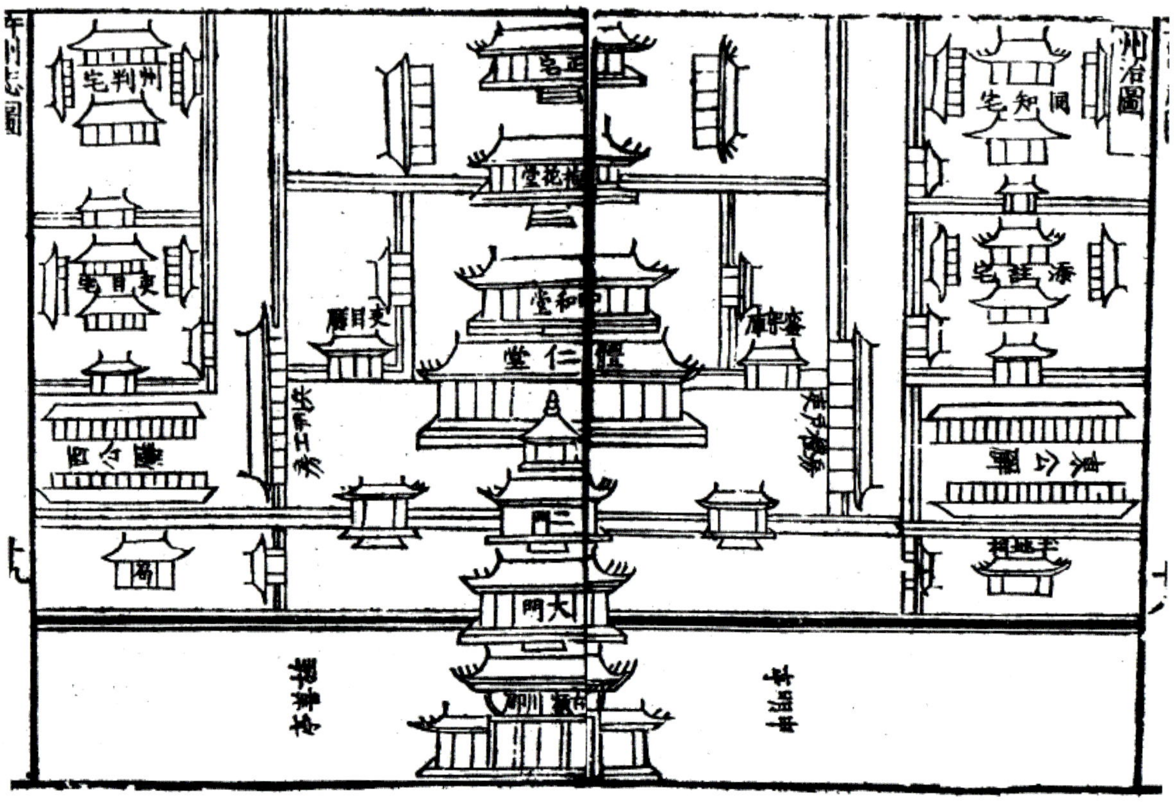

明嘉靖《许州志》州治图（文宣提供）

侧面远景（李斌提供）

三堂室内梁架（文宣提供）

三堂前檐斗（文宣提供）

淅川

115 荆紫关协镇都督府

荆紫关协镇都督府位于淅川县荆紫关镇古街道南侧中学内，为全国重点文物保护单位荆紫关镇古建筑群的重要组成部分。

荆紫关位于长江重要支流丹江一侧，处中原通向山陕、湖北、云贵川的交通要道，古为兵家必争之地，也是中国南北商品周转冲衢。西汉时期，荆紫关称“草桥关”，南宋改称为“荆籽关”，明清改为“荆紫关”。

荆紫关在明朝前期“康衢数里，巨室千家，码头上百艇接樯，千蹄接踵，熙熙攘攘，异常繁华”。明成化十年（1474），官府为加强对荆紫关的管理，在此设置了巡检司，有营千总镇守。清代政府亦极为重视荆紫关，将此地作为一个特殊地域实行综合管理。清嘉庆初年为镇压白莲教起义，设置了威武森严的协镇都督府。据《清史稿》记载：“河南设总兵三人，南阳镇，顺治六年置。副将二人，荆紫关协，嘉庆六年置。”据《中国清代营房史》记载，嘉庆十六年（1811）扩建荆紫关协衙，规模较大，仅协营校场占地就达到 132 亩（8.8hm²），另有演武厅三间，正后房三间。厅前有号令台一座，帅旗杆一根，照壁一座，规模在同级衙门中较为罕见。1944 年 5 月，河南大学曾迁址荆紫关，帮助荆紫关创办了七七中学，协镇都督府位于校园内。

协镇都督府坐北朝南，占地约 1.33 hm²，现仅存建筑四栋。门楼三间，硬山式，灰瓦顶，明间设门楼，门楼高出门房屋顶为歇山式。门楼后两侧为厢房，各面阔三间，单檐硬山式建筑，灰瓦顶。正房位于北部，原为“工”字形，现仅存中部廊房，面阔三间，进深七步架，单檐歇山式卷棚顶。正房尚存建筑基址和青砖围墙。

荆紫关协镇都督府是河南仅存的清代绿营驻防衙门遗存。

道房门楼（文宣提供）

道房（文宣提供）

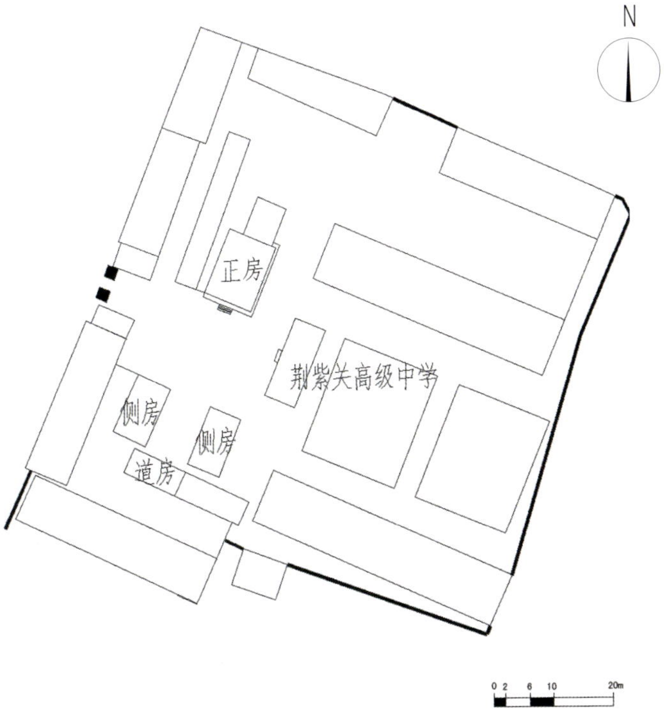

总平面图（文宣提供）

主体建筑（文宣提供）

社旗

116

赊店厘金局

赊店厘金局位于社旗县赊店镇瓷器街中心，为河南省文物保护单位。

厘金之设始于清咸丰三年（1853），为镇压太平军，朝廷在扬州仙女庙等地设卡筹款，以济军饷，对过卡货物值百抽一，谓之厘金。咸丰四年，清政府为增加收入、巩固统治，把临时的“厘金”改为正式制度，皇帝发令各地成立厘金公局。河南厘金局始建于咸丰八年，同年十月在赊店试办厘金。咸丰十年在赊店设厘金局。

赊店厘金局直属河南巡抚，厘金总局的官员为三品道台衔，南阳府则指派赊店镇镇衙协助厘金局“理事”。主要抽收百货、麻豆、杂粮之厘税，年收税达 15 470 两银子。由于系各省自办，中央不予干涉，故厘金机构由各省巡抚把持，且都用承包制，年有定额，余额可自由处理，不足则要赔垫，所以各地官员都把厘金作为自己搜刮民脂民膏的工具，老百姓深受其苦。清光绪年间《南阳县志》载：“咸丰九年，赊店镇委官苛税，商民怒毁厘局，逐委员而置市，知县曹敬生革职。”民国年间，赊店厘金局改称“南（阳）泌（阳）方（城）统税征收局”，岁收额为银洋 17 万元。1931 年 1 月 1 日，国民政府取消了厘金制度，改征统税和营业税，赊店厘金局走完了它 70 年的历程。

赊店厘金局占地面积 3 000 ㎡，临街而建，坐西朝东，二进四合院建筑。厘金局现存建筑 11 座，建筑面积 1 139 ㎡，均为单檐硬山式建筑，木构架采用抬梁式结构。整个建筑群布局完整，单体建筑保存较好。庭院由正院、陪院、侧院组成。正门面阔五间，进深三间，前檐带披檐前廊，为二层阁楼建筑，“奉旨抽厘”四个大字依稀可辨。进正门向后二座后院，均南北各五间厢房，过厅面阔五间，进深三间，内有四扇透窗亮格的屏风，形成庄重、典雅的风格。院中为铺砖甬道，花坛相衬，给人以幽雅、肃穆之感。最后为二进院正厅，明三暗五、单檐硬山二层砖木结构建筑，两侧为南北各五间陪房，形成别具一

大门（杜启明提供）

格的三合院。厘金局机构设置有总管委委员会、文牍处、会计处、庶务处、书记处、稽查处、监印处、开票处、队长巡士处等，虽经百年的风雨沧桑，旧貌犹存。

赊店厘金局是河南省现存唯一一处清代税关衙署。

七 会馆建筑

河南古为中国四方交通之咽喉：中国南北、东西交通动脉纵穿、横贯河南；著名的古代“丝绸之路”起于河南，与丝绸之路傍行的还有黄河水路；淮河发源于河南桐柏山区，通向东南诸省，沙颍河一线古代是重要水上商道；水网最丰富的南阳盆地，自春秋战国以来就是中国南北货物中转枢纽和繁华都市，唐河、白河与丹江诸水均入汉水达长江，又有数条古道相连，西北可达关中，北可达洛阳，西南通云贵川，东出盆地北上至开封与北京，东达大平原；豫西北有数条古道翻越南太行与晋东南相接，为晋豫重要咽喉。可见，河南为扼控中国四方的交通枢纽，战略地位极为重要，古代统治者多定都于此实非偶然。

发达的交通使河南自古以来就成为中国商品经济活跃和发达的区域。上述交通枢纽位置和城市中出现了大量的商业建筑，最有代表性的当属明清时期随资本主义萌芽的出现而诞生的会馆建筑。南来北往的商贾不仅将各地商品汇通天下，且将各地的建筑文化带到了河南，使得河南的商业建筑异彩纷呈。

会馆建筑成为明清建筑类型中的一枝奇葩而名垂青史。各会馆均有行会组织，维持行业秩序、管理会馆建筑，反映了河南古代商品经济的发达。分布于河南境内的会馆建筑，无论经济实力大小，均占据商业要冲，有些还在会馆广场中设市场，以扩大市场份额。商贾遵循“雕红翠绿，流连顾客”的经商要诀，不惜花费巨额资金对会馆建筑进行雕饰，将建造技术与艺术完美地融为一体。

洛阳潞泽会馆、山陕会馆和开封山陕甘会馆是河南黄河流域会馆建筑的典型代表，它们位于中国古代两大古都，代表着不同地域的商业集团，对中国商品经济的发展起到了重要作用。淮河流域的沙颍河水运干道上，分布着周口关帝庙、禹州怀帮会馆、禹州十三帮会馆及舞阳北舞渡会馆建筑遗存，是豫商走出省界的重要基地，也是山陕商人和东南商贾进行南北交流的重要商埠。南阳盆地是最为发达的商品交流中心，分别在东部唐河上游的潘赵二河与各路古道交会处的赊店古镇、西部丹江与商洛及云贵川诸古道交会处的淅川荆紫关古镇和中部的南阳府，形成了以众多会馆为核心的三大商业建筑组群。其中，东西两路的城镇乃因商而起，在沟通中国南北商品经济中起到了至关重要的作用。在明清时期，南阳盆地活跃着中国南北十几个省的商贾集团，南至福建、广东，北达关外诸区，以山陕“二商”势力最大。豫商、宛商集团亦在此崛起和发展，使得南阳盆地成为中国商品经济最为繁荣的区域之一。保存至今的社旗山陕会馆是中国现存规模最大、最完整、建筑与艺术价值最高的会馆建筑。

社旗 117 山陕会馆

山陕会馆又称山陕庙，位于社旗县城瓷器街北端，为全国重点文物保护单位。

南阳盆地自古以来就是中国南北水陆交通枢纽，其中以社旗山陕会馆所在地赊店镇为要，此地据南阳盆地北部的汉江支流唐河上游，为中国著名水陆大码头。据载，明万历四十年（1612），山西解州商人已在此活动，并在潘赵二河交汇处建造关帝庙，是为山陕会馆的前身。随着商业经济的繁荣，山陕商人在清乾隆年间将老庙迁至现址，大兴土木，建起山陕会馆。会馆建筑第一次营建始于乾隆年间，竣工于清乾隆四十七年（1782），并延续至道光年间（1821—1850），建筑雄伟壮丽，精美细致。现存悬鉴楼、东西辕门、东西马棚、琉璃照壁、铁旗杆、双石狮即为当时所建。咸丰七年（1857）会馆被捻军烧毁后半部。第二次营建始于同治八年（1869），终于光绪十八年（1892），建造了今日所见之大拜殿、大座殿、药王殿、马王殿、东西廊房及腰楼等建筑。

山陕会馆坐北朝南，南对瓷器街，北依五魁厂街，东邻永庆街，西伴绿布厂街，南部随街形向内收敛。现东西最宽62 m，南北最长152.5 m，加附属建筑后总面积达9 518.4 ㎡，各式建筑20余座。整组建筑布局严谨，排列有序，装饰富丽气派，成为国内罕见的具有重要历史、科学、艺术价值的古建筑群。设计者充分结合各组建筑功能，运用各种对比、组合手法，因地制宜，巧妙规划，形成了狭而不促、闭而不塞、庄严恢弘的艺术效果。山陕会馆采用了多样化的单体建筑形象和屋顶组合手段，营造出了丰富多变的单体建筑形象。

现存会馆分为主院、西跨院两部分。主体建筑位于主院中轴线上，分三进院落布置，以中院为最大，自南而北依次为琉璃照壁、悬鉴楼及两侧钟鼓二楼、大拜殿、大座殿及两侧药王殿与马王殿。西跨院自南而北原有四进院落，今仅存最北的道坊院，由门楼、凉亭、接官厅及东西厢房组成。

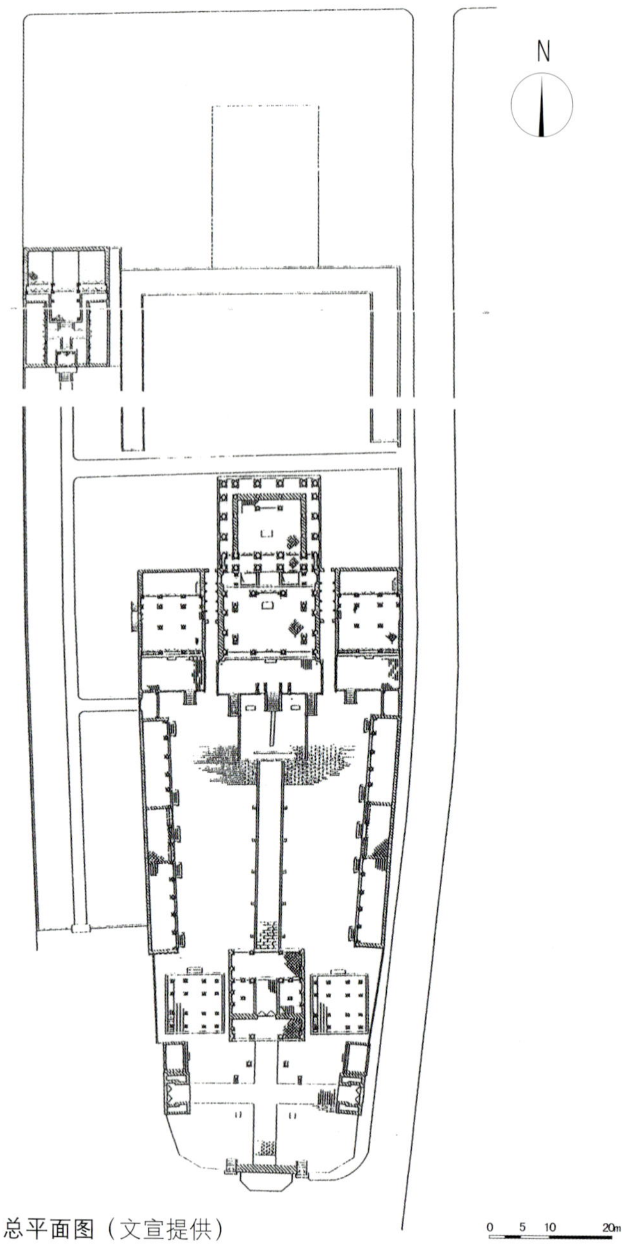

总平面图（文宣提供）

悬鉴楼亦称“舞楼”，高三层。该建筑将南半部的三层门楼与北半部的二层戏楼巧妙地连为一体，巧夺天工。悬鉴楼的各层额枋、雀替通体雕刻图案，以南部下层及北部二层最为精美。图案为高浮雕加透雕，内容有神话故事、龙、牡丹、山水及动物等，为山陕会馆木雕杰作。

大拜殿面阔、进深俱三间，单檐歇山卷棚琉璃屋面。殿前月台南部立三石坊，中坊四柱三间，两侧各为两柱单间。坊体遍刻精美的神仙、人物、龙凤、花草等图案，雕刻手法丰富多变，为国内罕见的石雕艺术珍品。大拜殿台基东西两端立石雕八字墙，分别雕刻“十八学士登瀛州”和“渔樵耕读”图。大拜殿平面采用移柱造，明间金柱、檐柱向外移动一步架，扩大

全景（文宣提供）

了内部空间。大拜殿的五踩斗栱，其构造特点与清官式做法不同，均为单栱造，且正心不设正心檩。斗栱耍头、昂嘴之上刻有形象各异的动物造型。明间两缝梁架，大柁（十架梁）前端向中轴移动 40 cm，直接压在明间大额枋上，其下另设两根木柱承托其荷载，保持了原始结构。北部两翼角不再加仔角梁，转角无冲无翘，形成独特的翼角形式。各柱石础雕刻精美华丽，尤其是殿内四金柱的石础，以整块巨石雕作雌雄麒麟和狮子，形态生动，为不可多得的石雕珍品。额枋、雀替均有保存完整的精美木雕。前后檐柱柱头附泥塑兽面。后檐平板枋出头部位及斗栱攒档内饰彩色人物、动物悬塑。在斗栱、木雕、平板枋及泥塑表面，均存彩绘痕迹。

大座殿是会馆最高的主体建筑，重檐歇山绿琉璃顶，黄琉璃方心。通高 20 余米，巍峨壮观。大座殿台基高大，底层面阔、进深俱五间，回廊周匝。二层面阔、进深各三间。大座殿的上下檐斗栱俱为五踩单栱造。屋顶构架为七架梁支承在前后檐柱柱头斗栱上。该殿外廊额枋、雀替上雕刻精美的人物故事和动植物图案。前檐斗栱、平板枋和木雕表面均存有精美彩绘，至今贴金仍闪烁光芒。前檐柱头上端亦有兽面泥塑。

山陕会馆建筑主要按营造尺模数制进行设计，并通过灵活多变的结构形式，将减柱与移柱、移梁与减梁、穿斗式与抬梁式结构混合运用，使会馆建筑空间与艺术形象得以丰富多变。

社旗山陕会馆汇集宫殿、商馆、民居建筑艺术精粹，雄伟壮观、玲珑秀丽，将宫殿的威严、庙宇的肃穆及民居的柔美融为一体，整组建筑将豫陕建筑技术和风格和谐交融，创造了中国建筑技术和艺术的典范之作。木雕、石雕、砖雕、琉璃、泥塑、彩画等装饰技术精巧，内容丰富，色彩华丽，堪称传统雕刻艺术的宝库。

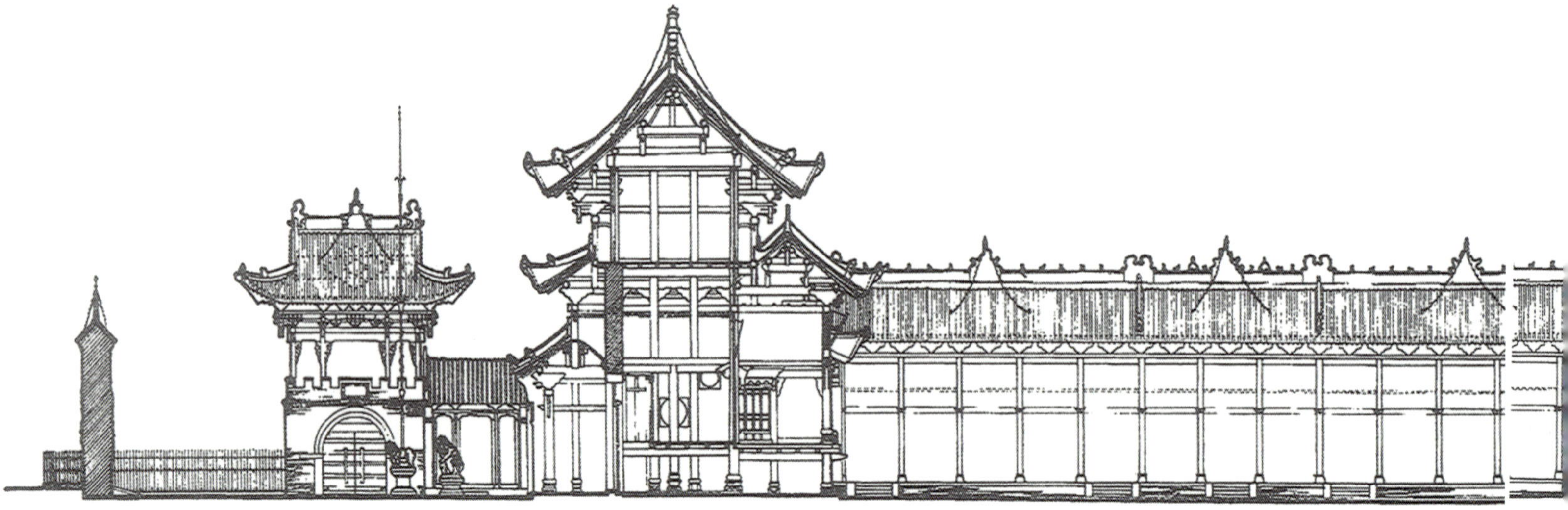

纵剖面图（文宣提供）

大拜殿、大座殿与药王殿、马王殿（司治平提供）

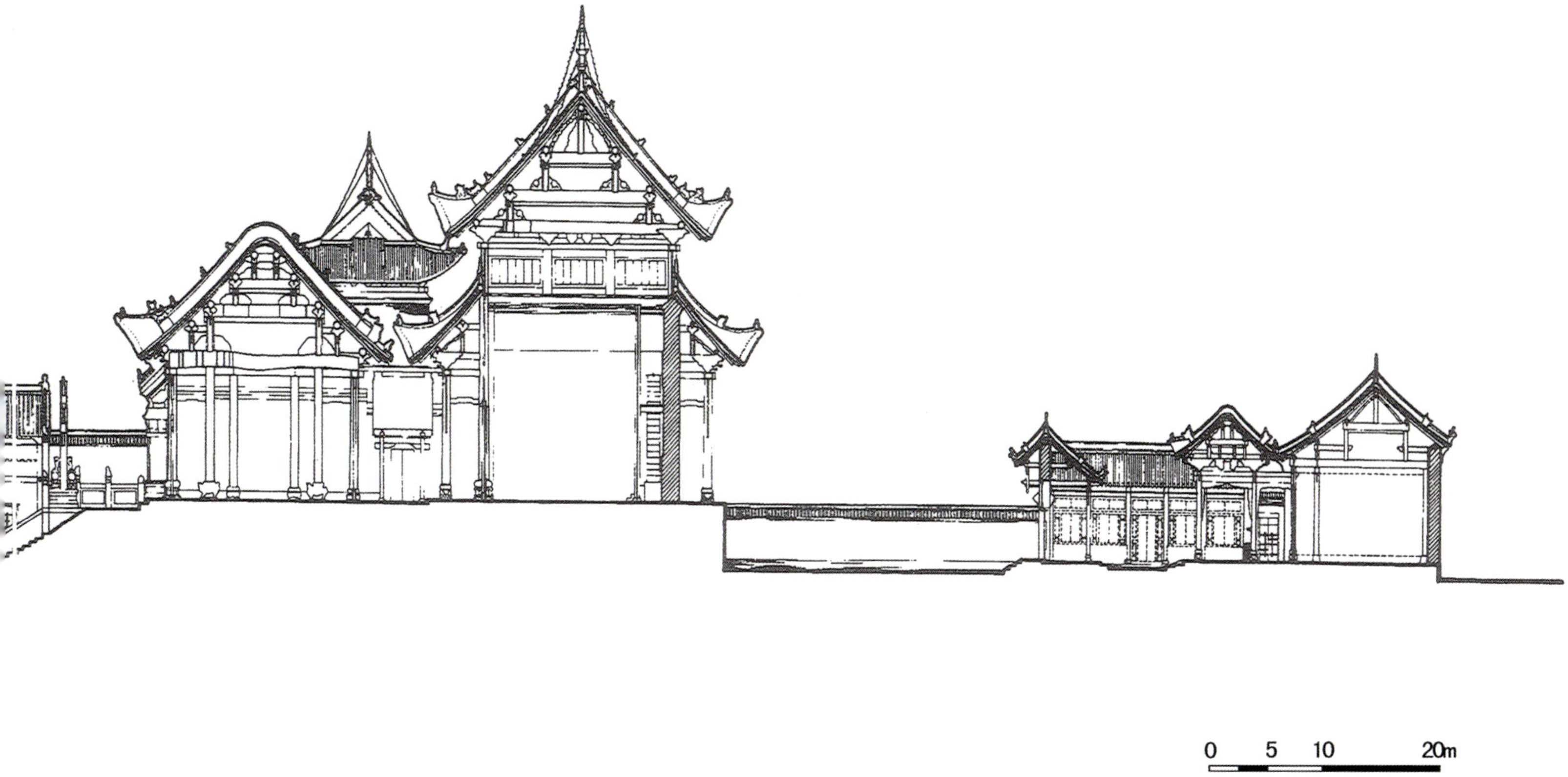

大拜殿前檐石柱础（司治平提供）

大拜殿内金柱石柱础(司治平提供)

大拜殿前石坊（司治平提供）

清代乾隆年间所造琉璃照壁（文宣提供）

周口关帝庙

周口关帝庙原名山陕会馆，坐落在周口市沙河北岸富强街，为全国重点文物保护单位。

淮河重要支流沙河一线自古就为经济枢纽，是古代商贾汇聚之地。周口关帝庙是清代山西、陕西两省旅居此地的商贾为"叙乡谊、通商情""敬关爷""崇忠义"而集资兴建的一组雄伟富丽、具有鲜明地方风格的古建筑群。根据碑刻记载，清康熙年代以前，这里就有一座规模不大的山陕会馆，康熙三十二年（1693），在此基础上创建了大殿，后历经扩建，于咸丰二年（1852）全部完工，历时159年。该建筑群历经300多年沧桑，咸丰年间三次被焚，钟楼、鼓楼毁于兵火。抗日战争中，日军拆毁刀楼、印楼，一百多副匾额、楹联也被付之一炬。

周口关帝庙靠近沙河航运码头，水陆交通十分便利。建筑坐北朝南，三进院落，占地2.56 hm²。现存前院有山门、铁旗杆、石牌坊、碑亭、飨殿、大殿、炎帝殿、河伯殿、老君殿及东西廊房等；中院有戏楼、拜殿、春秋楼及东西廊房、东西配楼、两掖门；后院为一花园。道房位于西院。

铁旗杆造型别致，铸造精湛，高22 m，重15 t，为清嘉庆二年（1797）陕西同州天平会众商众敬献。

石牌坊和碑亭在铁旗杆北边的月台上。石牌坊建于乾隆三十年（1765），四柱三楼，石雕歇山顶。石碑坊两侧是两座碑亭，建于道光十八年（1838），内置《重修关帝庙碑》和《岁积厘金碑》。

飨殿建于雍正九年（1731），面阔三间，进深三间，单檐歇山式。殿内木构架皆施彩绘，其色以青绿、蓝色为主。明间两大梁满绘盘龙，龙体沥粉贴金，白线勾鳞，白色绘腹饰边，绿色绘须、尾，体边绘蓝、绿、黄三色祥云，白色云勾，虽经百年沧桑，其云气之飘逸、色彩之热烈、气势之宏伟仍具体可感，艺术及科学价值可见一斑。

大殿创建于康熙三十二年，是建造最早的殿堂，面阔五间，进深三间，悬山黄色琉璃顶。斗栱为五踩，无正心桁。炎帝殿、河伯殿于康熙五十二年（1713）傍建于大殿两侧。戏楼建于乾隆三十年，坐南朝北，面阔三间，进深三间，重檐歇山式绿琉璃瓦建筑。戏楼共计两层，一层低矮，二层是高架的戏台，平面共计十一根檐柱，四根金柱，四根角柱，减少了四根金柱，使戏台空间扩大。戏楼斗栱为五踩式，均无正心桁。整个戏楼玲珑精巧，装饰华丽，是研究我国古代舞台史的重要建筑。

拜殿建于嘉庆五年（1800），面阔五间，进深三间，单檐卷棚式歇山灰色琉璃瓦顶。拜殿平面各金柱均向檐柱移动了40cm，使得拜殿内部空间增大。拜殿梁架为八架桁前后有廊式，檐柱与金柱间用抱头梁与穿插枋连接。殿内梁架上下木雕琳琅满目，彩画金碧辉煌。整个拜殿造型庄严肃穆，朴素凝重。

春秋楼也建于嘉庆五年，面阔五间，进深三间，四周回廊，重檐歇山孔雀蓝色琉璃瓦顶，平面减少了四根金柱，扩大了使用空间。斗栱均为五踩式，无正心桁。梁架为楼阁式，一层为抱头梁插在老檐柱上，二层梁架为九架梁。春秋楼建于高台之上，更显巍峨壮观。颍川八景之一的"翠阁映霞"，即指此阁楼在彩霞映照下的壮丽景色。

周口关帝庙布局主次分明，错落有致，雕刻华丽，集民间建筑艺术之大成，以其巧夺天工的艺术装饰著称于世。建筑装饰的题材大量采用"二龙戏珠""凤凰牡丹""五蝠（福）捧寿""加官进爵""瓶（平）升三级""金玉满堂"等各种吉祥如意图案纹饰。在建筑构件上巧妙地运用木雕、石雕、砖雕、琉璃、彩绘和铸铁等工艺，融合了圆雕、高浮雕、镂雕、阴刻等不同技法，使一件件作品造型完美，形象传神，其数量之多、内容之丰富、工艺之精湛居当时中原之冠。

石雕（文宣提供）

前院建筑（文宣提供）

大殿斗栱（文宣提供）

拜殿梁架上的清代彩绘（文宣提供）

拜殿木雕（文宣提供）

拜殿（文宣提供）

拜殿与大殿（文宣提供）

119 开封 山陕甘会馆

山陕甘会馆位于开封市徐府街路北，为全国重点文物保护单位。

明清时期旅居开封的山西商人日益增多，清康熙年间（1662—1722），他们于开封老会馆街（今龙亭东侧）集资建造山西旅汴同乡会馆，简称“山西会馆”。后来陕西、甘肃籍商人陆续加入，遂改名“山陕甘会馆”。会馆的前半部为关帝庙，西部和后半部为办公场馆，有戏楼、正殿、东西厢房等。经清道光至同治年间（1821—1874）不断扩建、重修，一组规模宏大、布局严谨、建造考究、装饰华丽的关帝庙建筑群得以完成。

山陕甘会馆整体布局坐北朝南，中轴线对称布局，东西宽 38 ~ 45 m，南北长 97 m，面积 3 880 ㎡。由南向北依次有照壁、东西翼门、戏楼、钟鼓楼、牌楼、正殿、东西厢房、东西跨院等建筑。

照壁通高 8.6 m，宽 16.5 m，下部为石质须弥座，雕有行龙图案，覆绿色琉璃瓦。檐部为青砖仿木结构，梁头雕“寿”纹饰。照壁里外遍施砖雕，内容为人物、山水、花卉、鸟兽、花瓶、文房、乐器、算盘等，构成了一幅幅绚丽多彩的画面，是砖雕艺术的珍品，也是会馆砖雕的精华所在。照壁内外侧壁芯以砖雕缠枝牡丹和回纹装饰边框，内壁框内四角嵌有“夔龙捧寿”石雕，中心嵌石质高浮雕“二龙戏珠”，构图丰满华贵，技法细腻精湛，外围有 12 条砖雕小龙衬托。

戏楼系 20 世纪 80 年代末将开封火神庙戏楼迁移至此而成，坐南朝北，平面呈“凸”字形，共两层，分前后两部分，前为门楼、后为戏台。上层前侧为硬山式建筑，后侧为卷棚歇山式戏台。戏楼为绿琉璃瓦覆顶，前后檐部用天沟相连。下层前侧面阔三间，明间与戏台下层相通。

钟楼、鼓楼通高 12.14 m，重檐歇山式，绿琉璃瓦覆顶，脊正中饰象驮葫芦宝瓶。额枋饰木雕二龙戏珠、人物、花卉，内容为“普天同庆”“昭君出塞”“古城会”“踏雪寻梅”等。

牌楼为河南境内现存四座五间六柱柱不出头式木构牌楼之一。楼作歇山顶，覆绿色琉璃瓦，楼前悬挂“大义参天”匾额。主楼正脊中部置六角小亭，两侧各立狮、象驮葫芦宝瓶，形象生动。柱础双层，上为鼓形下为方形。抱鼓石表面浅浮雕龙、凤、狮、鹤、蝙蝠、牡丹、人物等。其中东侧抱鼓石上雕有戏曲故事“井台会”，西侧雕有“狄仁杰登山望母”，皆表现细致，极富感染力。

南厢房面阔五间、进深两间，北厢房面阔三间、进深三间，皆为灰瓦硬山式建筑，前坡屋面正中有黄色琉璃瓦菱心。檐下雀替、额枋等建筑构件遍布木雕，有动物、花卉、人物、场景故事等。

正殿从南向北依次由前厅、拜殿、大殿三座建筑以天沟连接而成，平面布局呈“凸”字形。殿内柱础颇具特色，雕刻有动物、山果、花卉、阴阳图、海浪山石等图案，为清代石雕中的精品。前厅为歇山式建筑，面阔三间，进深三间，屋面覆绿琉璃瓦，前坡有黄色琉璃瓦菱心。砖雕、木雕遍布建筑的每个构件，使整座建筑华丽异常。拜殿为硬山式建筑，面阔五间，进深一间，卷棚结构。顶覆绿色琉璃瓦，檐下有彩绘木雕。卷棚中央有一个石质香案，为嘉庆十二年（1807）所制，正面浮雕“八仙庆寿”，上部雕云龙及火焰宝珠，龙尾朝内，龙头向外，掉头回视，显示出龙的动感和力度，雕刻刀法娴熟圆润。大殿为硬山式建筑，面阔五间，进深三间。前后檐部无斗栱，后檐明间设门。屋面灰筒板瓦覆顶，绿琉璃瓦剪边，正脊为浮雕龙凤牡丹花脊，脊中央置有狮驮宝瓶。

山陕甘会馆以其精美的木、石、砖雕等巧夺天工的装饰艺术和幽雅恬静的庭院建筑而闻名，是我国古建筑艺术宝库中的一颗璀璨明珠。

照壁（张武军提供）

拜殿
（文宣提供）

大义参天木牌楼（文宣提供）

钟楼（文宣提供）

照壁砖雕(文宣提供)

大殿木雕（文宣提供）

拜殿木雕(文宣提供)

后院建筑（文宣提供）

墀头砖雕（文宣提供）

洛阳

120

潞泽会馆

潞泽会馆位于洛阳市瀍河区新街南端，为全国重点文物保护单位。

潞泽会馆系清乾隆九年（1744）由在洛阳的潞安府（今长治）、泽州府（今晋城）两地商人集资所建，初为供奉关公的关帝庙，后改为会馆。抗日战争胜利后至新中国成立前，此处为潞泽中学。

潞泽会馆坐北朝南，东临瀍河，西靠城区，南临洛河。古洛河水运繁荣，是中国古代著名的水上交通要道，潞泽会馆择此址而建，是中国古代经商要诀“择地取胜”思想的反映。

潞泽会馆建筑群布局严谨、气势宏大。现有建筑群依中轴线对称，为两进院落，平面呈长方形，占地 1.57 hm²，目前保留有舞楼、大殿、后殿、钟鼓楼、东西配房、东西厢房、西跨院倒座、正房等建筑。

舞楼又名戏楼，两山墙与东西耳房及钟鼓楼连为一体，重檐歇山顶，灰瓦顶，绿琉璃剪边。南面为重檐门楼，面阔五间，进深三步架。梁架一层为进深三间带前廊用四柱，二层为进深三间用四柱五架梁对双步梁，斗栱为五踩单栱造，栱、翘均被雕刻成各种卷草形状，耍头被雕刻成龙首或象首。北面为三层重檐戏楼，面阔五间，进深两间，七步架。一层为过道，二层为戏台，三层为阁楼。戏台两边有石砌踏道。戏楼二层雀替分别雕刻有龙、鹿、麒麟、牡丹、卷草等各种吉祥图案，均为精美的透雕。

大殿为重檐歇山灰筒板瓦顶，绿琉璃剪边，黄绿琉璃菱心。殿面阔七间（21.18 m），进深六间（17.87 m），通高 18.42 m。大殿梁架为进深四间前带双步廊后带单步廊用五柱，七架梁上承五架梁和三架梁。一层斗栱为三踩单栱造，栱、翘均被雕刻成各种卷草形状，耍头被雕刻成象首。二层斗栱为五踩重昂单栱造，栱、翘均被雕刻成各种卷草形状，耍头被雕刻成龙首或象首。一层雀替均被透雕成各种龙缠牡丹图案，线条流畅，富丽繁复。

寝殿为单檐楼阁悬山式，绿琉璃瓦顶，面阔七间，进深四间，通高 13.8 m。寝殿梁架为五架梁对双步梁。斗栱为五踩重昂单栱造，栱均被雕刻成各种卷草形状，耍头被雕刻成龙首或象首。会馆建筑装饰十分考究，共有木雕、石雕作品近千处，造型奇特，形象逼真，是珍贵的民间艺术宝库。建筑构架上的彩绘系典型的河南地方彩绘手法，价值独特。

潞泽会馆现存《关帝庙新建碑文》《修建关帝庙潞泽众商布施碑记》等碑刻三通，记载了关帝庙的建造、捐金输粟和众商布施的情况，是研究清代会馆建设、商业经济状况的重要历史资料。

后殿（文宣提供）

大门（文宣提供）

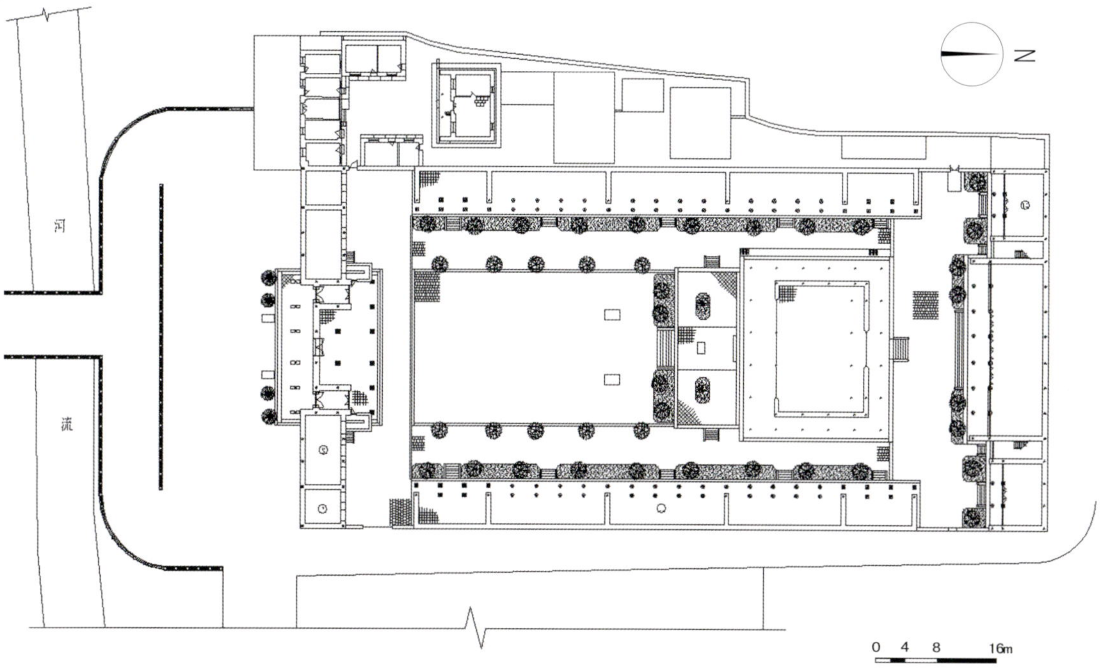

总平面图（文宣提供）

大殿（文宣提供）

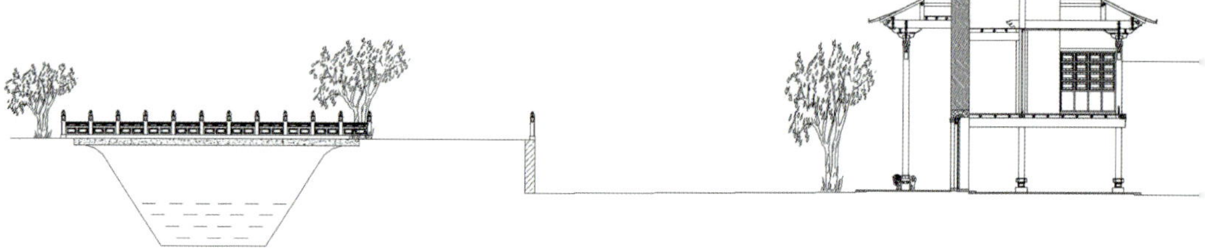

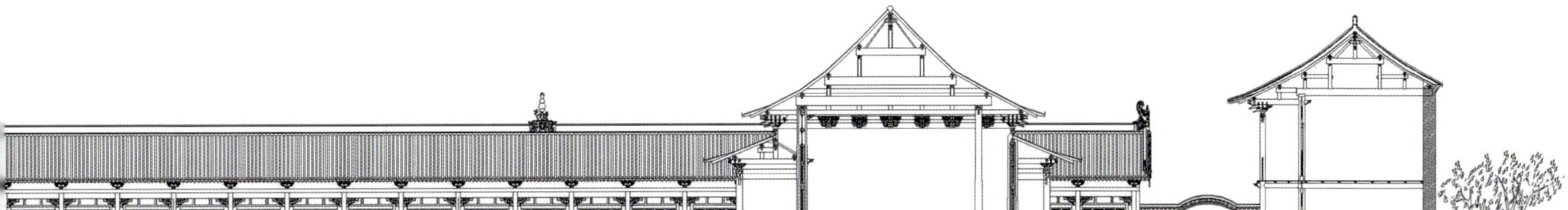

总剖面图（文宣提供）

121 洛阳山陕会馆

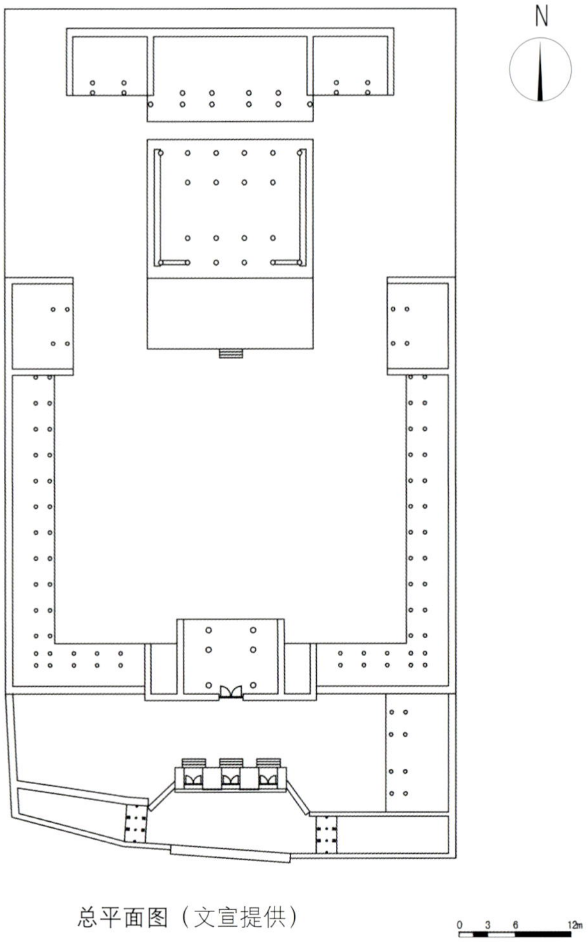

总平面图（文宣提供）

洛阳山陕会馆又称西会馆，位于洛阳市九都路东段，为全国重点文物保护单位。

山陕会馆为山西、陕西两省商贾集资创建的“叙乡谊、通商情”“敬关爷”的公共活动场所。据清道光十五年(1835)《东都山陕西会馆碑记》记载，会馆始建于清康熙、雍正年间，“计什一之盈余，积锱累铢，殆经始十有余载而后成功。”嘉庆年间重修，“计赀凡二万五千有奇”，至道光十五年竣工。道光十八年，山陕众商集资建立了“关帝圣社”。咸丰二年(1852)，陕西西安、同州二府数十家布商，共捐凑厘金制黄缎绣边伞一柄、扇一柄以及牌、旗、銮驾、镀金炉饼、壶、爵等仪仗用具。清代后期至民国时期，致祭仪式逐渐被庙会取代，祭神活动演变为娱乐，民国以来每年秋季还举行菊花庙会。

洛阳山陕会馆地处洛阳南关外洛水北岸，坐北朝南，现南北长 92 m，东西宽 54 m，占地面积 4 968 ㎡。中轴线现存建筑自南向北有琉璃照壁、山门、舞楼、拜殿、后殿，两侧有西门楼及东西木牌楼、东西廊房、东西厢房及东西配殿。

琉璃照壁的壁心为琉璃件拼砌的图案，造型精美，色彩鲜艳，占据了整个照壁的大部分面积。图案分为三个部分，均为方中套圆，取“天圆地方”之意。明间正心为二龙戏珠，周围装饰缠枝牡丹；两侧分别雕八仙人物和云龙、鲤鱼等图案。照壁须弥座束腰浮雕动物、人物画面共 11 幅，雕工精湛。

山门由东、西边楼和中楼组成，门楼建在三间拱门台座上。中楼构架是五架梁，边楼构架是三架梁，屋顶为歇山形式。檐部有四根垂花挑檐柱，额枋和平板枋上施栱。中门石楹联一副：“爵追帝王无贵贱皆宜顶礼，品是圣贤非忠孝漫许叩头”，横批为“河东夫子”。山门两旁为八字墙，墙心嵌有圭形浮雕砖。照壁与山门间有东、西木牌楼，均为四柱三间三楼式牌楼，悬山式屋顶。檐下为如意斗栱，勾连交错，繁复奇巧。

舞楼即戏楼，平面呈“凸”字形，面阔五间(16.41 m)，进深三间(8.70 m)。舞楼前檐面阔三间，有三道拱门，歇山顶；舞楼后部面阔五间，为庑殿顶。由此，舞楼形成 13 个屋脊、12 块屋面、6 条天沟和 2 种屋顶形式的组合式屋顶。后部高两层，下层是供人行走的通道，上层为开敞式舞台，檐下施三踩单昂斗栱，额枋与雀替透雕花卉图案。

拜殿面阔五间，进深三间，单檐歇山式绿琉璃瓦顶。殿平面共用 24 根木柱，前檐柱础高约 1 m，雕刻成狮子驮莲座的形式，6 个柱础形态各异，栩栩如生。拜殿梁架结构为五架梁对前后双步梁，殿内梁架上的彩画保存完整，色彩艳丽。檐下各用五踩重昂斗栱，所有栱件均雕刻出卷草纹饰，额枋上透雕有人物、花草等图案。后殿面阔五间，进深二间，为两层楼阁的悬山式建筑。梁架为六架梁对前檐抱头梁。柱头科用五踩双下昂斗栱，平身科斗栱则为如意斗栱。后殿额枋上均有精美木雕。

会馆戏楼、拜殿、后殿内梁架上均有色泽艳丽的贴金彩绘，多布于檩枋上，题材主要有卷草花卉、云龙麒麟等，特别是牡丹图案最为丰富，充分体现了洛阳“牡丹城”的特点。

洛阳山陕会馆的建筑构造奇巧，装饰华丽，木雕、琉璃、彩画等技艺精巧，内容丰富，色彩华丽。后殿梁架上绘制的贴金麒麟牡丹，画工精湛，在河南省内罕见。

大殿（文宣提供）

山门（李斌提供）

照壁（李斌提供）

禹州

122 怀帮会馆

禹州怀帮会馆位于禹州市城关文卫路中段路东，为河南省文物保护单位。

禹州作为历史上全国四大药材集散地（河北安国、河南禹州、安徽亳州、江西樟树）之一，号称“药都”，中药材资源丰富，药材的种植、采集、加工、经营有着悠久的历史。怀帮会馆由怀庆府（今焦作）在禹县进行中药材贸易的商贾集资兴建，建于清同治十一年（1872），因建筑青砖表面模印有“怀帮”字样，故称怀帮会馆。

怀帮会馆整体建筑规制和建筑风格仍然保留清代创建时的特色。建筑坐北朝南，南北长 120 m，东西宽 78 m，总面积达 9 360 ㎡，现存照壁、山门、戏楼、左右廊庑、拜殿、大殿等建筑。

照壁宽 18 m，歇山式顶，以石条为基础，其上用青砖砌成须弥座，束腰处分别雕有仰莲、云气、几何图形等装饰花纹。中部为大小八边形组成的几何图案，两侧为斜方格图案。

戏楼平面呈“凸”字形。戏楼前半部面阔五间，两稍间为单檐卷棚硬山屋面，明间和两次间有前廊，为单坡屋面，与后部舞台结合形成披檐效果；后半部为舞台，面阔三间，歇山顶，一层为通道，二层为舞台，两侧有台阶。戏楼正面明间与两次间檐柱上有透雕异形栱承托梁头，梁头雕刻成狮子状，两稍间为砖墙。屋面覆以孔雀蓝琉璃瓦，黄琉璃瓦方心，雕龙正脊两端置大吻。

拜殿与大殿山墙相连，通面阔 17.17 m，总进深 19.21 m，前有月台，前端和东西两侧有台阶供游人登临。拜殿面阔五间，进深一间，为单檐歇山六檩卷棚顶建筑，孔雀蓝琉璃瓦，黄琉璃枋心。拜殿檐下明间用单斗只替异型雕花栱。平板枋上为高浮雕牡丹图案。各间额枋上分别浮雕着“商旅入城”“高士贤隐”“骆驼商旅”“商旅歇马”等商帮故事及透雕人物、鸟兽等，玲珑剔透，栩栩如生。明间用四龙戏珠（蛛）雀替，次间与稍间为缠枝葡萄，雕刻工艺精湛。拜殿内檩、枋之间都用隔架科透雕异型栱。整个梁架遍饰彩画，色彩艳丽，富丽堂皇。

大殿面阔五间，进深三间，为单檐悬山建筑，孔雀蓝琉璃瓦，黄琉璃枋心。大殿斗栱形式为五踩双下昂，内部梁架结构为七架梁加前后挑尖梁。大殿前檐额枋、平板枋上雕刻二龙戏珠、麒麟望月、瑞禽、隐士等浮雕图案。大殿檩、枋之间都用隔架科透雕异型栱。大殿内梁架用材规整，做工精细，雕刻精美，彩画保存完整。大殿前次间上部绘有金色卷发男女头像和西洋建筑风景画，反映了怀商同国外的药材贸易关系。

民间称“十三帮一大片，不如怀帮一个殿”，形象地反映了怀帮会馆在建筑艺术上的成就。

拜殿（李斌提供）

鸟瞰（段建辉提供）

戏楼（文宣提供）

禹州

123

十三帮会馆

十三帮会馆位于禹州市文卫路中段路西，为河南省文物保护单位。

禹州药市兴于明初，因明末农民战争而衰落，清康熙、雍正时期开始恢复。因药材贸易分散于密县、禹县两地，药商经营交通不便，乾隆十七年（1752）由州府统一规划，集中于禹州城内西北隅和西关跑马岗地域，定议每年夏、孟秋、仲冬三个会期，加之春季跑马岗举办骡马大会，逐渐演变为全年的中药材交易会。

十三帮会馆是清代禹州城内西北隅四个（山西、江西、怀帮、十三帮）药商会馆之一，乾隆三十年兴建，与山西会馆南北一路之隔，与怀帮会馆东西邻街相望。因其聚集有内乡马山口、郏县、汝州、商城、金陵（南京）、亳州等地药帮的药材商，又以“十三”为吉祥数，故取名“十三帮会馆”。为扩大贸易，提高知名度，于同治十年（1871）建成会馆内庙宇建筑。

十三帮会馆原占地20亩（1.33 hm²），有庙宇区、商业区、晒货场三部分，平面为矩形。庙宇区沿南北纵轴对称分布，由映龙池、九龙映壁、山门、花园、戏楼、钟楼、鼓楼、东西厢房、关帝殿、东配火神殿、西配药王殿的庙宇建筑与东跨院议事厅建筑两部分组成。现存庙宇和东跨院两部分，保存有关帝殿、药王殿、东西厢房以及议事厅等清代建筑。

关帝殿为正殿，殿前建有高约1 m的月台。西配殿为药王殿，东配殿为火神殿（已毁）。关帝殿为卷棚和悬山殿宇前后作勾连搭式建筑。卷棚面阔三间，进深一间，单檐硬山卷棚顶，绿琉璃瓦覆顶。关帝殿面阔三间，进深三间，单檐悬山顶，绿琉璃瓦覆顶。正脊为琉璃瓦脊，正面饰龙，背面饰凤，垂脊内侧为缠枝牡丹，外侧为鹤与荷花，象征和合如意。正殿用方形柱础抹角，雕刻竹节，象征八节顺利。柱头下雀替、额枋皆饰彩绘。梁头外部雕刻龙头。正殿明间额枋外饰二龙戏珠、蔓草花卉、虎鹿等吉祥动物的三层木雕，金箔粉饰，刀法精湛，另外还有精美的砖雕麒麟、凤凰或人物故事等。西侧药王殿较正殿形制稍小，主殿为单檐硬山顶。殿前东西两侧为出前廊的厢房。正殿前原有面阔五间、进深四间的歇山式花戏楼，已毁。

庙宇左侧商业区实为面阔五间的三进四合院，为北方传统民居形式，现存议事堂，面阔五间，单檐硬山顶。

十三帮会馆是少有的商帮建筑形式，在省内外会馆建筑中比较罕见，对于研究古代商帮的形成、发展提供了珍贵的资料。会馆整体按北方园林风格布局，规模宏大，素有“十三帮一大片”之美称。

正殿（段建辉提供）

鸟瞰（段建辉提供）

议事厅（段建辉提供）

郏县 124 山陕会馆

郏县山陕会馆又名山陕庙，位于郏县城关镇西关大街西段北侧。为全国重点文物保护单位。

汝水向东南经襄城，入北舞渡，至周口镇，是清代重要的水运通道。郏县位于汝水河北岸，同时也是洛阳至汝阳、南阳、赊店等商业中心的陆路通道。清代初期郏县经济繁荣，商贾云集。为方便洽谈生意、迎宾宴客，山陕二省客商捐资置地兴建郏县山陕会馆。会馆创建于清康熙三十二年（1693），其后雍正、乾隆、嘉庆时期又增建了钟楼、鼓楼及山门式戏楼及殿堂馆舍等。

郏县山陕会馆由庙院、后院、东院三部分组合而成，坐北朝南，南北长 105 m，东西宽 60 m，占地 6 825 ㎡，现存古建筑 9 座。三院高墙相隔，独立成院，建筑布局很独特。

大门外有照壁，宽 8 m，高 7 m，厚 1 m。基座用质地坚硬的红石砌筑，灰泥抹缝，上部用青砖砌筑，灰瓦覆顶。照壁背面正中镶嵌砖雕团龙。

大门与戏楼融为一体。面阔三间，二层单檐悬山式建筑，灰筒瓦屋面。正门上为悬挑木构垂花门，单披檐歇山式，石雕门额“山陕庙”。门楼一层三间，明间供人出入，两次间为门卫及接待之所。二楼面北，为三间戏楼，构架为七架梁，脊檩墨书“嘉庆二十四年重建”及有主持、泥水匠人名字等内容的题记。平板枋装饰透花镂雕，图案有二龙戏珠、狮子滚绣球等，置五踩重昂斗栱，左右出 45° 斜栱。明、次间斗栱雕刻华丽，耍头雕为龙首，上昂雕为卷曲的龙身，下昂雕为卷曲的龙尾，造型别致，构思精巧。门与钟楼鼓楼之间为左右便门，高墙门上为悬山顶。

钟楼、鼓楼位于戏楼两侧，面阔三间、进深三间，各用木柱 12 根，为高台重檐歇山式建筑。楼下台基高 4 m，檐下施三踩单下昂斗栱，浑厚朴实，飞檐挑角之下悬挂风铎。脊饰雕砖精美，两端有吻兽，脊之正中有雕砖麒麟驮宝瓶造型。戗脊上祥龙昂首，脊端各立傧伽。

正殿面阔五间，进深 8.4 m，歇山式灰瓦顶建筑。檐下施五踩重昂斗栱。该殿歇山收山达到一间，非常罕见。

后殿面阔三间，进深 8 m，为二层悬山式灰瓦顶楼阁建筑，前檐下置五踩重昂斗栱。平身科斗栱形制同戏楼，耍头为龙首，二层昂圆雕为龙身，一层昂雕为龙尾。

照壁（文宣提供）

大门与钟鼓楼（贾付军提供）

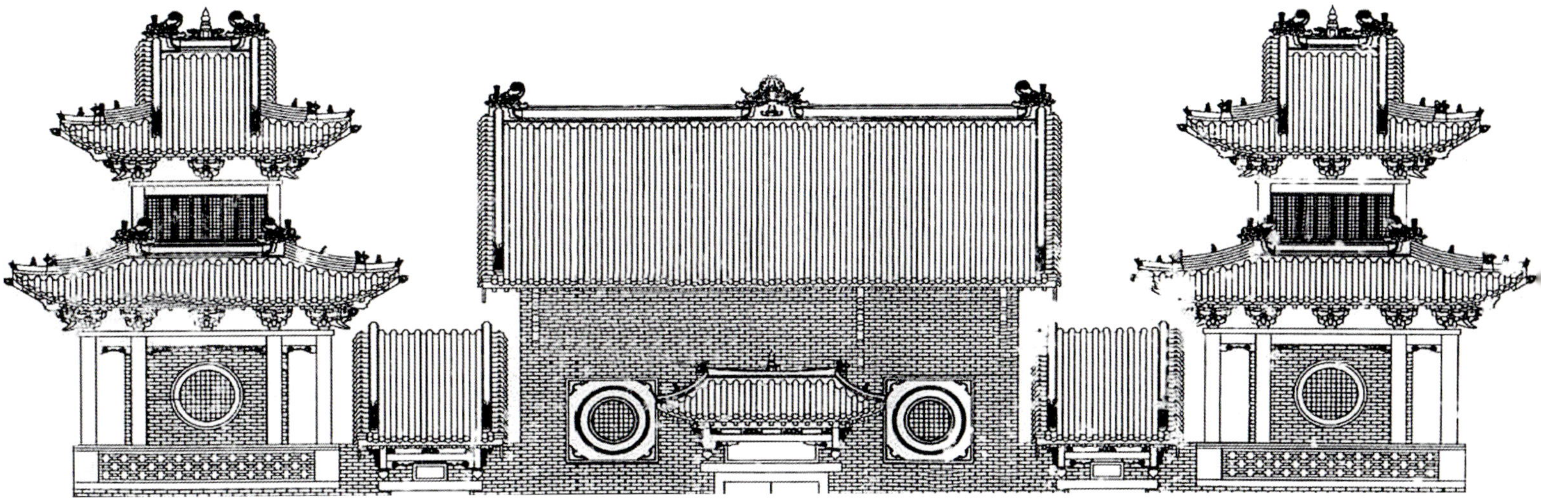

鼓楼、戏楼、钟楼立面图（文宣提供）

钟楼脊刹与脊饰（贾付军提供）

门匾及垂花雕饰（文宣提供）

大门檐部斗栱(贾付军提供)

125 辉县山西会馆

辉县山西会馆又称关帝庙，位于辉县市区南大街西端路北，系山西商人在辉县建立的聚会场所，为河南省文物保护单位。

会馆创建于清乾隆二十五年（1760），嘉庆二年至十七年（1797—1812）陆续增建，今总建筑面积为 2 706 ㎡。会馆为四合院式建筑群，中轴线上建筑有大门、二门、戏楼、拜殿、大殿，两侧建筑有两陪房、钟楼、鼓楼、东西厢房和两配殿。

大门面阔三间，进深六步架，悬山式建筑，前后出檐。二门与戏楼连为一体。楼下有过道，门楣上隐约可见“关帝庙”三字。二门面阔三间，进深一间，单檐歇顶式，雕花脊饰，檐下有雕花斗栱。戏楼通面阔 28.8 m，下层为门道，上层为戏台。戏楼两边各连有配楼三间，皆为硬山式建筑，可直通戏台。靠戏楼南墙有半面坡式“二门楼”，为悬山式顶，面阔三间。小八角型石柱。二门及戏楼上的额枋、脊饰透雕有各种人物、鸟兽、花卉等图案，形象逼真。

拜殿为单檐歇山卷棚顶建筑，建在须弥座式高台基上，前有月台，面阔三间，进深二间。后部大殿悬山顶建筑，面阔三间（12.9 m），进深二间（11.4 m），梁架上均有精美彩画，殿顶脊饰吻兽保存完好。大殿两侧各有面阔三间的配殿，出前廊，硬山式建筑。厢房位于其两侧，各面阔五间，进深六步架，出前廊。

钟楼、鼓楼皆为重檐歇山式建筑，分置于戏楼左右，风格相同，平面均为正方形。南北墙体中间各开一圆窗，墙体上镶有精美的砖雕。雕砖面积 7 ㎡，每两块长砖雕龙一条，龙头东西相向，上下交错，圆窗周边用四龙缠花雕砖镶嵌。二楼的浮雕与南北墙的大同小异，唯砖多为方形。

豫北地区现存会馆较少，辉县山西会馆虽然规模不大，但保存完好，特别是木、石、砖雕图案，内涵丰富，制作精巧，有较高的艺术价值。

钟楼全景（文宣提供）

钟楼局部（文宣提供）

钟楼二层建筑翼角（文宣提供）

钟楼砖雕（文宣提供）

唐河

源潭陕西会馆

源潭陕西会馆亦称关帝庙、山陕庙，位于唐河县源潭镇第二高级中学前院，为河南省文物保护单位。

源潭位于唐河县城北 13 km，唐河、泌阳河交汇处，为清代豫南最繁华的集镇之一。清康熙年间（1662—1722），因源潭紧靠河道大湾，深潭联串，船舷云集，最多时可达 2000 余艘，商业颇为兴隆。会馆创建于清雍正九年（1731），乾隆七年（1742）重修，铁旗杆铭文载："大清乾隆岁次菊月辛丑初一日，陕西同州韩城县木厂弟子大川……公立。陕西同州府韩城县金火匠人薛大银、薛彦魁造，乾隆五十三年又重接铁旗杆。"道光二十一年（1841）四月十六日庚子丑时，东厢房竖柱上梁。

源潭陕西会馆现仅存大殿、东西配殿、七间东厢房和二根铁旗杆。大殿坐北朝南，面阔三间，进深二间，重檐楼阁悬山式建筑，灰筒板瓦覆顶，黄色琉璃枋心、脊饰。脊檩墨书"大清道光贰拾壹年岁次辛丑四月十六日丑时竖柱上梁"。室内通用通柱，七架梁，上檐有廊，老檐柱间为隔扇门。柱头上置大额枋、小额枋、额垫板、平板枋四大件，其上有高浮雕双龙、凤凰、牡丹等图案。下层檐前出一单庇檐抱厦，檐下置五踩重昂斗栱，柱头科用象鼻昂，平身科出 45° 斜象鼻昂。上层檐下用三踩单昂斗栱。上层屋顶是黄色琉璃脊，两侧数条高浮雕飞龙，脊中央有一高达 2 m 的绿琉璃重檐歇山顶式的"摘星楼"，中供姜太公神像。大殿悬匾"摘星楼"，正面两侧四根柱子分悬两副对联："君正臣贤尧舜日，万民乐业保安康""帅旗一展安天下，打神钢鞭定太平"。背面为："山西泽州府阳城县东关琉璃匠人乔维城、乔维翰、乔维垣、乔维藩、乔维刚造。"其建筑形式为他处少见。

东西配殿位于大殿左右，面阔三间，进深二间，为单檐楼阁硬山式建筑，灰筒板瓦覆顶，黄琉璃瓦剪边。正脊为黄色琉璃脊，两侧为龙吻，脊中饰狮子宝瓶和仙人。

铁旗杆位于大殿前，分立两侧，均为六棱形，通高 17.5 m，下部分别插入二铁狮之脊。铁狮通身黑亮，旋眉卷毛，张口衔铁球，脖下饰五铃，目视前方，蹬步挺立。铁狮内侧铸出胡人形象，冠尖顶毛边小帽，身着汗衫，卷眉、隆鼻、瞪目，一手牵狮、一手执锤，叉足威立。外侧铸出二龙戏珠、凤凰牡丹等图案。杆身分为七节，自下而上分别铸出仰覆莲、二童子爬杆、蟠龙腾空、童子抱杆、仰斗、铜质宝盖、宝珠等。

源潭陕西会馆为研究清代早中期山陕豫一带商业线路的移动、兴废及当时的建筑技术水平提供了可信的实物证据，具有重要的历史价值。

大殿前檐柱础（其一）（贾付军提供）

大殿前檐柱础（其二）（贾付军提供）

大殿（贾付军提供）

大门前檐斗拱（贾付军提供）

耸立的铁旗杆（贾付军提供）

舞阳

127 北舞渡彩牌楼

侧面（文宣提供）

夹杆石上的蹲狮（文宣提供）

北舞渡彩牌楼位于舞阳县北舞渡镇文昌街南端南街小学院内，为河南省文物保护单位。

北舞渡镇处于商业重镇赊店同北方贸易的陆路通道上，同时又有航运便利的沙河，成为北通山西、西通陕西、东达周口的水陆运输中心，商贸活动盛极一时。为适应经济发展和商贾联谊的需要，山陕商人合资在此兴建了山陕会馆。据碑刻记载，清雍正年间开始兴建，乾隆十八年（1753）大规模重建，有春秋楼、大花戏楼、大殿、铁旗杆、钟鼓楼等建筑。道光五年（1825）建彩牌楼，被誉为“河南清代牌楼建筑之冠”，现仅存彩牌楼、拜殿。

彩牌楼为三间六柱五楼柱不出头式，单檐歇山顶，屋面覆灰色筒板瓦。明间面阔 3.60 m，次间面阔 2.20 m，坐北朝南，立于拜殿前石构台基上，左右两次间边柱与明柱之间各构成一等腰三角形，平面布局别致新颖。

彩牌楼明间由明柱、夹杆石、大小额枋、花板、平板枋、斗栱、檐楼构成，次间构件同明间。中柱和边柱均为圆形，柱下置鼓形柱础，每根柱下均设有抱鼓石状的夹杆石，南北向夹持柱身下段。中柱抱鼓石上各雕刻一石狮，四根边柱的抱鼓石无雕饰。牌楼下设“工”字形石条基础，把玲珑秀丽的彩牌楼稳稳托起。主楼额枋下使用雕刻花卉的变形花牙子通雀替，雀替之上为小额枋，正面精雕着山水、奔兽，背面浮雕有缠枝花卉，其上为两层花板，透雕山水、林木、人物、建筑和花牙子，浮雕狮子、绣球和奔走的麒麟。花板上有“浩气英风”匾额，正面透雕二龙戏珠，背面透雕展翅翱翔的凤凰。主楼前后共有四根垂花柱，柱头雕刻花卉。次楼的额枋下雕刻花牙子骑马雀替。小额枋正面浮雕宝瓶、花牙子等。小额枋之上为龙凤板，

正面（文宣提供）

板上刻字现已不存。其上复置额枋，枋面透雕滚龙和缠枝牡丹，枋上置斗栱。

主楼正脊由八节透雕花卉的脊筒组成。正脊中央矗立着造型优美、玲珑秀丽的重檐楼阁。楼阁两边为造型逼真、栩栩如生的驮珠奔狮。主楼的垂脊与戗脊亦由透雕花卉的脊筒组成。整个楼顶屋面曲线缓和，楼檐层层叠叠，翼角高翘，翩翩欲飞。

拜殿面阔三间，进深一间，单檐硬山顶。殿内保存历代碑刻多通，记载了会馆建设的历史资料。

山陕会馆牌楼为河南境内四座六柱五楼式木牌楼之一，它造型设计匠心独运，木雕、石雕遍及楼体，堪称古代建筑的瑰宝，既反映了当时的建筑技术和装饰艺术等方面的高超水平，又见证了当年北舞渡镇的商业繁荣。

邓州 汲滩山陕会馆

汲滩山陕会馆原名山陕关帝庙，位于邓州市汲滩镇，为邓州市文物保护单位。

明清时期，处于南阳盆地南沿的邓州商业经济活跃，会馆有 15 处之多。汲滩镇西临白河支流湍河，明清时期是邓州货运的集散地、白河流域著名的水陆码头之一。山西、陕西大批商贾合资在此建立山陕会馆，用来聚会议事、敬神感灵、接待商人和存放货物。

根据现存建筑题记及碑刻记载，山陕会馆初建于清雍正五年（1727），雍正十三年增修乐楼，乾隆四年（1739）建拜殿，乾隆二十六年重修，嘉庆二十四年（1819）增修照壁，直到民国期间仍有增修。

汲滩山陕会馆规模宏大，整个建筑群坐北朝南，原有大门、照壁、石牌坊、钟鼓楼、乐楼、拜殿、大殿、春秋楼、东西厢房等多座建筑，布局完整，气势雄伟。现仅存大门、照壁、拜殿、大殿及东西配殿等六座建筑，碑刻六通。

大门面阔一间，为高墙门形状，上部为砖雕斗栱、椽飞承托瓦顶屋面，两侧为砖雕花卉纹饰砖柱，左右紧接围墙及照壁。

拜殿面阔三间（11.6 m），进深三间（8.7 m），单檐硬山卷棚式建筑，灰筒板瓦覆顶。前有宽 9.5 m、进深 4 m、高 0.5 m 的月台，东西两端有花墙。卷棚东西次间前后檐额枋均雕刻为月梁形。檐下置三踩单翘斗栱，次间正心栱栱身雕刻为鱼形，饰鱼鳞纹，头朝座斗，尾承散斗。山墙部位仍使用梁架，主体构架为六架梁对前后抱头梁，梁身装饰“寿”字纹，梁上的柁墩均为浮雕花卉纹。脊步梁下柁墩明间为龙凤纹雕刻，次间为双凤纹，雕刻精美，纹饰华丽，保存完好。脊檩下有题记两处，题记前后均为龙首，东为坤卦，西为乾卦。后部题记为“大清乾隆四年岁次乙未九月十六日辰时创建拜殿三间谨志”，前部题记为“大清乾隆二十六年岁次辛巳拾月初贰日午时会议扩大重建愿永远吉祥如意”。该建筑使用了部分南方建筑的结构和装饰，南北建筑风格兼容并蓄，很有特点。

大殿原名山陕关帝神殿，面阔三间，进深三间，单檐硬山顶，灰筒板瓦覆顶。台基与拜殿同高，山墙前部同拜殿连为一体，东西各置券门一座。大殿前檐柱、金柱顶部外侧均斜杀，为豫北明代建筑的做法。该建筑构架主体为五架梁对前廊穿梁。梁上柁墩为花卉浮雕。脊檩下题记为“大清雍正五年岁次丁未八月初五日卯时立柱上梁，创建山陕关帝神殿奉直大夫知邓州事加一级……永远吉祥如意”。东西配殿均为面阔三间，进深两间，硬山灰瓦顶。

院内现存《重修拜殿碑记》《汲滩镇山陕庙运粮碑记》《增修照壁碑记》等六通碑刻，记载了会馆的历史变迁。

配殿（贾付军提供）

拜殿（贾付军提供）

拜殿梁架及清代乾隆题记（贾付军提供）

八 民居建筑

河南自古以来就是人口高度密集的区域，民居建筑数量浩大，类型众多，是河南古代建筑的重要组成部分。民居建筑所蕴含的建筑与自然环境条件，建筑与人体尺度，建筑与生产、生活所需空间结构，建筑与技术，建筑与社会组织形式，建筑与道德伦理观念等诸多方面的关系等信息量更大、更真实，也更有价值。尽管频繁的战乱毁掉了众多的古民居，但河南存留至今有代表性的村落、庄园、名宦豪宅、民宅小院等民居仍有200多处，为我们了解古代河南民居的概况提供了珍贵的资料。

作为历史遗存的民居建筑散布于全省各地。由于特殊的区域位置和富有特色的地形地貌特征，河南的民居建筑也呈现出了丰富多彩的面貌，为中国民居建筑的一大奇观。河南民居以中国气候分界线为界，其北为抬梁式结构体系，木构件断面较为粗大，建筑墙体、屋面构造厚重，建筑门窗等装修数量少且体量小，建筑整体风格较为凝重；其南为穿斗式或穿斗式与抬梁式相结合之结构体系，木构件纤细，墙体与屋面构造较薄，门窗装饰部件相对较多且体量较大，建筑的通透性较强。另一方面，河南的民居以中国第二、三阶梯为界，其东、西部又呈现出迥异的风格：东部以传统的木构四合院为主；西部黄土高原则因地制宜，创制了靠崖式、下沉式（地坑院）、砌筑式的窑洞建筑类型，为中国古建史中独有的内容。另外，东南部的大别山区，呈现出四围天井院的院落组合特点；而西南地区，则呈现出南北结合的过渡风格。在盛产石材的区域，还出现了整区以石材建造的石构民居建筑。这些民居建筑，在平面布局、选材、建筑技术与艺术上各具特色，使建筑融于自然，并科学利用自然条件以达到最高质量的生存环境，是“天人合一”、人与自然和谐共处设计思想的具体体现。

河南现存民居中，村寨庄园以卫辉小店河村民居建筑群为代表，该村落保存完整，规模宏大，布局完整，功能齐全；博爱寨卜昌村是一处集居住、农业、商业及防卫于一体的封建地主村寨，整齐宽敞，结构统一，雄伟壮观；被誉为“中原第一红石古寨”的郏县临沣寨则是文化积淀深厚的古村落。地坑院是古代人们穴居生存方式的遗留，如今已日渐稀少，但在三门峡境内，地坑院仍散落在黄土丘陵地区的许多地方，为黄土塬上一大奇观。

名门宅园中以巩义康百万庄园最为典型，它是由康百万家族陆续修建的一座集居住、农业、商业、手工业及防卫诸功能于一体的大型封建地主庄园，同时也是豫商建筑的代表作；商水叶氏住宅整个建筑群保存完整，布局主次分明，充分反映了清初民间建筑的风格特点；固始陈元光祖　　祠，是台湾居民与中原先民关系血浓于水的历史见证。其他如安阳马氏庄园、项城袁氏故居等名门宅园，也都是当地民居建筑的代表作品，具有各自的历史风貌和韵味，共同组成了绚丽多彩的河南民居建筑文化。

巩义

129 康百万庄园

文物建筑分布图（文宣提供）

康百万庄园位于郑州市辖巩义市康店镇康店村，为全国重点文物保护单位。

“康百万”是明清以来对巩义康店地区康氏家族的统称。明代至民国期间，由康百万家族陆续修建，形成集居住、农业、商业、手工业及防卫诸功能于一体的大型封建地主庄园，共分为 19 部分，占地面积约 16h㎡。目前，康百万庄园仍保留有生活区、生产区及场圃区三大部分。生活区包括寺沟住宅区、张沟住宅区、龙窝沟、主宅区、金谷寨、祠堂、福禄堂、栈房区、南大院等部分；生产区包括造船场、木材场、砖场、南瓦窑、作坊及饲养区等部分；场圃区包括花园、菜园、果园及林场等部分。上述部分共有 33 个庭院、53 座楼屋、73 孔窑洞，共计 571 间房屋，面积达 6.43h㎡。建筑时代绝大部分为清代，部分属民国时期。主宅区为整个庄园的中心，其他区域呈扇形排布于北、东、南面。

主宅区位于邙山东麓半山腰上，依邙岭走势建造，坐北朝南。主宅区始建于清代，现存建筑均属清代建筑，该区南北长 83m，东西宽 73m。出于防卫的需要，主宅区四周建有寨墙，高 12~15m，形成了特点突出的封闭型寨堡式建筑。主宅区共有两组建筑，北部以中院为轴线向左右一字排开五个院落，皆坐北朝南；南部有两座院落，皆坐西朝东。北部五座院落的总体布局大同小异，基本为两进四合院形式，遵照封建礼教，分长幼、别内外，特色不一，用途各异。

南大院是康百万庄园中唯一一座坐南朝北的宅院，清代所建，位于主宅区东南约 50m 处，南北长 146.6m，东西宽 90m，也是该庄园中单体建筑体量最大的部分。现保留下来的有方五丈院、书馆院（东侧院）、西侧院等。其中书馆院是康百万家族子女的书馆和族人谈史论经的场所。

栈房区建于清光绪十一年至十八年（1885—1892），位于主宅区东寨墙之东约 50m 处。现存有坐北朝南的四处院落。栈房区系康家“顺义”“崇义德”“魁记”等商业活动区。祠堂修建于清代，位于主宅区北约 300 米的地方，南北长 33.3m，东西宽 13.55m，为坐北朝南的三进式祠院。龙窝沟于清代修建，位于主宅区北部崖下，是依山靠崖、随高就

主宅院（杜启明提供）

主宅院门楼(杜启明提供)

低挖筑的窑洞群，目前尚存“永修正果”洞、“居严永康”窑等。金谷寨建于清代，位于主宅区西南约 1km 的邙山上，是为抵抗捻军而修建的一个军事堡垒，东西长 200 多米，南北宽 150 多米，现仅存有几孔砖窑。作坊区为清代修建，位于主宅区东寨墙下，沿寨根而建。现存有窑洞 9 孔，坐西面东，3 座瓦房，坐北朝南，主要有“庆令居”院、木料窑、粉坊院、大伙房、石工作坊等，供储藏及勤杂人员居住、就餐、工作。

康百万庄园目前尚存有清同治五年（1866）建康霖三神道碑楼、民国五年（1916）建石牌坊及观音堂、明清及民国等时期的石刻等，都具有较重要的文物价值。

康百万庄园北靠崇山峻岭，东南有洛水环绕，中间地势宽敞，构成了比较完美的风水意象，是运用中国传统建筑选址理论的典型例证。康百万庄园功能齐全、分区合理、错落有致，取法自然。庄园融合中国中部和西部两大地理区域的建筑式样，将实用性与艺术性完美结合，是中原民居的一个典范。

富有特色的宅院（杜启明提供）

主宅院局部（杜启明提供）

南大院(文宣提供)

清代葡萄与福字照壁
(杜启明提供)

安阳马氏庄园

马氏庄园位于安阳县蒋村乡西蒋村，南临珠泉河，背靠粉红江，西为水冶镇，东为安阳城，为全国重点文物保护单位。

马氏庄园是一座集居住、祭祀、防卫诸功能于一体的大型封建地主庄园。庄园始建于清光绪六年（1880），至民国十三年（1924）前后止，是清末兵部侍郎、督察院右督副使、两广巡抚马丕瑶的府第。庄园总占地面积 2hm²，建筑面积5000 多平方米，计有门、厅、堂、廊、室、楼共 308 间。整个建筑群分为南、中、北三个区共 21 座院落，规模宏大，保存完整。

马氏庄园中区规模最大，院落坐北朝南，东西排列四个院落，除最东边院落为两进外，其余均为四进大院。这三个院又以中路为主，东西两侧为次院，中轴线上分别为大门、仪门、两座厅堂、寝房（楼）或绣楼，东西厢房中轴对称，地面由南向北逐院抬高。中区主要是马丕瑶和长子、四子的居住区，建筑规模大、规格高。建筑多数带有前廊，灰筒瓦覆顶，隔扇座花、雀替、墀头、门墩、柱础等处雕刻华丽，图案精细，脊饰牡丹、荷花等图案，立体感强，是豫北民居中雕刻艺术的精华。中区东边院落为两进四合院，是马氏家庙兼私塾，院落宽敞，房屋开间大，临街两层楼建筑明间、稍间各开一个拱券门，南面临街正门石门额题“马氏家庙”，左右两门额分别篆刻“家规”“追远”。二楼北面带廊，南面五间开大方窗，采光极好，是马氏子弟的私塾——家学楼，专供学童读书。正堂屋为祭堂，带前后廊，是中区面阔最宽的一座房，是祭祀的重要场所。二进院两厢房体量小，各三间，正房是灵位的祭堂，前带月台，是马氏庄园唯一带月台的建筑，充分体现该建筑在祭祀活动中的重要性。再东原是马氏花园，现已不存，从残存的门匾“珠洹绕翠”“秀环珠水”可以推测出当时花园的自然环境。

北区是两进四合院，在中区西北 300m 处，院落坐北朝南，南轴线上由南向北分别为大门、过厅、寝楼，两个院落厢房呈中轴对称。房墙体有方孔，应是战乱年代用于防御的射击口。从金檩上的题记看，该区建筑应是民国年间所建。

南区为四进四合院，坐南朝北，建成于 1924 年，带有异域建筑风格。中轴线上由北向南分别为大门、仪门、厅堂、院门、寝房、后罩房，主要建筑体量均大于中区。该院走廊上的倒挂楣子为桃尖状券门，外部色彩为蓝色，带有伊斯兰教建筑特征。正房和门多带有斗栱，雕刻的麻叶头十分精致，抱头梁刻龙状。房屋多带有前廊，柱础上刻有动物、怪兽等，抱鼓石雕凿细腻。房脊雕花内容丰富，立体感强，是瓦作中的艺术珍品。南区东院留有过道可通各院，逢年过节或庆典活动时，才把过厅门全部打开。

马氏庄园分区合理，各区建筑多施精美雕刻，艺术效果显著，为豫北地区典型的民居建筑。

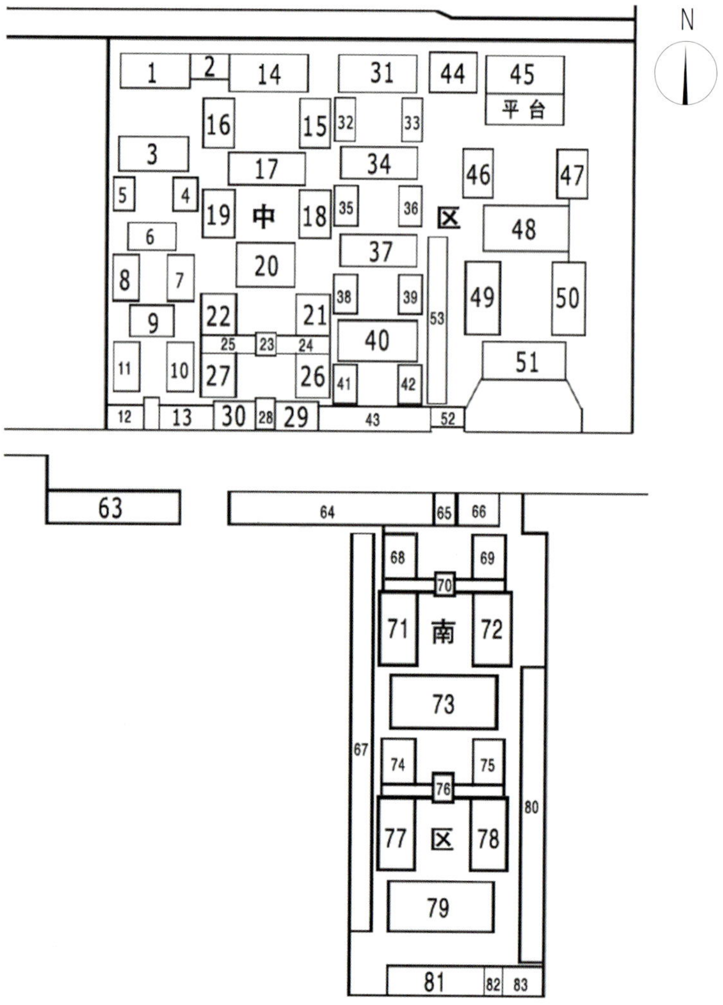

中区、南区总平面图（文宣提供）

南院（文宣提供）

中院外景（文宣提供）

中院主院前院（文宣提供）

中院主院东绣楼
（文宣提供）

庭院一角（文宣提供）

门楼（文宣提供）

131

博爱 寨卜昌村

寨卜昌村位于焦作市博爱县苏家作乡，是一处集居住、农业、商业及防卫于一体的封建地主村寨，为全国重点文物保护单位。

寨卜昌村背靠太行，南濒沁河，呈依山傍水之势。这个村寨是由明代迁至此地的药王卜昌、油王卜昌、乔卜昌共同修筑而成，包括寨墙、寨门、民居和桥梁等，统称“寨卜昌”。

寨卜昌村现存建筑少数为明末清初的，大部分为乾隆、嘉庆和道光年间也即清代中后期所建。现存古民居 130 座 400 余间，包括 19 座完整或较为完整的封闭式院落和王氏宗祠、寨墙等。古民居多集中于三条街道，建筑形式包括传统四合院、两进四合院和多进四合院。

清代所建的王家大院，因整条街道居住的是一个大家族，所以每院都有圆门相通。大门前檐置砖雕墀头、木柱和柱顶石，大门为板门，置抱鼓石门墩。倒座五间，前檐悬挑垂莲柱，造型别致。正房五间，七檩前廊式，明间六抹头隔扇门和挂帘，次间和尽间为槛墙和槛窗。院内存石槽、石狮和生产生活用具。房屋基础为条石砌筑，墙体为条砖砌就，梁架斗栱上刻龙凤、花鸟、人物彩绘图案，屋顶为灰布筒板瓦覆盖。

寨卜昌村周设寨门。寨墙和古村由西北向东南呈龟背形。寨墙外由宽 8 m、深 3 m 的寨河环绕。寨墙和寨河为咸丰十一年（1861）修建，同治七年（1868）竣工，距今 140 多年。现存寨墙全长 2 500 m，高 10 m 许，地基外沿用条石砌成，寨墙为三七灰土加米汤夯实而成。原有东西南北“纳春融”“挹秋浆”“迎叠翠”“览荣光”四寨门，12 个烽火台，现仅存东门同治七年“纳春融”石额一通。

寨卜昌村功能齐全，布局完整，且依法自然，规划合理，体现了人与自然的有机融合。

三号院客厅外景（文宣提供）

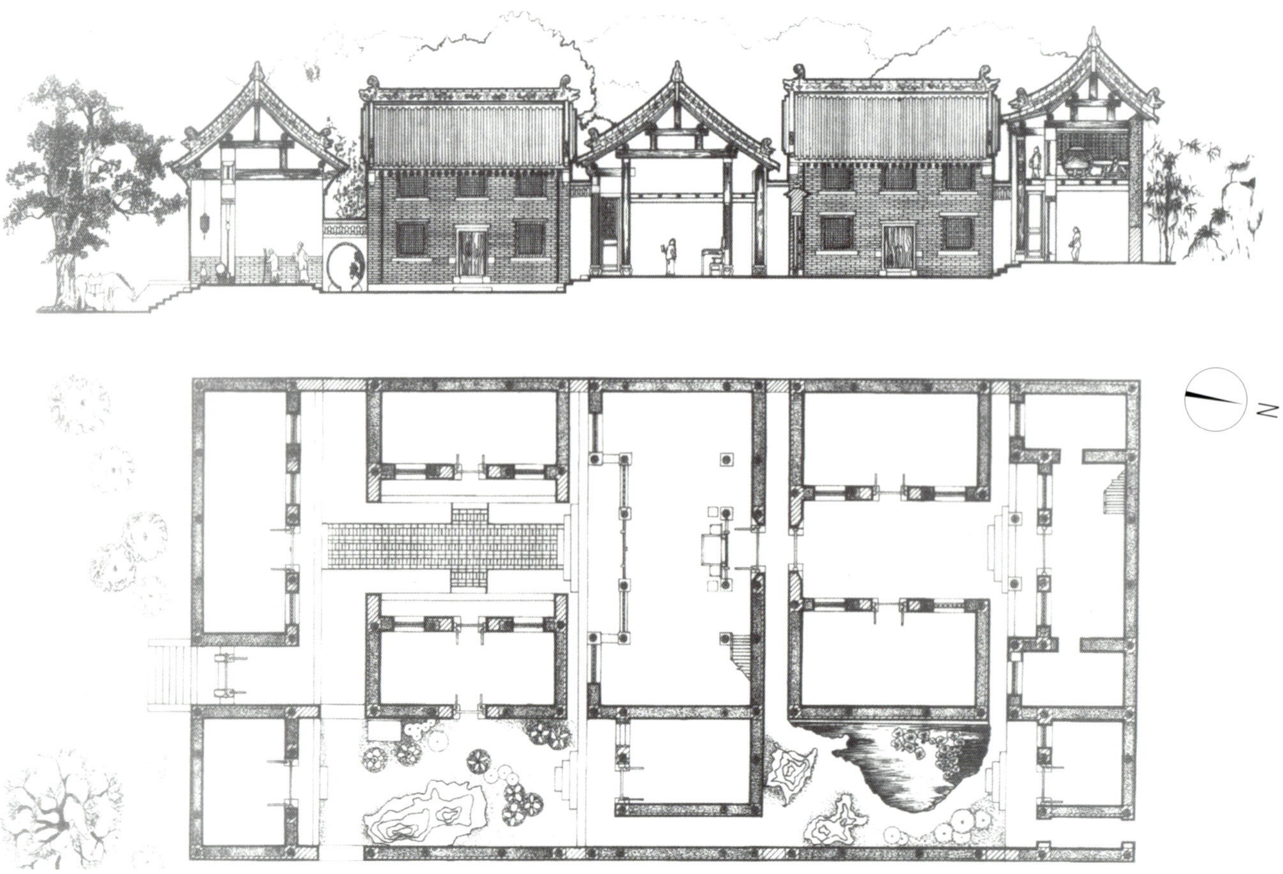

六号院民居剖面与平面图（文宣提供）

忠孝堂（文宣提供）

民居祠堂（文宣提供）

街道（文宣提供）

卫辉

小店河村

小店河村坐落于太行山怀抱之中，村前沧河四季不息。村寨建于龟背山上，寨门建在龟颈上，龟头伸向沧河，形成勘舆学“神龟探水”之形势，为河南省文物保护单位。

据《卫辉市志》《卫辉地名志》记载，清初有户闫姓人家在沧河边开了一家店铺，故称小店河。小店河民居始建于清代乾隆年间（1736—1795），嘉庆年间续建，兴盛于道光、同治、光绪年间及民国时期，逐渐发展成为占地面积 5 hm²的村落。小店河村现有寨门、寨墙，10 座院落，含 23 进四合院，86 座单体建筑，至今已有 200 多年历史。寨门为砖石结构，青石券门，面阔一间，进深一间，门前有系马桩。整个村寨坐西向东，纵贯南北。街道全长 170 m，宽 4 m。

闫氏家祠硬山式建筑，清嘉庆二十五年（1820）建，四合院，上房面阔五间，进深一间，布瓦顶，隔扇门窗，砖石结构，朱楹粉墙。另有南、北配房各三间。

二号院建于民国十五年（1926），四合院，主要有大门、上房、配房等建筑。门高 2.1 m，砖石结构，硬山式建筑，布瓦顶。门楣上嵌“侨云山房”石板一方，双柱之间木雕石榴。上房硬山式两层楼建筑，面阔五间，布瓦顶，由楼梯可登至二楼，门楣石板楷书“天赐纯嘏”四字。配房北屋面阔三间，上下两层，屋内地下室一间。门楣石板楷书“春观鱼跃”四字。配房南屋面阔三间，门楣石板楷书“秋听鹿鸣”四字，两侧对联为“四面云山都在眼，万家烟火最开心”。周围雕刻有麒麟呈祥、双喜闹梅、长寿富贵、如意平安等吉祥图案。

三号院为三进院，主要有大门、二门、厅堂、绣楼等建筑，五间倒座门楼上悬木匾一块“捍卫乡闾”。二门位于中轴线上，垂花门楼，木制隔扇门，门楣上楷书“迎日丽”三字，端庄秀丽。厅堂明三暗五，上下两层。绣楼上青砖铺地，木制隔扇门，阳台为几何图形木制栏杆。南北配房各三间，整个建筑上的瓦当滴水均有“福”“喜”二字。穿过厅堂九级青石台阶进入三门，三门影壁为木制隔扇，有太极八卦图，直径 1.9 m，黑、朱两色，青砖镶嵌在粉墙上，取镇邪去魔、福禄长寿、保宅平安之意。

四号院为两进院落，倒座门楼门楣上有“平为福”三字，二门双柱间有方格木雕装饰，布瓦房脊上有楷书“公忍相济”四字。入二门为第一进院落，厅房面阔五间，进深一间，木制隔扇门窗，硬山布瓦顶，房脊上有楷书“吉星临”三字，山墙分别有砖雕楷书“寿”字。南北配房各三间，四面山墙上各雕一字，分别为“修”“诚”“正”“庆”，房脊上有楷书“秀竹宣”三字。穿过厅堂，踏青石台阶进入第二进院，上房五间，配房各三间，硬山布瓦顶。

五号院为四进四合院，三道门原有四块匾，第一道门砖结构券门，门楣上木匾有“恩贡”；第二道门木制扇门，上悬“礼让可风”木匾，均已毁坏；第三道门木制双扇门，门楣上有楷书“丽融和”三字，两侧木雕有牡丹、菊花、凤桃、石榴、梅花、荷花等吉祥图案。第二进院落为秀才读书场所，上房五间，配房各三间，硬山布瓦顶，房脊上有楷书“攸宁所”三字。第三进院为小姐绣楼，上房五间，配房各三间，二层木制几何图案槛窗，门楣分别刻楷书“麟趾呈祥”“关雎起化”。

九号院为三进四合院，建于清道光六年（1826），倒座门楣上有楷书“惠迪吉”三字，院内墙头两侧楷书“宜磬”“谷吉”。第一进院占地 490 m²，过厅面阔七间，进深一间，砖石结构，房脊上楷书“攸宁所”三字，背面楷书“活之安”三字。第二进院占地面积 403 m²，两进院均为练武场地，院内有石锁三个，石盆一件。正房面阔七间，上下两层，房脊上有“日月有恒”四字。南北配房各四间，房脊上有字“竹苞”“松花”，喻意家族兴盛，居室堂皇。

深宅大院后部有石块砌成的寨墙，将建筑群合围。硬山式小寨门外山包上设有瞭望台，以防土匪袭击。整个民居依山就势，建筑形式多样，功能齐全，是我国北方清代民居建筑的典范。

全景（张武军提供）

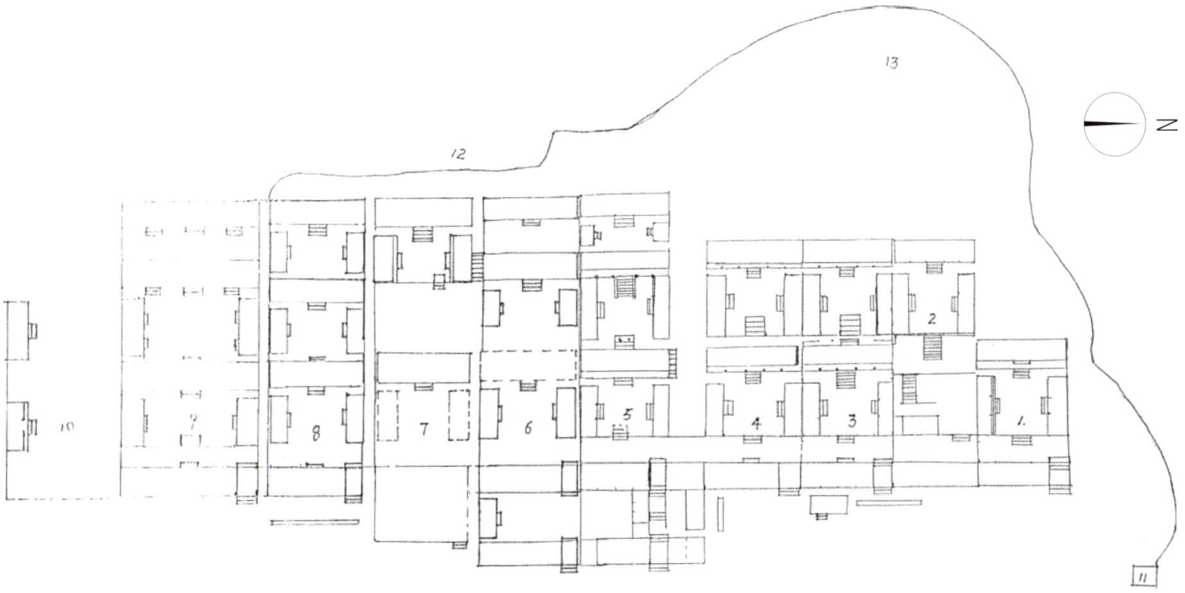

总平面图（文宣提供）

三门四户（张武军提供）

垂花门（张武军提供）

民居院落（张武军提供）

民居墀头上部盘头（文宣提供）

郏县 133 临沣寨

临沣寨位于郏县堂街镇朱洼村，为中国历史文化名村、全国重点文物保护单位。

临沣寨地处平原地带，发源于香山的利溥、沣溪两水分别从寨东、寨西流过，汇入北汝河。整个寨墙及建筑用一种红色条石砌筑，当地人又称之为“红石寨”“红石古寨”。临沣寨始建于明末，清道光二十九年（1849），盐运司知事朱紫峰告老还乡，在朱家洼营造私宅，称为“朱镇府”，规模宏大，布局严谨，被誉为“汝河南岸第一府”。咸丰元年（1851），朱家洼在朱紫峰等富商巨贾的带领下，以当地紫云山的红石为主要材料修筑了红石寨墙，至此临沣寨初具规模，后于同治元年（1862）重修。

临沣寨占地约 7 hm²。寨内有东、西主干道两条，将寨分为南部、中部、北部三部分。古建筑主要集中在村子的中部，保存较完整的院落有四处，分别为朱紫贵、朱镇南、朱紫峰和张氏创建。有明代民居一座，清代建筑百余座，这些古建筑除少部分被后人拆除或翻新外，大部分较好地保存了创建时的原貌。临沣寨村落布局比较完整，朱氏祠堂、关帝庙等建筑群遗址均存。

临沣寨平面呈椭圆形，寨墙为清一色红石砌筑，周长 1 100 m，高 6.6 m，上有哨楼 5 个，城垛 800 个。由临沣寨通往村外的寨门是按八卦方位的乾、坤、巽三方分别开的，西寨门取名“临沣”，东寨门取名“溥滨”，意为此寨濒临沣溪、利溥两水。南寨门取名“来熏”，取自《诗经》“熏风南来”一句。三个寨门均装有两扇 10 cm 厚且用铁皮镶裹的榆木大门，临沣门上的铁皮面鎏金“同治元年”和“岁在壬戌”的题字，至今仍清晰可辨。寨外是长达 1 500 m 的护寨河，河宽 12 m，深 3 m。临沣寨南门一侧，沣溪汇入护寨河，河内常年清水长流，水草茂盛。河外是千亩芦苇，百亩翠竹，与红石寨墙构成一幅亮丽的风景画。

清道光年间，朱氏三兄弟家道隆昌，成为一方望族。老大朱紫贵于道光十五年（1835）建相邻的三进四合院两处，占地面积 1 362 m²。老二朱镇南于道光十一年在寨子的东部建三进四合院宅第一处，占地面积 1 762 m²。老三朱紫峰于道光二十九年建相邻的五进四合院两处，占地面积 2 516 m²。朱紫贵与朱紫峰的宅院皆坐北朝南，院落也相邻，总体布局大同小异，由倒座、厢房和上房围合而成。宅院门都临南大街。朱镇南宅的建筑布局与其兄弟宅第格局相同，只是宅院坐南朝北，门临北大街。这些宅院都是朱氏家族日常居住区。建筑最突出的特点是就地取材，以红石为基础，青砖垒砌，并饰以各类木雕、砖雕和石雕图案，将石头与砖木建筑完美结合为一体。在朱紫峰宅院的东邻，有一处保存完好的晚明建筑，是该组四合院第一进院的正房，墙体通身用红石条筑砌而成，坚固异常。

临沣寨民居建筑从明至清，在时代上没有缺环。它们集中地出现在一个村落中，在国内实属罕见。2005 年年底，临沣寨被评为第二批中国历史文化名镇（村）。

砖雕（王歌莺提供）

朱紫峰宅（王歌莺提供）

总平面图（文宣提供）　0　20　40　80m

民居（其一）（王歌莺提供）

民居（其二）（王歌莺提供）

寨内朱家旧宅（王歌莺提供）

寨墙与护城河（王歌莺提供）

寨门（王歌莺提供）

陕县 庙上村地坑院

庙上村地坑院民居位于陕县西张村镇庙上村，为全国重点文物保护单位。

河南区域地坑院民居形成历史极早。地坑院与原始先民的穴居传统渊源极深，距今已有约 4000 年的历史，一度是我国黄土丘陵地区一种较普遍的民居形式，在豫西尤为集中。对河南地坑院记载最早、最详细的资料，当属南宋绍兴九年（1139）朝廷秘书少监郑刚中写的《西征道里记》一书，书中记述了他去河南、陕西一带安抚百姓时的所见所闻。关于当时河南西部一带的窑洞情况，书中记载：“自荥阳以西，皆土山，人多穴居。”并描述了当时挖窑洞的方法：“初若掘井，深三丈，即旁穿之”，在窑洞中“系牛马，置碾磨，积粟凿井，无不可者”。“初若掘井”就是开始时像挖井一样挖出院心，“深三丈”只是个大约数字（地坑院一般深度为 7 m），“即旁穿之”，就是从旁边向院内挖的上下甬道（门洞）。这些简洁的文字勾勒出当时地坑院的形状和施工过程，与现在我们所看到的地坑院民居别无二致。

地坑院也叫下沉式窑院，是古代人们穴居生存方式的延续，被称为中国北方的“地下四合院”。庙上村地处黄土高原，现存地坑院达 70 余座。由祖传家谱可知，当地村民居住地坑院的习俗至少已经沿袭了数百年。

地坑院的开挖因地制宜，省工省料，且冬暖夏凉，挡风隔音，是一种独特的建筑形式。地坑院的设计以人体尺度为模数，使用独特的营造工具，其营造过程经历了策划准备—择地、相地—定向、放线—挖天井院、渗井—挖入口坡道、门洞、水井—挖窑洞—砌筑窑脸、下尖肩墙、檐口、挡马墙及散水—修建散水坡、加固窑顶—修建窑顶排水坡、排水沟—安门框、窗框，扎窑隔—粉墙—地面处理—砌炕、砌灶—制作、安装门窗—装饰、绿化的有序过程。庙上村地坑院就是按照这种做法，在平整的黄土地上，挖一个边长 10~12 m 的正方形（或长方形）深坑，坑深 6~7 m，然后在四壁凿挖 8~12 孔窑洞，并选择窑院一角的一孔窑洞挖出一个斜向弯道通向地面，作为居民出入院子的门洞。门洞正对的窑洞是长辈居住的正窑即主窑，左右为侧窑，按功用分为厨窑、牲口窑、茅厕窑、门洞窑等，依主窑所处东西南北位置朝向不同，地坑宅院分为“东震宅”“西兑宅”“南离宅”“北坎宅”四种。地坑院窑洞里大都用土坯垒成火炕，冬天烧火做饭取暖。院里栽有桐树、梨树，很多院里还种有花卉，呈现出一种恬静的农家情调。院子里通常还有一个渗井，主要用来积蓄雨水。有一些地坑院的四周砌有 30~40 cm 高的拦马墙（又名女儿墙），一方面防止下雨时雨水灌入院里，一方面考虑儿童和夜里出行人的安全，并可以起到一定的美化作用。农忙时，窑顶还是打晒粮食的场地，厨窑的顶部开有直径约 15 cm 的小孔，能直接将晒好的粮食灌入窑内，省时省力。

“地坑院建筑营造技艺”已被推荐为国家级非物质文化遗产。

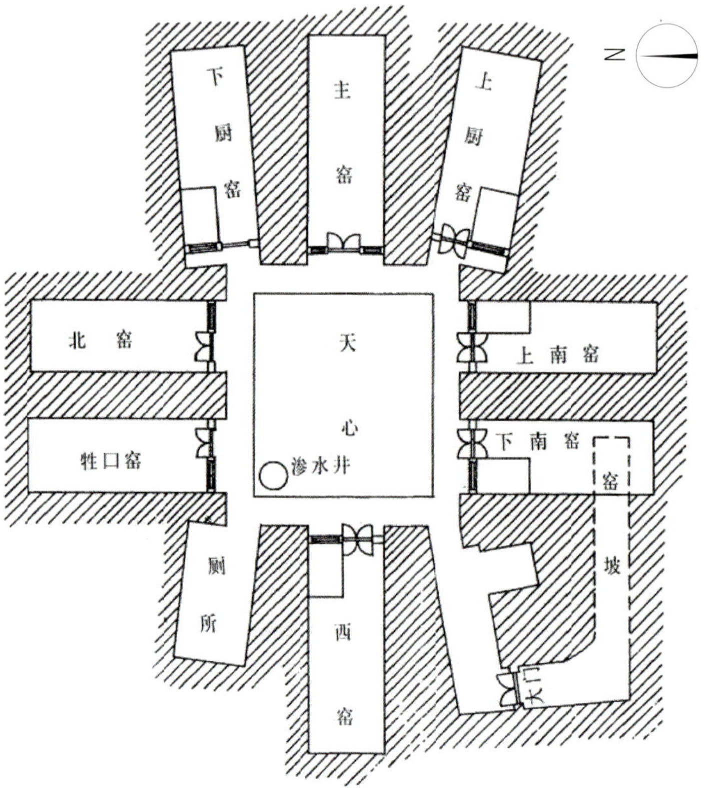

东震宅平面图（文宣提供）

地坑院鸟瞰（杜卓提供）

院内一角（杜卓提供）

入口（杜卓提供）

晨曦中由地坑院组成的村庄（员更瑞提供）

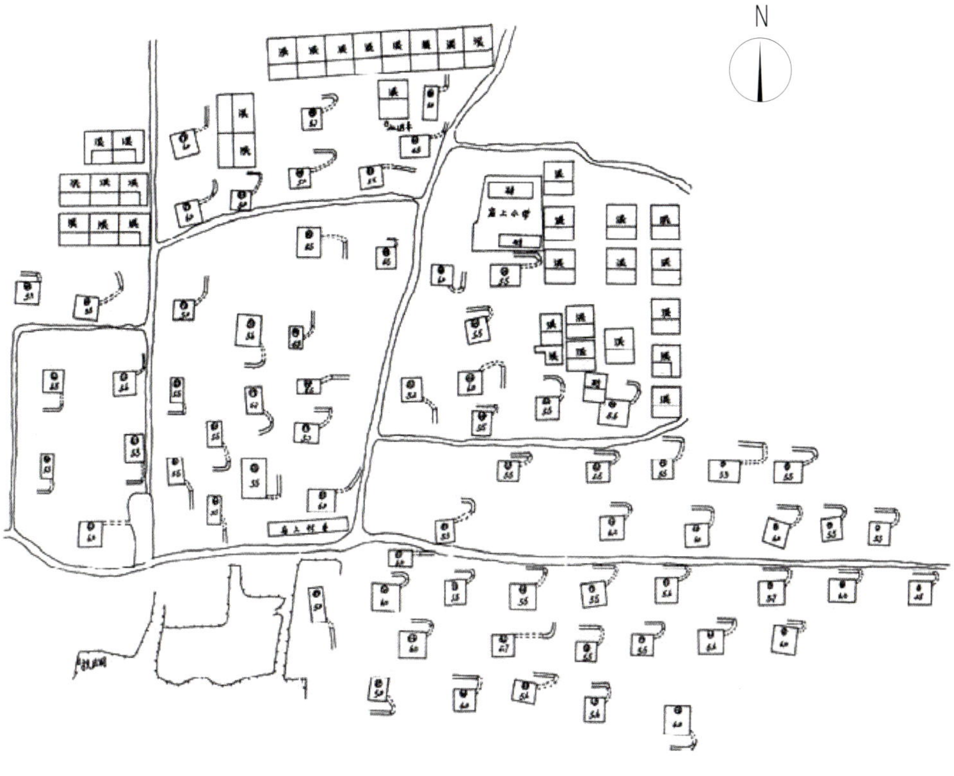

地坑院分布图（文宣提供）

135

商水 叶氏住宅

叶氏住宅位于商水县邓城镇沙河南岸，为全国重点文物保护单位。

叶氏庄园由叶方科及其后人所建，始建于清康熙、乾隆年间。嘉庆元年（1796）续建，成于同治七年（1868），历时72年，耗银170余万两，形成了以三个大院为主的叶氏庄园建筑群：一号院名为“三进堂楼院”，叶方科和其子叶敷梓亲手创建，后由叶敷梓长子叶含文继承；二号院名为“五门照”，叶敷梓次子叶含明居住；三号院名为“高门台”，是叶含文次子叶兆先续建。

现存叶宅东西宽260 m，南北长70 m，占地面积1.82 hm²，共有三组建筑群，以西侧叶含文宅院（一号院）保存较为完整，以下只介绍这个“三进堂楼院”。该院分为前、中、后三个院落，共有楼房96间，瓦房17间，均为硬山式建筑。三进院落建筑手法及用材一样。每进院落均由正房、东西厢房及东西配房组成。前院大门在倒座东侧，硬山灰瓦顶，山墙前部墀头饰精美雕刻。倒座又称护院楼，为二层硬山楼房，面阔三间，进深一间，砖木结构。一层青砖铺地，二层为木楼板，三间相通，西次间后墙设木楼梯。梁架为五架梁直接承托在前后檐墙上。正房坐北朝南，面阔三间，进深二间（带前廊），砖木结构，为二层硬山灰瓦顶楼房。一层青砖铺地，二层为木楼板。明间后墙设有木楼梯，有后金柱两根，梁架为七架梁，承托在内檐柱和后金柱上。前檐部用五踩柱头斗栱承托，前檐装修落地隔扇门窗，后檐明间砖墙辟券门（外设一间抱厦，已毁）与中院相连。东、西厢房各面阔三间，进深一间，东西配房各面阔三间，进深一间。其南次间与正房之间辟门与中院相通。

中院正房坐北朝南，西阔三间，进深二间，砖木结构，为二层硬山楼房。一层青砖铺地，二层为木楼板。明间后墙设木梯，有后金柱两根，梁架为七架梁，直接承托于前后檐墙上。后檐墙明间辟券门与后院相连，门后有抱厦一间，券门上部饰精美砖雕。东西厢房各面阔三间，进深一间，二层硬山建筑，砖木结构。门前有一间抱厦。一层青砖铺地，二层木楼板，南次间置木梯与二层相连。梁架为前后檐墙承托七架梁，三架梁上置叉手。东、西配房各三间，与前院配房布置相同。

叶氏的内宅院由正房和东西厢房、东西配房组成，均为二层硬山建筑，砖木结构。正房面阔七间，为明三暗七。一层青砖铺地，二层木楼板，西稍间置木楼梯。前檐明间置板门，两次间辟八角形窗，门前建抱厦三间。前檐墙上部饰砖雕柱、枋、斗栱和雀替。东西厢房各面阔三间，进深一间。前檐明间置板门，两次间辟八角形窗，门前建抱厦三间。一层青砖铺地，二层木楼板，南次间置木楼梯。东西配房各面阔一间，进深一间，建筑形式及装饰手法同厢房。

叶氏住宅建筑群布局保存完整，轴线明确，左右对称，主次分明，是研究河南地方民居建筑不可多得的珍贵实物资料。

门楼（文宣提供）

前院正房（文宣提供）

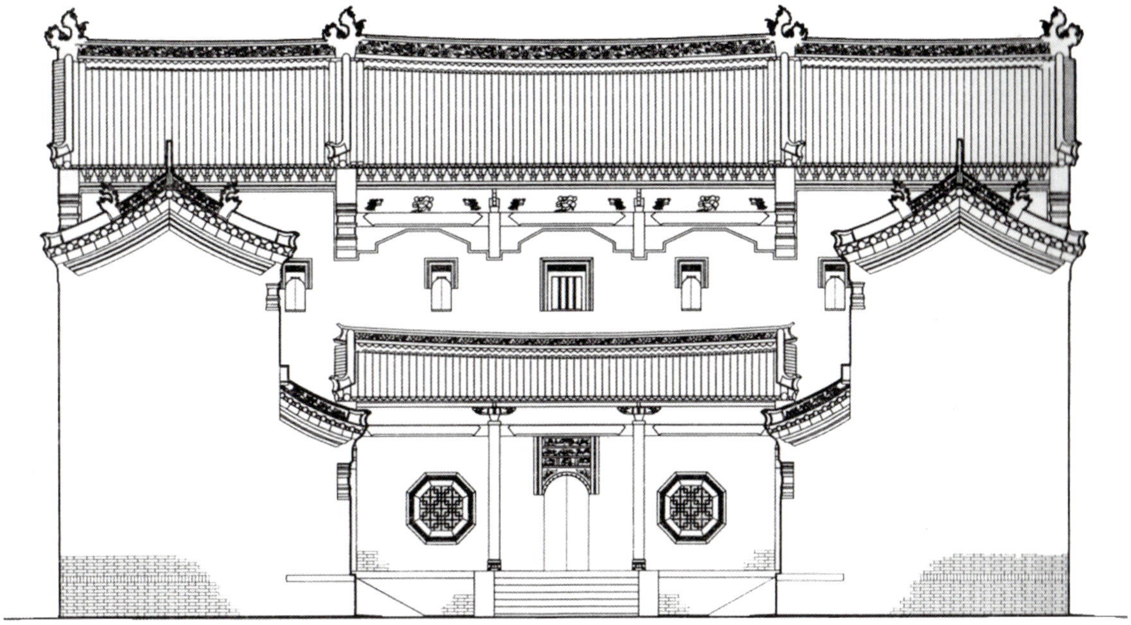

一号院后堂楼院正立面图（文宣提供）

中院建筑的“虎尾”（文宣提供）

后院西厢房（文宣提供）

起伏的屋顶（文宣提供）

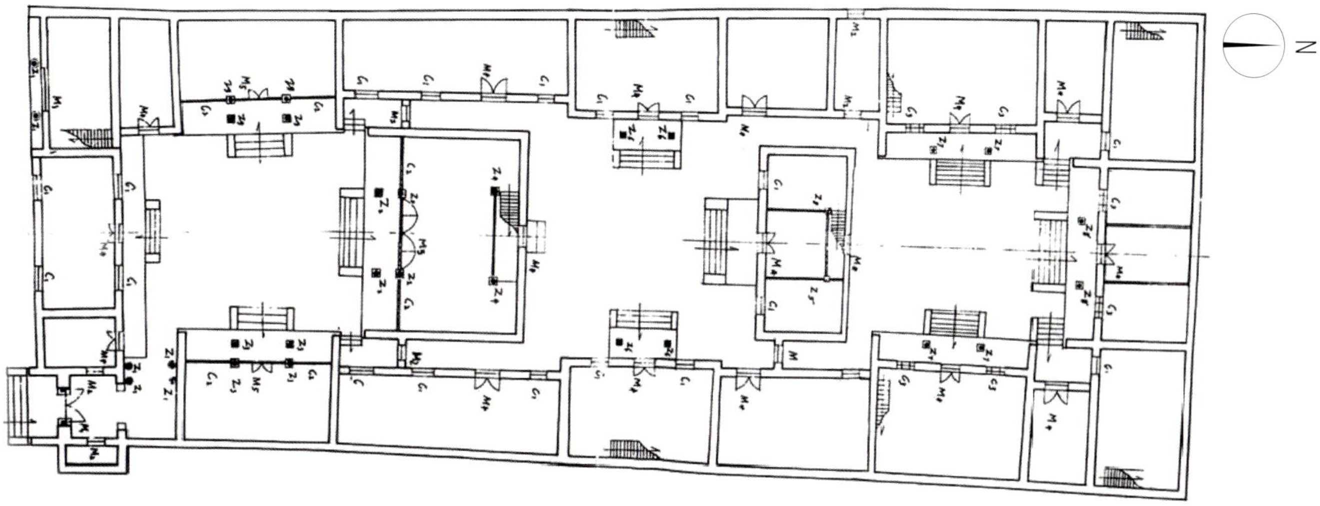

一号院总平面图(文宣提供)

项城袁氏故居

136

袁氏故居位于项城市东南 13 km 的王明口乡袁寨村内，1859 年袁世凯出生于此，又称袁世凯故居，为全国重点文物保护单位。

袁氏故居原是明末世宦石氏的庄园，原名石腰庄。清道光年间（1821—1850），石氏家道中落，袁世凯祖父袁甲三、父袁保中于咸丰七年（1857）购买石氏庄园并迁居于此。袁世凯降生后，其父袁保中对庄园进行了改造与营建，形成了一组别具一格、集住宅与城堡于一体的建筑群。

袁氏故居整体布局呈方形，占地 18 hm²，自东向西依次并列有三组院落，每组院落按中国传统建筑布局分前、中、后三进四合院，共有单体建筑60余座。故居西侧另建有花园一座，小桥流水，别有韵味。故居南侧建有几组四合院布局的客房及长工住房。故居东北侧原有学校一座，是袁氏家族为村内贫苦人家孩子求学建造的。为了加强庄院的安全防卫，袁氏家族在院落四周建造了高丈余的寨墙，寨墙外开挖两道护城河，四角各建炮楼。寨东西两面设有寨门和吊桥。整座庄园如铜墙铁壁，坚不可破，是当时中国动荡形势的反映。

袁氏故居现存建筑均为砖木混合结构，单层或重层硬山结构、布瓦屋面。建筑原有东、中、西三组院落，每组院落又分三进院落。每组院落之间有院墙分隔，但有偏门可来往通行。院落之间既相对独立，又互相联系。西院原为袁世凯六弟袁世彤修建并居住，现存文物建筑有厢房五座，过厅、腰楼、后楼各一座；东院原为袁世凯父亲袁保中修建，现存文物建筑有后楼一座（袁世凯出生地），厢房及过厅各一座；中院为袁世凯叔祖父袁重三修建并居住，现仅存过楼及腰楼。

袁氏故居整体布局疏密有序，建筑高低错落，防御意识极强，是典型的地主庄园建筑，特别是作为重要历史人物的故居，具有重大的文物价值。故居的砖雕、木雕及各种烧制的脊饰艺术构件等形象丰富多彩，制作精致，多与百姓生活息息相关，对研究中原地区的民俗文化具有重要价值。

鸟瞰（文宣提供）

中院主楼侧视
（文宣提供）

右院后院主楼（文宣提供）

中组院落腰楼（文宣提供）

后楼——袁世凯出生地（文宣提供）

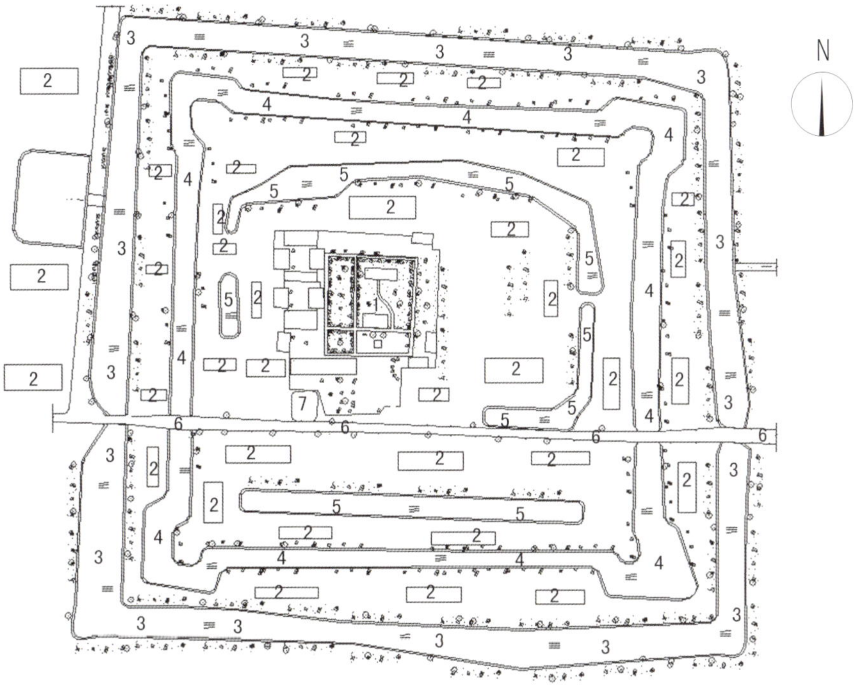

1. 现存文物建筑区
2. 后建民房
3. 外护城河
4. 中护城河
5. 内护城河
6. 桥梁
7. 饮马坑

0 10 20 40m

总平面图（文宣提供）

137

固始陈元光祖祠

陈元光祖祠位于固始县陈集乡，为全国重点文物保护单位。

陈元光祖祠又称陈氏将军祠，由陈元光之孙陈钠始建于唐天宝年间（742—755），现存建筑为清嘉庆年间所建。嘉庆二十二年（1817），晋商王天义买下陈家祠堂，扩建为山西会馆，现存门楼、正堂、配祀、左右厢房及耳房，是一组典型的清代豫南建筑。20世纪80年代恢复旧名。自唐代以来，播迁于福建、台湾及海外的固始开漳将士后裔纷纷到固始拜谒陈元光祖祠。

陈元光（657—711），字廷炬，号龙湖，是唐初由河南固始入闽的将领之一，被后世尊为“开漳圣王”。唐总章二年（669），高宗皇帝诏归德将军陈政（陈元光之父）为岭南行政总管，率兵3 600名、将士123名（共45姓）入闽。仪凤二年(677)陈政去世后，陈元光代父领兵，从九龙山打到潮州，经过大小战事百余次。他屯垦建宅，“发展农桑、水利和教育事业”。垂拱二年（686）朝廷批准陈元光建议，在闽南设漳州，并委任他为首任漳州刺史。景云二年（711），陈元光将军于出巡途中闻警，率轻骑追击，战斗中不幸为贼将所杀，终年55岁。

陈元光祖祠面向浮光峰，门前一泓碧水为月池。建筑为四合院，前有大门及围墙。大门面阔一间，单檐硬山顶，门额为“陈氏将军祠”，围墙上有六角形花窗。正堂面阔三间，进深三间，单檐硬山灰瓦顶。檐柱为方形石柱，前檐有廊。东西耳室各两间。左右配殿各三间，单檐硬山建筑，前檐柱为方形石柱，柱头有额枋及平板枋，上置方形坐斗，承前檐双步梁梁头。柱脚为方形，雕人像名花，基石与楹柱浑然一体。

陈元光祖祠是固始人南迁起点的重要标志，成为众多固始籍开漳将士后裔魂牵梦萦的精神家园。

外景（文宣提供）

正堂（文宣提供）

大门（文宣提供）

厢房（其一）（文宣提供）

厢房（其二）（文宣提供）

九 桥梁建筑

河南独特的地理位置和交通条件，使得河南区域成为人类社会交流的重要枢纽。据史料记载，早在原始社会，河南区域就是部族频繁汇集交流之地。公元前11世纪，周王朝统治者认定洛阳为“天下之中，四方入贡道里均”（《史记·周本记》），在洛阳建都成周。《读史方舆纪要》载：“河南阃城中夏，道里辐辏”，从地理方位和交通的角度阐明了河南在中国的重要地位。

河南区域的古河洛文化圈与关中地区的秦晋文化圈并峙而存，这与二者之间的交通状况有较大关系。在豫西，逆河而上须由纤工沿黄河栈道向上游牵拉船只。因黄河有三门峡之天险，循水路者须在三门峡弃舟登岸过崤函古道，崤函古道遂成为中国历史上沟通东西交流的咽喉要道。豫西北的南太行山将东西区域隔离，古有沁河栈道和羊长坂古道，为古代沟通晋豫的咽喉，其中沁河栈道开凿于三国魏正始二年（241），为一规模宏大、技术复杂的交通工程。这些古道上有大量的桥梁建筑，它们成为华夏文化不朽篇章的重要组成部分。

黄河、淮河、长江流域交汇于河南境内，且支流众多，故而河南的古桥梁不仅数量众多，且种类各异。在以《清明上河图》为代表的古代画卷中，我们看到了以虹桥为首的举世闻名的伟大桥梁建筑。虽历经劫难，河南区域保存至今的古桥尚有200余座，承担着沟通四方的重要任务。河南古桥的结构类型有石礅石梁桥、石柱石梁桥、石柱木梁桥、圆拱桥、坦拱桥等数种，其时代跨宋、金、元、明、清各代。临颍的宋金小商桥是河南现存的唯一一座早期敞肩圆弧石拱桥；洄河石拱桥系河南唯一有确切纪年的宋桥；光山永济桥是河南最长最大的古代联拱石桥；安阳县永和桥为三孔石桥，是保留唐五代风格的宋代建筑。其他的重要桥梁还有汝南县济民桥和宏济桥、林州市顺河桥等。因分布区域的不同，河南各地古桥的结构类型、建筑风格亦有区别，呈现出丰富多彩的面貌。

138

临颍 小商桥

小商桥位于临颍县南皇帝庙乡商桥村，为全国重点文物保护单位。

小商桥南北跨于小商河上。小商河原名小溵河，桥因此名为小溵桥，初建于隋开皇四年（584）。宋初，为避宋太祖之父赵宏殷之讳，小溵河和小溵桥均改“溵”为“商”。北宋时依隋制重修小商桥。后元大德、明正德、清康熙年间均有维修。

小商桥全长 21.3 m，宽 6.45 m，桥底海墁石至桥面高 6.55 m，通体用红色石英砂岩建造。小商桥为敞肩圆弧石拱桥，在木桩基础上铺砌海墁石和桥墩，桥墩之上砌主拱和两侧腹拱，再上即为桥面。桥面两侧有栏杆、抱鼓石等。两岸四边各砌上下两道雁翅，系与桥墩一次性砌成。

桥下河床遍布木桩，上铺海墁石与两端桥墩连为一体，并延伸至主孔以外上下游出水口，直抵两侧雁翅墙。主孔在中，净跨 12.14 m，矢高 3.06 m。在主拱券正中龙门石上，有阴刻“□□贰年玖月拾贰日合龙门记”。券脸石表面雕出装饰框线，框内雕流云、飞鸟、如意头、升龙、凤凰图案，中间一块券脸石雕吸水兽面。主拱两侧各有一腹拱，其中南孔净跨 2.85 m，矢高 0.87 m；北孔净跨 2.78 m，矢高 0.87 m。外券石上雕有牡丹、莲花等。桥面以宽 60 cm、厚 20 cm 的青石铺就。栏板、望柱、抱鼓石等系 20 世纪 90 年代初维修时利用在河床中发现的构件补配安装。

小商桥具有科学的建造技术和合理的结构。拱券用并列式砌券法，并以硕大的腰铁联结牢固，结构合理，构造科学。主拱券上加两道护拱石，呈叠涩状伸出，对主拱起到了保护作用；主拱与两侧腹拱间用锁石横向插入拱背，起到了加固作用；主拱的券脚落在桥墩台深 5 cm 的槽内，避免了移位；拱券收分上窄下宽，有利于拱券的稳固；拱券背面内部用灰土夯打致密，不仅减轻了桥身重量，还起到了良好的防水效果。

近景（文宣提供）

小商桥为敞肩圆弧石拱桥，世界公认该桥型首创于我国。三段优美的圆弧，如在平行的地面和水面之间悬挂的条条彩虹，避免了呆板和凝滞，给人以丰富的想象空间。小商桥桥身及出土构件上的雕刻，尤其是龙、凤、花卉、流云等图案，是宋金时期比较常见的艺术形象，精美绝伦。

主孔吸水兽石雕（赵明星提供）

栏板雕刻（赵明星提供）

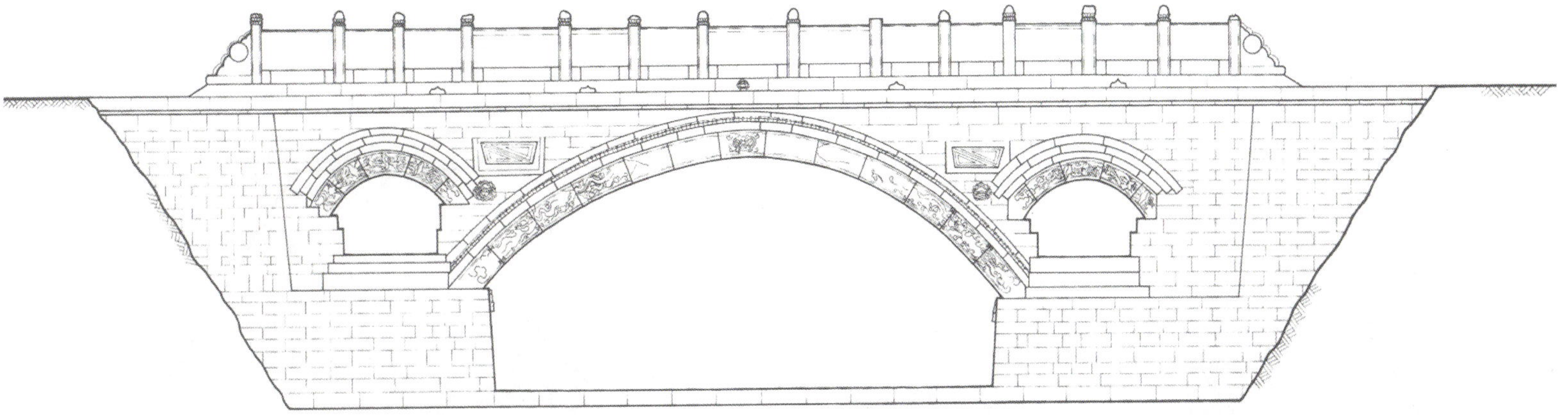

上游正立面图（文宣提供）

安阳

139 永和桥

永和桥原名永定桥，位于安阳县永和乡永和集村，桥身呈东西向，横跨于洹河故道上，为河南省文物保护单位。

永和集原为唐末五代相州永定县和北宋相州永和县县治所在，石桥以县名，迄今已有近千年的历史。据明嘉靖《彰德府志》记载，明弘治年间（1488—1505）重修过永和桥，现桥上的栏板多为明代补修之物。永和桥虽经过历代修缮，但主体结构和艺术装饰仍保持金元时期的建筑风格与特点。

该桥为跨度不同的三孔石拱桥，主拱券为半圆形，一券一伏。南北两侧拱券跨度稍有不等，北拱略长，拱券的砌筑方法为纵联式，错缝排砌并联而成。东西两拱券与主拱券相同。券脸石上均雕刻卷草图案。南面吸水兽为盘龙浮雕，北面吸水兽为猛兽浮雕。

桥栏杆为青石所制，高 0.65 m。栏板两端均匀有榫插入柱子卯口中。每块栏板下皮两端都支撑在长方形的垫石上，简单朴素，且利于桥面排水。望柱柱顶有不同状态的狮子、仙桃及素面圆雕。栏板外侧雕刻几何形图案和人物、山林、飞禽、祥云及明月等，图案内容丰富，人物刻工精湛、细腻，极为珍贵。

桥面系用青条石铺墁，为南北向横铺。桥两端自抱鼓石处向外逐渐展开，呈八字形平面。桥中间有两道古代车辙痕迹。

永和桥结构合理，采用纵联式的砌筑方法，主拱券及左、右小拱券面叠涩伸出，对拱券结构起到了很好的保护作用。拱券券脚均落在桥墩台槽内，避免了结构移位，也对稳定整座桥起到了重要作用。永和桥选址的洹河故道，暴雨集流迅速，排水不及，常泛决成灾，为了增加桥梁的稳固性，将木桩打入地基，形成桩基础，有效提高了地耐力。桥身及出土的艺术构件浮雕图案，刀工精湛，栩栩如生，是古代雕刻艺术宝库中的精品。

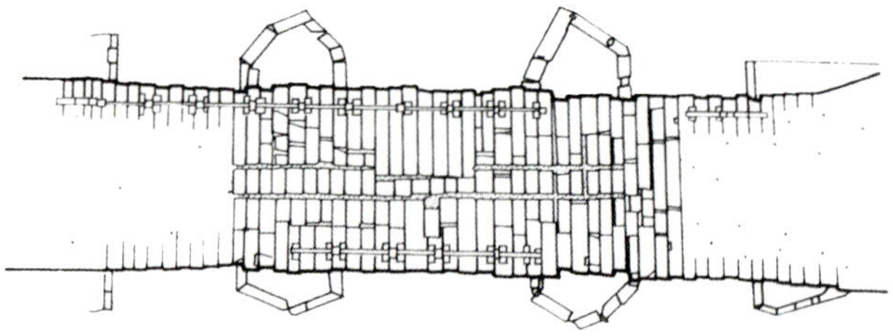

平面实测图（文宣提供）

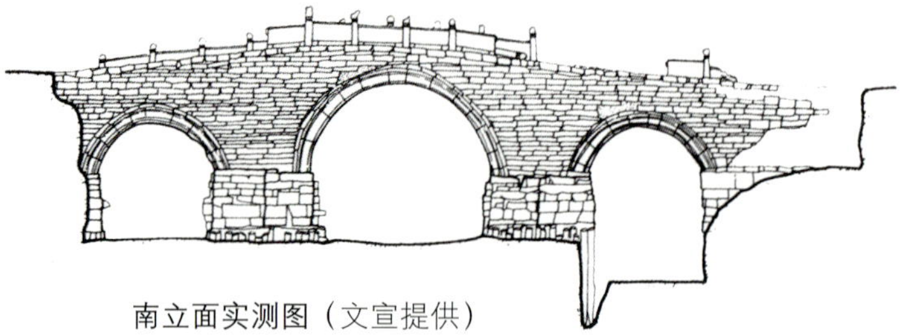

南立面实测图（文宣提供）

北立面实测图（文宣提供）

桥拱券石排列（文宣提供）

主孔券（文宣提供）

桥面上的古代车辙痕迹（文宣提供）

拱券吸水兽雕刻（文宣提供）

140 汝南济民桥

济民桥位于汝南县城东关外约 1 km 处，俗称“东关大桥”，为河南省文物保护单位。

济民桥是横跨汝河之上的一座大型明代石桥，也是汝南东西交通的咽喉。《重修汝宁府志》记载：“济民桥跨汝河之上，旧为木桥，明成化十九年知府钱钺始易以石，隆庆三年圮，知府陈廷光重建。崇祯六年知府黄元攻修，兵乱复圮。顺治八年同知高异辰重修。”另据《汝阳县重修汝东桥碑记》载：“大桥始工于明隆庆四年四月，落成于万历元年三月，历时三年将桥修成。”

济民桥为联拱式实腹五孔石桥，桥长 55 m，宽 7.30 m，高 11 m。桥的结构可分为桥基、桥身两部分。河中四墩高约 5.3 m，全部用长方形青条石垒成，条石衔接处以石灰拌糯米汁黏合，极为坚固。桥墩的逆水面带有分水金刚雁翅，自桥墩伸出 4.7 m，约占桥墩长的 1／3。墩之砌筑方法作梯式上收，每层递减 15~30 cm，下五层递减较少，上六层递减较多。在每个分水金刚雁翅的凤凰台上雕有一分水兽。

墩上用石块发券联成桥身，中孔直径最大，两边孔较小。中孔为纵向分节并列式，每列用券石 21 块。两边孔采用纵联式砌拱法，使整个拱券成为一体，内券用长短不一的条石砌筑，在券的两面有单独的券脸石。桥墩上拱与拱之间有长方形空腔，以减少洪水推力和桥身自重。

桥面构造分三层，为青条石墁砌。两侧设栏板望柱 26 根，上面各雕饰桃形柱头和石狮。栏板采用浅浮雕和高浮雕技法，题材为各种奇花异草、珍禽瑞兽。

济民桥结构坚固，气魄雄伟，雕刻精美，虽历经数百年的风雨沧桑，仍巍然屹立在汝河之上，充分显示了古代造桥者的聪明智慧。

栏板龙虎斗雕刻图案（司治平提供）

全景（文宣提供）

栏板狮子滚绣球雕刻图案（司治平提供）

栏板如意花卉雕刻图案（司治平提供）

安阳

141 彰善桥

彰善桥位于安阳县南马投涧乡大屯村南，跨新惠河上，南北走向。民国《续安阳县志》把彰善桥列入重要桥梁，现为河南省文物保护单位。

据桥头存清咸丰七年(1857)《补修彰善桥碑记》载：“明万历三十九年锡嘉名为彰善桥”。清乾隆三十年（1765）为风雨损伤，两岸倾颓，溃及大堤。桥面栏板见明“万历三十九年建修此桥”铭文，恰与碑记相吻合。

彰善桥全长20.4 m，宽6.5 m，净跨9.8 m，矢高5.15 m，桥洞深6.23 m。拱券之上置护拱石一层，拱券以石条镶边纵联券造。相邻券脸石缝间嵌以生铁片。上下游中央券脸石均为高浮雕吸水兽头，造型古朴凶猛。券脸石上下浅浮雕海马、龙、凤、日、月、火焰宝珠、云水等艺术图案。

桥墩用巨大的石条砌成，高1.7 m，桥墩下为柏木桩基。桥下河底海墁石条。

桥面中高，两端略低，以利散水，桥面两侧各有石栏9间，中间5间为青石栏板，为明万历三十九年（1611）建桥时原构件。两端4间青石栏杆为后世补修时所添加。栏板雕刻的内容为明代戏剧场面。两端望柱外侧施抱鼓石，望柱柱头雕刻狮子。

彰善桥是河南现存单孔净跨较大的古代石拱桥，券脸石和栏板保存了丰富的艺术图案，这在河南古桥中为数较少，是研究桥梁雕刻艺术和明代戏剧史的珍贵资料。

近景（张斌远提供）

拱券顶部吸水兽雕刻（张斌远提供）

桥券洞（张斌远提供）

桥面石望柱头石狮雕刻(张斌远提供)

栏板戏曲图案雕刻（张斌远提供）

新乡

142

合河石桥

合河石桥位于新乡县合河乡合河村北，地处太行山前洪积扇和黄河、沁河冲积平原之间的洼地，是卫河上现存最古老的一座建筑，为河南省文物保护单位。

合河石桥始建年代不详。据明万历五年（1577）《重修合河店石桥记》和《万历卫辉府志》载，明嘉靖二十五年（1546），县尹邹翁令重修石桥，隆庆六年（1572）知县于应昌督民朱宠修桥。

该石桥为青石七孔拱桥，南北向，长 47 m，宽 6.5 m，高 6 m。石桥全部用青石横联券法规整叠砌而成，中间五孔及兽头、分水尖等保存基本完好。券脸石缝间以铁活嵌牢，表面雕刻两道装饰弧线，中间三孔券脸石券顶正中皆雕有吸水兽，兽头雕刻较为精细。拱券上不施护拱石，但在拱背上施用勾石，加强内外券间联系。上下游均砌出分水尖。桥面上两侧有粗壮的条石栏杆，无花纹装饰，简朴大方。合河石桥南保存有明万历五年《新乡县重修合河店石桥记》石碑一通。

该石桥形体巨大、古朴壮观、结构严谨、保存完整，为豫北地区少有的大型石拱桥。

近景（张武军提供）

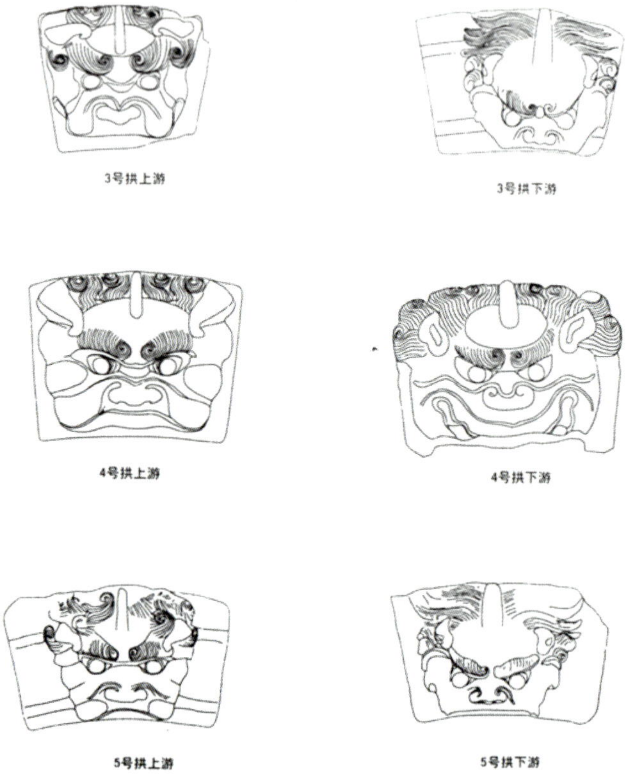

吸水兽详图（文宣提供）

桥面铺石及古代车辙痕迹（张斌远提供）

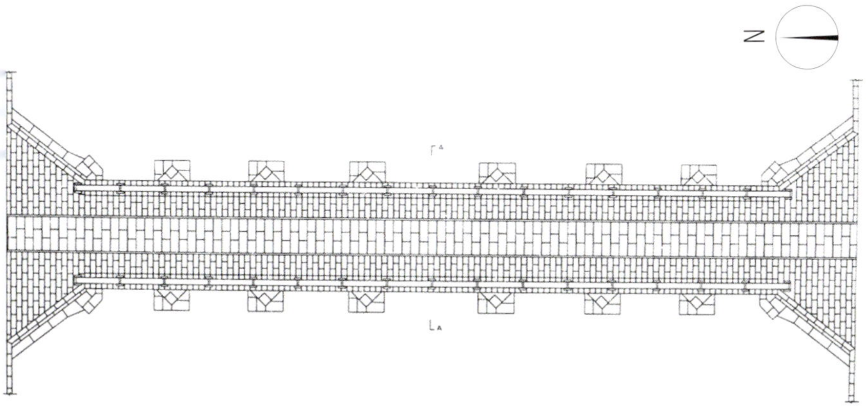

石桥平面图（文宣提供）

主券拱券顶（张斌远提供）

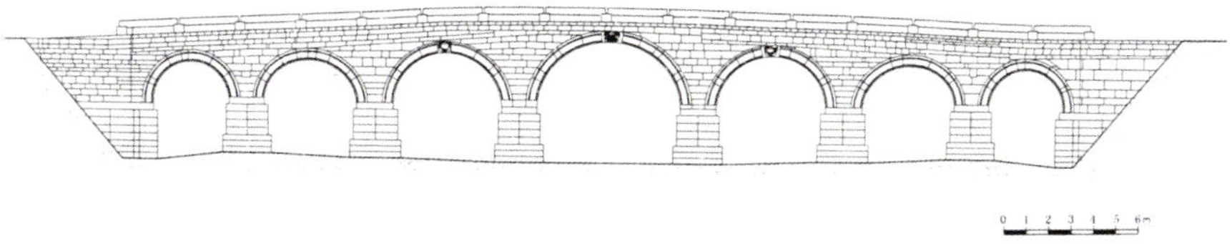

石桥下游立面图（文宣提供）

吸水兽雕刻（张斌远提供）

汤阴

143 # 汤河桥

汤河桥位于汤阴县城正北 0.5 km 处，又名广济桥，是一座横跨于汤河之上、南北走向的古桥梁，桥北 3.5 km 处有羑里城遗址。汤河桥为河南省文物保护单位。

该桥始建于明代早期，为明清时期南北御路，是汤阴以南各地通往京城的必经之路，也是联系周边地区南北交通的重要桥梁。中华人民共和国成立后，它仍是南北重要通道之一。据地方志记载，此桥从明万历初到清乾隆时期共有八次维修。

汤河桥全长 40.1 m，桥面宽 7.9 m，两端引桥宽 15 m，为五孔拱桥，拱券采用镶边纵联券法砌筑。中拱、次拱、边拱依次变小，中间三拱上下游龙门石均浮雕吸水兽，造型生动、表情各异，吸水兽两侧浮雕云龙宝珠、凤凰等图案。二边拱上浮雕卷草图案。石雕刀法流畅，形态逼真，栩栩如生。桥面两侧原有栏杆已残毁，现有栏杆是后来新修的。该桥建筑材料均采用上等白石，耐挤压性强。拱眼石上雕刻的龙头及拱石上的阳雕龙纹、花草、图案与雄伟奇特的桥梁相互辉映。

几百年来，汤河桥经历了一次次的洪水冲击，饱尝了雨水风雪等自然侵蚀，承受着车辆人畜反复重压，经受过数次地震特别是清道光十年（1830）汤阴大地震，仍保存完好，不能不让人赞叹。

东侧面（文宣提供）

桥面银锭腰铁联固结构（文宣提供）

近景（文宣提供）

桥面（文宣提供）

浚县

144

云溪桥

云溪桥坐落在浚县城西门外，横跨卫河，为古代浚县境内唯一的石拱桥。卫河两岸绿柳葱茏，雾气缭绕，河似云烟，桥架“云中”，故称“云溪桥”。

云溪桥又名廉川桥，俗称大石桥、西大桥。桥初建于明正德三年（1508），原为木构梁桥，嘉靖三十四年（1555）重修为石桥。该桥又是浚县人民革命纪念地，1946年冬，国民党反动派将数名共产党员和农委会干部枪杀于桥上，弃尸河内，桥面遍染鲜血，故又称“殉难桥”。云溪桥现为河南省文物保护单位。

云溪桥为五孔石券拱桥，桥身长49.3 m，两侧各有引桥长10余米，桥面宽10 m，桥洞进深9.67 m，拱券采用镶边纵联券法砌造。拱券之上未施护拱石及勾石，缺乏横向联系，故券脸石出现外倾现象。券脸石表面雕刻装饰弧线两道，线框内雕刻卷草图案。分水尖向外伸出桥身，平面接近等腰三角形，两腰略有差别，分水尖后面的凤凰台长短也不一致。金刚墙下部呈弧状，向外放脚。河底墁铺石条。桥的四角雁翅上各置一卧姿石雕小兽，做吮水状，形象凶猛逼真。小兽上方岸壁之上，各伸出一石雕龙头。桥面铺石，整体选料讲究，砌作规整，白灰黏合。分水尖与桥墩结合牢固，并有腰铁联结，对保护桥体起到重要作用。

该桥周围自然风光优美，“云溪燕语卫水舟”为浚县八景之一。

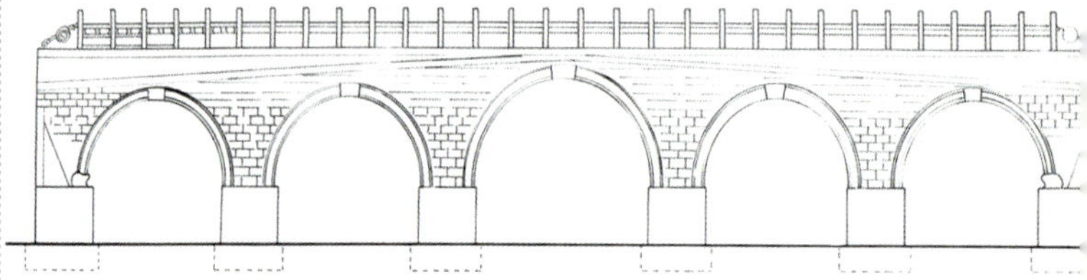

立面图（文宣提供）

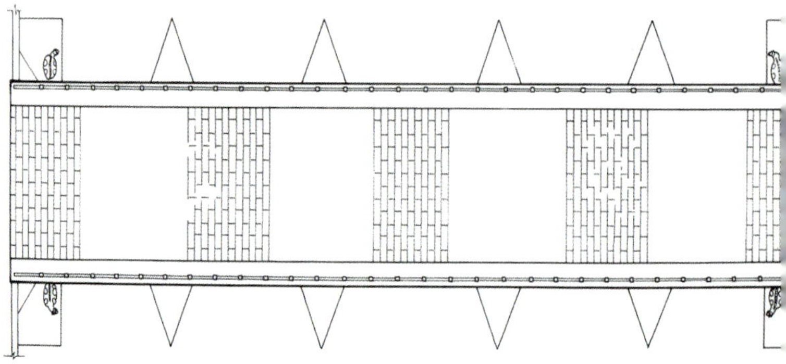

平面图（文宣提供）

拱券（文宣提供）

近景（文宣提供）

桥墩分水尖（文宣提供）

券脸雕刻(文宣提供)

西端坎墙上的兽面（文宣提供）

桥面（文宣提供）

145

光山 永济桥

永济桥又名万金桥，位于光山县泼陂河镇，为全国重点文物保护单位。

永济桥呈南北向横跨于泼陂河上，桥南北两侧均为泼陂河古镇街道。该桥始建于明万历四十八年（1620），由境内绅士及好施者捐资修建。由于河面宽广、河沙淤漫，桥墩基础修建非常困难，天启二年（1622）春御史毕佐周告老还乡，亲自主持修桥事宜并带头捐资，于天启七年告成，并在桥岸竖牌坊名为“永济桥”。当时桥上游右岸为龙王庙，左为观音庙，桥南端有明代禅堂。清康熙七年（1668）洪水暴涨，桥局部被冲毁。康熙九年知县朱鼎振命典史赵德整修。雍正五年（1727）山洪暴发，桥又被冲毁。僧人如福于乾隆十六年（1751）再次修成此桥，因捐款数目多，人们又称此桥为“万金桥”。1938 年 7 月，国民党 103 师工兵营为抵御日寇将此桥炸毁两孔。后泼陂河商人苏传荣带头捐款捐料，群众出工献料，将炸毁桥孔补为平面。1955 年，省交通厅拨款将此桥被毁两孔恢复了原貌。

永济桥南北全长 101 m，东西宽 10 m，桥底海墁石至桥面高 10 m。拱券略作尖拱形，采用纵联分节并列券法砌筑，通体用花岗岩建造。木桩上铺砌海墁石、桥墩和分水金刚墙，桥墩之上起券。桥面两侧有栏杆，桥两端上下游均砌有雁翅，桥东南侧雁翅墙外有一石径和石门（水东门，水西门现已不存），沿径可至河中。

永济桥居中主孔净跨 12 m，矢高 5.3 m。主拱券之上有护拱石两道，叠涩伸出，上部与撞券石相齐，顶部直接承接桥面石。主拱两侧次孔净跨度和高度由中间孔向两边递减。桥面原为条石铺就，后改作柏油。桥面两侧建有栏杆，两边为人行道，中间为车道。永济桥两侧原有华表、地伏、栏板、望柱、抱鼓石等，并有精美的石雕狮子和各种图案装饰。雁翅墙上建有高 1.5 m 的城墙垛口。下雁翅以海墁石为基础，其上安放花岗岩条石，高度与桥墩同。并向河流方向作出千分之五的坡度收分，以利排水。

水东门（文宣提供）

桥面（文宣提供）

全景（文宣提供）

雁翅墙（文宣提供）

十 古代城址

河南古代为兵家必争之战略要地，逐鹿于此的历代统治者在一些险关要隘修建了许多军事建筑，亦于各座城镇筑建城墙、护城河。留存至今的主要有关隘（如函谷关及烽火台）、长城及城墙类。河南的楚国长城素有“中国长城之父”之称，是中国历史上最早出现的长城。春秋战国时期，日益强大的楚国向北方扩张，在豫西南丘陵山区、中国气候分界线一带修筑了楚长城。与后来的秦汉长城不同的是，楚国修建长城的目的非为固守而为北上推进，故楚长城的构筑多为临时工事，且沿线散布诸多营垒，以随时更挪。在冷兵器时代，城池所起的防御效果非常显著。濮阳戚城遗址前的会盟台，是春秋时期中原列国邦交频繁的见证。新郑郑韩故城的伟岸身影，让我们感受到战国七雄逐鹿中原的壮烈场景。商丘归德府城墙不仅为国内为数不多的明代城墙，且兼具防洪之功能，将城墙的防御对象拓展到了自然力。开封城墙为长度仅次于南京古城墙的中国第二大城垣建筑，因黄河屡淹屡建而形成了“城摞城”的著名景观。浚县古城墙、襄城古城墙均为明代县城城墙遗构，是研究明代基层政治单位城垣建筑的宝贵实物资料。河南是古代城邑保存最多的省份，诸多实例是研究中国古代城市产生、发展的宝贵资料。

楚长城

据史料记载，自春秋战国以来，先后有 20 多个诸侯国和封建王朝修筑过长城。河南省境内的长城主要是春秋战国时修建的，涉及豫南楚长城及豫北古长城，总长千余公里，其中以楚长城最早也最为知名。

楚长城现存约有 800 km，分布于南阳、平顶山、驻马店三市的邓州、淅川、镇平、南召、方城、唐河、鲁山、叶县、舞钢、泌阳等十县市。

春秋时期，楚国最先在今河南伏牛山一带因山设险，利用山岭高地和河流堤防，将一系列小型防御城堡连成条状防御体系，称为方城或连堤。这是最早见于记载的长城。

据《水经注》“汝水”条记载，“醴水……径叶县故城北，成公十五年，许迁于叶，楚盛周衰，（庄王）控霸南土，欲争强中国，多筑列城于北方，以逼华夏，故号此城为万城，或作方城。”《汉书 · 地理志》“南阳郡叶县”条也说：“叶，楚叶公邑。有长城，号曰方城。”方城是依地形排列的防御性小城，是屯兵警哨之所，是演变为长城的一种重要形式。《后汉书 · 郡国志》载：“郦县（今内乡县）有故城一面，未详里数，号为长城，即此城西南隅，其间相去六百里。北面虽无基筑，皆连山相接，而汉水流其南。故屈完答齐桓公云：‘楚国方城以为城，汉水以为池。’”在楚国与中原诸侯争霸的战争中，楚长城起了很重要的作用。战国时代，为了对付列强特别是秦国的进攻，楚国又不断将方城扩大，使之更加完整坚固。据唐张守节注《史记 · 越王勾践世家》引《括地志》所载，这时楚长城“起于邓州内乡县东七十五里，南入穰县（今河南内乡县北），北连翼望山，无土之处，垒石为固”。从史料记载中可以明确，楚长城创于春秋，盛于战国。

楚长城的全线分布轮廓略呈“∩”形，从现存遗址的情况看，楚长城并不是单一的线路。西线大致自湖北竹山县起，向西北交于淅川县、邓州市相毗邻的杏山，入邓州市东北的穰县故城，再转向西北，逾湍河，经内乡县郦县故城，连西峡、内乡两县间的翼望山，复折向东行，沿伏牛山脉入南召县。西内线循镇平、内乡两县交界北行到南召县板山坪镇周家寨（金斗关），再向北抵达南召县乔端镇野牛岭关。北线自南召县乔端镇沿伏牛山脉迤逦向东，经马市坪、崔庄、留山、小店、云阳几个乡镇，入东北皇后乡的鲁阳关，东进鲁山县、叶县。东内线由鲁阳关南下，沿三鸦路经楚王行宫处和云阳关，至第一鸦所在的白花寨。东外线自南召县东北部入鲁山县，转向东南，经叶县与方城二县交界的方城山（又称黄城山或黄石山），再向东南入泌阳县中部，又折西入唐河县境。

楚长城曾被长城研究专家称为“长城之父”，为中国最早的长城。

楚长城局部（其一）（杨华南提供）

楚长城局部（其二）（杨华南提供）

楚长城局部（其三）（杨华南提供）

楚长城局部（其四）（杨华南提供）

商丘

147

归德府城墙

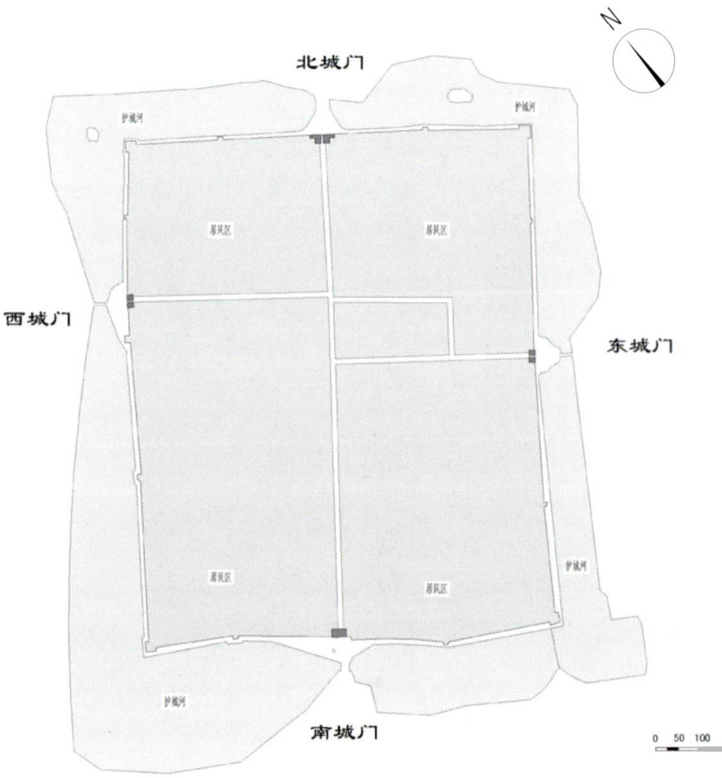

总平面图（文宣提供）

归德府城位于商丘市睢阳区，为全国重点文物保护单位。

归德府城旧址早在上古时即为高辛氏部落领地，夏商时为商国都，周代为宋国都城。秦王政三十六年（前211），秦始置睢阳县；宋建炎元年（1127），赵构即位于此。金承安五年（1200）金置归德州，明嘉靖二十四年（1545）升州为府。归德府城作为历史上的重要城邑，是历代兵家必争之地，故筑有坚固的城垣。明弘治十五年（1502），归德州旧城倒塌，正德六年（1511）重筑。至清康熙年间（1662—1722）建有城门四座、角台四座、敌台九座。经过数次大的战争、多次洪水侵袭、自然风化和人为毁坏，原有的城楼、角楼、敌楼和垛口墙已全部坍塌。四门外的瓮城于民国年间拆除，仅南瓮城尚存部分夯土遗迹。归德府古城由外廓、护城河、内城等三部分组成，外圆内方：外廓呈圆形，现仅存部分遗址，内城呈方形，保存基本完整。

归德府内城周长4 476 m。城墙为外砖内夯土结构，由外侧砖墙、内侧夯土墙体和海墁青砖组成。外侧砖墙以灰砖砌筑，砖之里侧贴土城墙部分，基本呈垂直状。内侧夯土墙体由夯土和外壳两部分组成，夯土内芯由黄土夯筑，外壳夯筑的层与层之间相互叠压，异常坚固。每层夯筑时插入毛竹竿，竹竿腐烂后形成孔洞，导流夯土墙体内的水分，起到保护作用。夯土墙体上部为三七灰土夯筑，分为上下两层，有一定倾斜度，以利排水。

城门洞为砖砌拱券形式，北券洞门上方镌刻有“拱辰门”三字。城门东西长36 m，南北宽20.58 m。南券洞宽5.37 m，高6.27 m，墙内以灰土夯筑，外包砌青砖。城墙顶部外侧用砖砌有雉堞。城台上青砖海墁。其余三城门的结构形式基本与北城门相同，仅城台大小及券洞尺寸略有变化。南城门门额上镌刻“拱阳门”三字。东西城门门额上原分别镌刻“宾阳门”“垤泽门”，现均已不存。东西城台上砖砌雉堞、女儿墙、铺地砖均不存。南北城门上的门楼为今人重建。

归德府城墙是目前我国保存较完整、为数不多的明代府治城墙之一。它由内城、外廓、瓮城、护城河等组成，完整地反映了明代城墙的特点，是研究城市军事构筑物发展的历史实物。归德府城门布局严谨，结构坚固，城门双心拱券的力学性能优于单心券结构，但加大了砌筑和拼接的难度，充分反映了当时高超的建筑水平以及我国古代劳动人民在筑城营建方面的聪明才智。古城向两侧延伸，每隔一定距离修马面、城门，节奏、韵律感很强，犹如一首既富变化又有主旋律的乐章。深灰色的古城，蔚蓝的天空，倒映着周围景物的湖水，嫩绿的青草与枝丫，色彩斑斓的旗帜，组成了古城的特有色调，具有重要的科学和艺术价值。

城墙局部（文宣提供）

西城门墩台（文宣提供）

城墙与护城河（文宣提供）

148 开封城墙

开封城墙是我国目前保存较好，长度仅次于南京城墙的第二大古城垣建筑，为全国重点文物保护单位。

“开封城，城摞城”。明洪武元年（1368），在金代城墙基础上重筑开封府城。据载，明代城墙青砖包砌，周长二十里一百九十步，高三丈五尺，宽二丈二尺。城外有深一丈、宽五丈的护城河围绕。有城门五座：东二门为曹门、宋门，西门为大梁门，北门为安远门，南门为南薰门。五座城门互不对应，故有“五门不对”之说。明崇祯十五年（1642），李自成围城，明军掘引黄河水，致使河水围城，水退后城墙被泥沙围拥，垣形残破不堪。清康熙元年（1662）重修开封城墙，在明城墙基础上进行重筑加高。此后，因历经水患，乾隆四年（1739）、二十二年、二十九年又予以重修。道光二十一年（1841），黄河水围城八个多月，城墙被侵蚀损坏严重。现存的开封城墙修筑于道光二十二年，据史载，城周长二十二里零七十步，高三丈四尺，女墙高六尺，上宽一丈五尺，底宽二丈。全城共有马面 84 座，角楼四座。城门仍有五座，位置、名称同明代。城外有深丈余、宽近六丈的护城河。民国时期，在南侧城墙开设一门，俗称小南门，并拆除五门城楼及月城（瓮城）。现存开封古城墙大致呈长方形，南北约 3.8 km，东西约 3.4 km，全长 14.4 km。

城墙为外砖内夯土结构，外侧砖墙以青砖砌筑，砖之里侧贴土城部分，基本呈垂直状，外侧由底至拔檐处逐渐收分，底宽上窄，拔檐以上为雉堞。明代城墙有垛口 7 322 个，炮眼约 9 020 个。现存城墙部分雉堞为 1998 年所复建。

内侧夯土结构由夯土和外壳两部分组成，夯土内芯由黄土夯筑，外壳为三七灰土护层。每层夯筑时插入距离不等的毛竹竿，成形后腐烂成孔，以导流夯土墙体内的水分，起到保护作用。

夯土墙体上部为海墁，为墙上交通和集结兵马之用。现存城墙的城门及交通路口共计 11 处。11 处城门中，五座城门即南薰门、宋门、曹门、安远门、大梁门为明清时期的城门，后人维修后沿用至今，其余 6 处为后期修路时开通的路口通道。

开封城墙另有两处水门，分别为济梁闸和利汴闸。济梁闸水门位于城墙东南角北侧，城外连接东护城河，内连东支河。利汴闸水门位于大梁门北 1 353 m 处，该水门为明代开辟，是利汴河进入城区的闸门，并由此沟通老城区龙亭湖和城外黄汴河。

开封城墙因其所处的地理位置，不仅在军事防御方面作用巨大，还具有防御黄河洪水、防风沙作用，这些功能是其他古城墙不具备的。

开封城墙表现出开封在中国历史上的政治地位。“城廓城”“城摞城”的奇观，成为研究古代都城建筑规制和城垣建筑史的珍贵资料。

城墙局部（文宣提供）

大梁门（西门）（文宣提供）

城墙顶部
（文宣提供）

149 浚县城墙

浚县古城墙位于国家历史文化名城浚县西侧，为河南省文物保护单位。

浚县古城墙始建于明洪武三年（1370），其时废州为县，始称浚县，县城在浮丘山北坡。城垣有东、北、南三面，西以卫河为险阻。弘治十年（1497）在原基础上进行了大规模的整修，两载竣工。城周长七里一百五十步，高二丈八尺，并修四门崇楼翼廊。正德五年（1510），知县陈滞增筑西城垣，抵山而上，西连浮丘，县城处在浮丘山东北向。嘉靖十一年（1532），知县邢如默鉴于城西连浮丘，乃向西南拓展，旧城堞改为砖砌。嘉靖二十九年，知县陆光祖改筑城垣，增高一丈，加阔五尺，建敌楼，置戍铺，城堞全部改为砖砌。万历二年（1574），知县杨镕重修，将浮丘一半圈于城内。当时城垣周长一千三百余丈，宽二丈余，底部砌青石，高一丈二尺。经多次重修扩建，浚县古城渐趋完整。东西南北大城门共四座，横额上分别书“东望澶云”“西瞻行翠”“南控黄流”“北迎紫极”。正门上各建两层高楼，东曰“长春”，西曰“长清”，南曰“叠翠”，北曰“拱极”。各城门均设有瓮券重门，南北两门用青条石砌成。城四角各建镇角楼一座。四门外各建一石桥，桥头各建一石坊。西以卫河为屏障，其余三面挖有护城河，长八里，宽两丈，自浮丘山南引卫河水，绕东、北流过，至西北注入卫河。河内清水潺潺，荷叶青青；岸上绿柳成行，鸟鸣嘤嘤。

现古城墙高 5.7m，宽 7m。基础外部铺砌青石，高 4m，上部用青砖砌成，砖墙厚 1.3m。内侧设有包砖，用夯土填实，白灰拌以桐油灌浆，坚固异常。城墙南北两侧券形门洞各一个，北侧为观澜门，南侧为允淑门。允淑门高 4.75m，宽 5.48m，门左侧存明崇祯十四年（1641）修允淑门的碣石一块。古城门外侧有两道闸门，既具有城防作用，又具有防洪的功能。

浚县古城墙西滨卫河，南枕浮丘，东临大伾，北襟原野，构筑精巧，古朴壮观。古城墙历经 400 余年的沧桑，见证了浚县的兴衰历史。

城墙局部（文宣提供）

远景（文宣提供）

观澜门（文宣提供）

襄城城墙

150

襄城城墙位于襄城县城西南侧，南濒汝水，北临陕宛古道，是古代连接荆楚与陕洛的重要关隘，为全国重点文物保护单位。

襄城城墙现存 2 297 m，多为明代修筑，清代重修。襄城城墙最早建于春秋时期，楚国所筑城墙原为夯土而成，汉代曾大规模增修。隋唐后始扩建成今天的规模，仍为土城。历代屡有增扩，屡有毁损。明代曾有三次较大规模的修建，第一次是明嘉靖二十九年（1550）主簿樊叙重修，此时县城周长六里八十九步，高二丈，为初具规模的四方城。城墙东西南北各设一门。因学宫在县城墙西南，特建奎门，通汝河水道，以纳秀气，所以共有五门。第二次是明万历二十五年（1597）知县李光先以砖筑县城南、西、北三面城墙，以防水患。城外有濠沟，濠水与汝水相通，水深流急，形成又一防御屏障。第三次是万历三十年知县诸允修在县城四门增修瓮城。崇祯年间李自成义军曾数破襄城，清顺治八年（1651）重建，康熙二十一年（1682）重修，从而形成了今天的城墙。据民国二十五年（1936）《重修襄城县志》记载："城区周围九里十三步，高二丈，宽一丈五尺，计垛口 1 944 个，四方各一门，门履以屋。城门匾额，东门'风传东鲁'；西门'眺嵩''西扼陕川'；南门'汝水通津，襟带山河'；北门'瞻望京阙，北通燕赵'。西南别置一门，通汝水汲道曰奎门。"目前唯西北至西南部分城墙，因尚作汝河河堤起到防洪作用而得以保存。

为防水害，襄城城墙外部根基用长条形红石垒砌。城墙里面部分地段用青砖覆面，但大部分是用黄土夯成。现在保存最完整的是西城门及瓮城。西城门为青砖砌成，城墩高 12 m，门高 6.5 m，宽，上部为砖券拱形，门上匾额："眺嵩""西扼陕川"。围绕着古朴端庄的西城门，还有一圈城砖斑驳、带有城门的瓮城。襄城古城墙的瓮城是古代通往荆襄与陕洛的重要关隘，呈半圆形。瓮城南北长约 47 m，东西宽约 32~35 m，高 8 m 余，顶宽 4 m，有垛口，周长 150 m，红石奠基，青砖覆面。瓮城东、南各有一道城门，大小与城门略同，内有左右耳室，保存完好，形成墙外有墙、门外有门的奇观。西南有一奎门，其主要作用有二：一是迷惑敌人，诱敌深入，待敌人进入瓮城，关闭城门，从而一举歼灭；二是因文庙在县城墙西南，特建一门直通汝河水道，既方便取水，又可聚纳秀气。

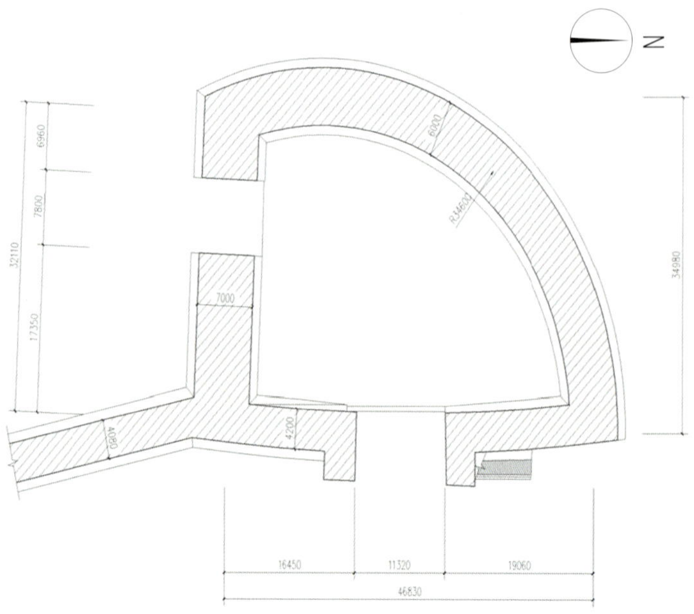

西门瓮城平面图（文宣提供）

瓮城城门（自东南向西北）（李斌提供）

襄城城墙是河南省保存最完整的县级古城墙。在 1997 年 7 月 1 日香港回归庆祝活动中，襄城瓮城形象入选国家邮电总局设计制作的"万里长城著名关隘纪念封"。

瓮城全景（李斌提供）

西城墙（李斌提供）

城墙外墙（自南向北）（李斌提供）

新郑

151

郑韩故城

郑韩故城是春秋时期郑国和战国时期韩国的都城遗存，位于新郑市双洎河（古洧水）与黄水河（古溱水）交汇处，为全国重点文物保护单位。

郑韩故城平面呈不规则三角形，东西长约 5 000 m，南北宽约 4 500 m，城垣周长约 20 km，城内面积 16 km²。城墙用五花土分层夯筑而成，基宽 40~60 m，高 15~18 m。北墙外侧有马面建筑数处，是全国最早的城墙防御设施。这里的古城墙也是世界上同期保存最完整的古城垣之一。

春秋郑国时期，都城坐西向东，郑宫殿区位于今阁老坟村一带，史书提到的郑国祖庙则分布在市政府北侧。1993—1998 年发现的金城路祭祀遗址、城市信用社祭祀遗址、中行祭祀遗址是郑国的社稷遗址，与文献记载的“一国三社”相吻合，出土了青铜礼器 9 套 215 件、乐器 11 套 215 件、殉马坑 78 座。战国时期，韩国将故城从中部由北向南筑隔城墙，分东西两城，东城为廓城，西城为内城。韩宫殿区位居西城内郑城址旧址之上，改为坐北朝南，在宫殿区前方（今市博物馆北侧）发现韩国祖庙遗址，并出土韩国祖庙碑。韩宫殿区内还发现凌阴遗址，它是我国目前发现保存较完整的战国冷藏冰窖遗存。故城内地上文物有梳妆台、望母台、授印台等。地下遗址和文物遗迹星罗棋布，主要有铸铜遗址、铸铁遗址、制骨遗址、制陶遗址、制玉遗址、缫丝作坊遗址、铸币遗址、仓城遗址等。

郑韩故城内外分布有郑韩两国贵族墓地和邦墓区。1923 年新郑县城南街李家楼发现的郑国国君墓出土青铜彝器 102 件，器物碎片和贝片 723 枚，曾轰动国内外，其中一对青铜莲鹤方壶为稀世珍宝。1996—2001 年发现的后端湾春秋贵族墓地，面积达 16 hm²，墓葬达 3 000 余座，车马坑 23 座，其中郑公“中”字形大墓长达 45 m，内葬车 45 辆，是目前发现少有的带双墓道诸侯墓葬，其规格之高、价值之大，是同期诸侯国墓葬中的佼佼者。韩国王陵多位于故城外，共有 11 处 28 座，平民墓区主要分布在城内东区和城外黄水河东岸、城南和城西双洎河西岸一带，墓地规模之大、埋葬之密集为同期墓地所罕见。

郑韩故城是春秋战国时期的郑国、韩国的政治、军事、经济、文化中心。2 000 多年前的新郑，城高池深，门阙巍峨，街道纵横，宫室林立，交通便利，商业发达，是当时最大的商业都会之一。故城的布局体现了当时列国都城的典型模式，至今依然不断有新的发现，为我们研究春秋战国的历史提供了丰富的实物资料。

远景（文宣提供）

濮阳

152

戚城遗址

近景（文宣提供）

戚城遗址位于濮阳市区南部，为春秋时期卫国北部的重要城邑，其下叠压的文化层最早可追溯到 7 000 年前的裴李岗文化，为全国重点文物保护单位。

戚城是卫国北部的一个边邑，相传是卫灵公的外孙孔悝的采邑，北依黄河，南与鲁接壤，西与郑毗邻，是春秋时期卫国边陲的军事重镇。因其雄踞古黄河东南岸，与晋国隔河相望，交通发达，水陆俱畅，地理位置十分重要，成为诸侯争夺的一个战略要地。

戚城是豫北地区保留年代最久、延续时间最长的古代聚落与城池，地下自下而上依次叠压着裴李岗文化、仰韶文化、龙山文化以及商、西周、春秋、汉等文化层。该城创建于西周后期，以后历代多有增建。现存东西北三面墙体，残存城墙周长 1 520 m，北墙与东墙保存较好，南墙不存。戚城城墙残存最高处 8.3 m，最厚处 16.5 m，城内面积 14.4 hm²。经考古钻探发现，现存城址内有城门、宫殿基址、道路、夯土台、水井等遗迹；出土文物有龙山文化鼎、盆、豆等陶器残片，商代灰陶细绳纹鬲、大口尊等陶器残片，马铃和车马器残件以及周代、汉代等不同时期的遗物。遗址东城墙外 80 m 处有一边长 25 m、高 5 m 的方土丘，系夯筑而成，与早期城址属于同一时代，是当年的会盟台基址。公元前 626 年 ~ 前 531 年的近一个世纪内，各诸侯国在卫会盟十五次，其中七次会盟于此。

戚城遗址见证了周代卫国的历史变迁及与周边国家的关系，为我们研究春秋时期的历史提供了珍贵的实物资料。

城墙夯土剖面（文宣提供）

十一 其他建筑

早在西周时期，统治者出于河南的特殊地理位置和政治需要，将河南定为中国之“地中”。周公姬旦不但于洛阳营建雒邑为都，且在京畿即今登封告成镇山冈上测影观天，唐人于此建纪念碑，为一座彰示“雒中无影”天象原理的演示教具。世界文化遗产“天地之中”历史建筑群重要项目——元代郭守敬所建的观星台，位于周公测影台之北，为元代中国各地观星台的中心台，在此测量的结果精度领先于欧洲数百年，是中国古代天文科技高度发达的有力证明。河南济源五龙口水利设施始创于秦朝，将水流分为广利、永利、广济、大兴利、小兴利、广惠和甘霖七渠，至今仍发挥着重要作用，其成就可与成都都江堰相媲美，是中国古代水利工程的杰作。这两处科技建筑反映出河南区域古代科技发展的领先水平。

河南是中国园林艺术理论的诞生地。魏晋南北朝时期，河南主导了中国园林的发展历史。唐宋时期，洛阳、开封园林冠盖海内，其手法大部反映在数百年后明代计成所著《园冶》之中。宋代以后，虽然政治中心迁移，战乱又使河南的园林破坏殆尽，但从现存为数不多的园林实例中，仍可感受到河南园林艺术底蕴的深厚。河南存留至今的文物建筑中，有许多建筑与园林艺术完美结合之范例，如临汝风穴寺、宜阳灵山寺、镇平菩提寺等与自然山水有机结合，其中蕴含了对景、借景等手法；济源济渎庙聚济源为池，环池建小体量建筑使池有“小北海”之感，是园林艺术中对比手法达到小中见大效果的成功作品。河南的宗教建筑与纪念建筑多以自然山水为背景，择其视觉焦点构筑建筑彰显崇高之感；而在民居建筑中，每每将山水加以概括、提炼，纳入宅院一角，聚拳石为山，竖片石为峰，环斗池为湖，植盆景为林，以拓展宅院空间、陶冶性情，是对比、象征艺术的巧妙运用。辉县百泉，为中国北方古代大型园林艺术的代表作。该区园林创建于商代，载于《诗经》，自公元前221年齐王居苏门山始，后人渐次增建啸台、卫源庙、安乐窝、邵夫子祠、孔庙、清晖阁等建筑。百泉以自然山水为依托，人文景观点缀其间，保存了浓郁的中国早期写实性园林的艺术手法，与人工建造痕迹颇浓的清代皇家园林、明清私家园林有天壤之别，是中国园林史中不可多得的佳作。南阳王府山系明代唐王府后院的假山，山体高大巍峨，为花园之主体，为国内罕见之明代王府假山实例。从其四周遗迹中，可看出设计者创造山林野趣景象的设计思路。假山既为园中景观焦点，又可循明、暗通道盘旋而上，登顶观赏园内外美景，是研究明代王府叠山艺术的罕贵资料。

高台建筑是中国封建社会初期兴起的建筑类型，具有至高无上的威严形象，后人多有继承。开封龙亭为开封城中轴线北部的制高点建筑，因古代假山之巅而建，其前特意设计了自午朝门始的漫长前导空间，使龙亭在游者心中的形象更加高大；东西有潘杨二湖，以大片冷色调水面反衬龙亭的暖色调，龙亭身影倒映入湖，更显庄严和壮丽。明代潞王朱翊镠因思母而建卫辉望京楼，为国内少有的明代大型石构高层建筑，其第二层以拱肋拱券结构建成的无梁殿为国内少有，是研究中国明代建筑结构的珍贵实物资料。

全国重点文物保护单位、世界文化遗产“天地之中”历史建筑群项目中的登封汉三阙即中岳庙前的太室阙、少室山庙前的太室阙、启母庙前的启母阙，均建于东汉，为中国现存独有的庙阙。阙，作为庙前神道入口处的标志性和导引性建筑，在建筑心理学中起着重要作用。浚县明代恩荣坊形体高大，雕刻华丽，极雍容华贵，是明代石坊的杰作。新乡七世同居坊，运用了视差设计手法，其形象工整气派，是清代石坊的代表。

风水塔是古建筑中一个有着特殊含义的重要建筑类型。与宗教建筑中塔的内涵截然不同，风水塔体现出科举制度下地方政府和民众的价值取向，以及繁荣文化、多出人才的愿望。河南境内的光山紫水塔、唐河文笔峰塔为楼阁式风水塔中的精品。明末农民起义领袖牛金星参与捐建的宝丰文笔峰塔，其造型融入了西方纪念碑的形象，为国内所罕见，反映了明代时期河南建筑设计思想的活跃。

登封太室阙

153

太室阙位于登封市城东太室山南麓中岳庙前，原为太室祠前的神道阙，是我国现存最早的岳祭祠庙建筑前的门阙，为世界文化遗产“天地之中”历史建筑群的项目之一、全国重点文物保护单位。

太室阙为东汉元初五年（118）阳城长吕常所建。阙分东西两座，石砌，间距 6.75 m， 东阙通高 3.92 m，西阙通高 3.96 m，形制相同。每阙均由基座、阙身、阙顶三部分组成。阙身由相连的母阙和子阙组成，母阙高，子阙低；母阙在内，子阙在外。母阙为四阿顶，子阙紧靠母阙，其顶为半个四阿式。阙顶刻仿木构建筑的正脊、垂脊、瓦垄、瓦当和檐下缘，脊的一端及瓦当皆饰柿蒂纹。

阙身用长方石块垒砌，四壁除刻有铭文外，其余均以石块为单位饰浅浮雕画像。雕刻内容有百戏、狩猎、神话故事、奇异怪兽以及贵族生活等画面。由于久露荒野，风雨剥蚀，有的已经漫漶不清，现幸存 60 余幅，其中有车骑出行、杂技表演、斗鸡、蛟龙、鸱和虎食鬼等图案，形象古朴而生动，反映了当时的社会生活面貌。有的画面刻画了当时的多种游戏，如“蹴鞠”、牛虎相斗的“角抵”场面等；有的刻画了西域魔术，反映了与西域的文化交流；还有的描绘了中原地区有关夏民族的传说、图腾、当时统治者的故事以及富有浓郁儒家文化色彩的民间故事。

西阙南面上部有阳刻篆书，现仅存“中岳太室阳城”六字。题额下刻有篆隶参半的铭记。与其相连的一幅画像，刻一巨鳖，位置相当显著，是夏族的图腾之一。此阙北面也刻有铭记，为阴刻隶书，每段之前均以圆圈做标志，为汉代石刻文字所罕见，主要是赞颂中岳神君的灵应和记载吕常等人建阙的缘由。

太室阙对研究建筑史、美术史和东汉社会的生活、文化具有重要参考价值。

西阙（文宣提供）

阙身石刻画像朱雀图拓片（文宣提供）

历史照片（文宣提供）

东阙（文宣提供）

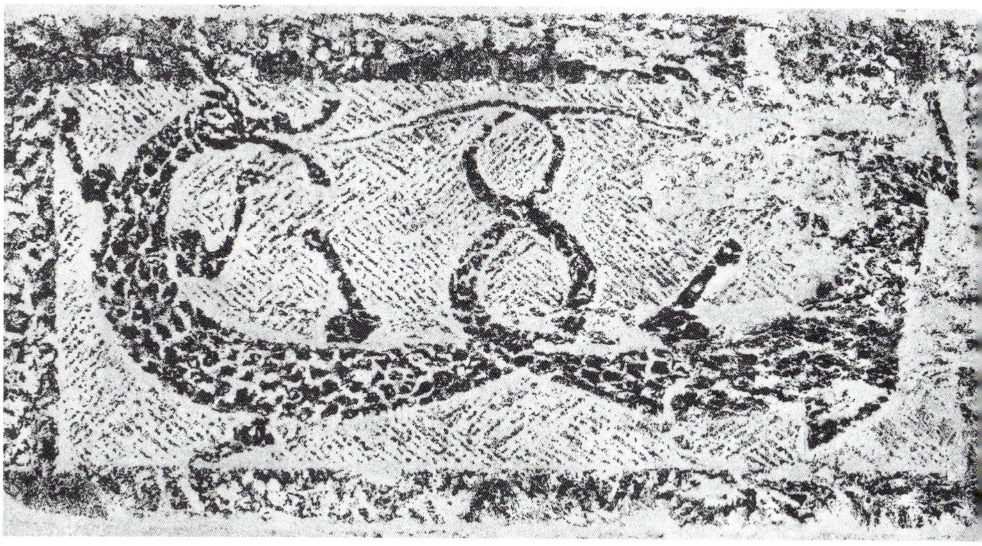

阙身石刻画像蛟龙图拓片(文宣提供)

民国时期的太室阙保护房（文宣提供）

登封少室阙

少室阙位于登封市少室山东麓十里铺村西之少溪河北岸，居少林寺之东，面对少室山。少室阙为汉代少室山庙的神道阙，建于东汉元初五年至延光二年（118—123），为世界文化遗产“天地之中”历史建筑群的项目之一、全国重点文物保护单位。

少室山庙又称少室祠，始建于秦，明代初期坍毁。汉安帝时在庙前建阙。唐代改少室庙为少姨庙，其神为妇人像，相传为涂山氏之妹。元代时又把少姨作为蚕神嫘祖来奉祀。元代杨奂游中岳时曾在少姨庙即兴赋诗：“路旁双阙老，蔓草入荒祠。时见山家女，烧香乞蚕丝。”阙铭中君丞零陵以下的题名“泉陵薛政”“五官掾阴林”“户曹史张诗”“将作掾严寿”等，均和启母阙题名中的官职姓名相同，且两阙的形制相似，可知少室阙的建造年代与启母阙大致相同，亦为颍川太守朱宠所建。

少室阙分东西二阙，间距 7.60 m，两阙结构基本相同，东阙通高 3.37 m，西阙通高 3.75 m。西阙基用两层长方形石板平铺于坚实的黄土上。阙身用长方石块垂直垒砌，高 2.99 m，最上方石块雕作方斗形，承托阙顶。阙顶用三块巨石雕作四阿顶，顶上雕垂脊和瓦垄，檐下雕椽，四周边沿雕柿蒂纹瓦当和板瓦，下面雕椽。正脊单独用一块长条石雕成瓦条脊，中间低，两端高，正面雕成瓦垄，两侧雕柿蒂纹瓦当。子阙 2.71 m，一侧与母阙相连，一侧雕出两垂脊和瓦垄。西阙北面第三层中部有“少室神道之阙”六字，为阴刻篆书，约 55 行，每行四字，行间有阴刻竖界线。东阙结构与西阙相同，唯母阙残缺，仅存一石，置于阙身上部东侧，正脊已佚；子阙顶部较完整，比母阙低 0.69 m。在东阙北面第四层另有江孟等题名，共四行，每行六字，余皆剥蚀不可辨识。

两阙身前后分别浮雕车马出行、狐逐兔、斗鸡、蹴鞠、羊头、赛马、斗兽、马戏、玄鸟生商、四灵、羽人、双龙穿壁、双兽争食、辟邪柏、铺首衔环以及上水等图案 70 余幅，真实地反映了东汉时期的社会生活。

西阙（文宣提供）

少室阙为我国现存最早的岳祭建筑祠庙前的门阙之一，它与启母阙和太室阙为现存仅有的三处汉代国家级祭祀山神的庙阙。

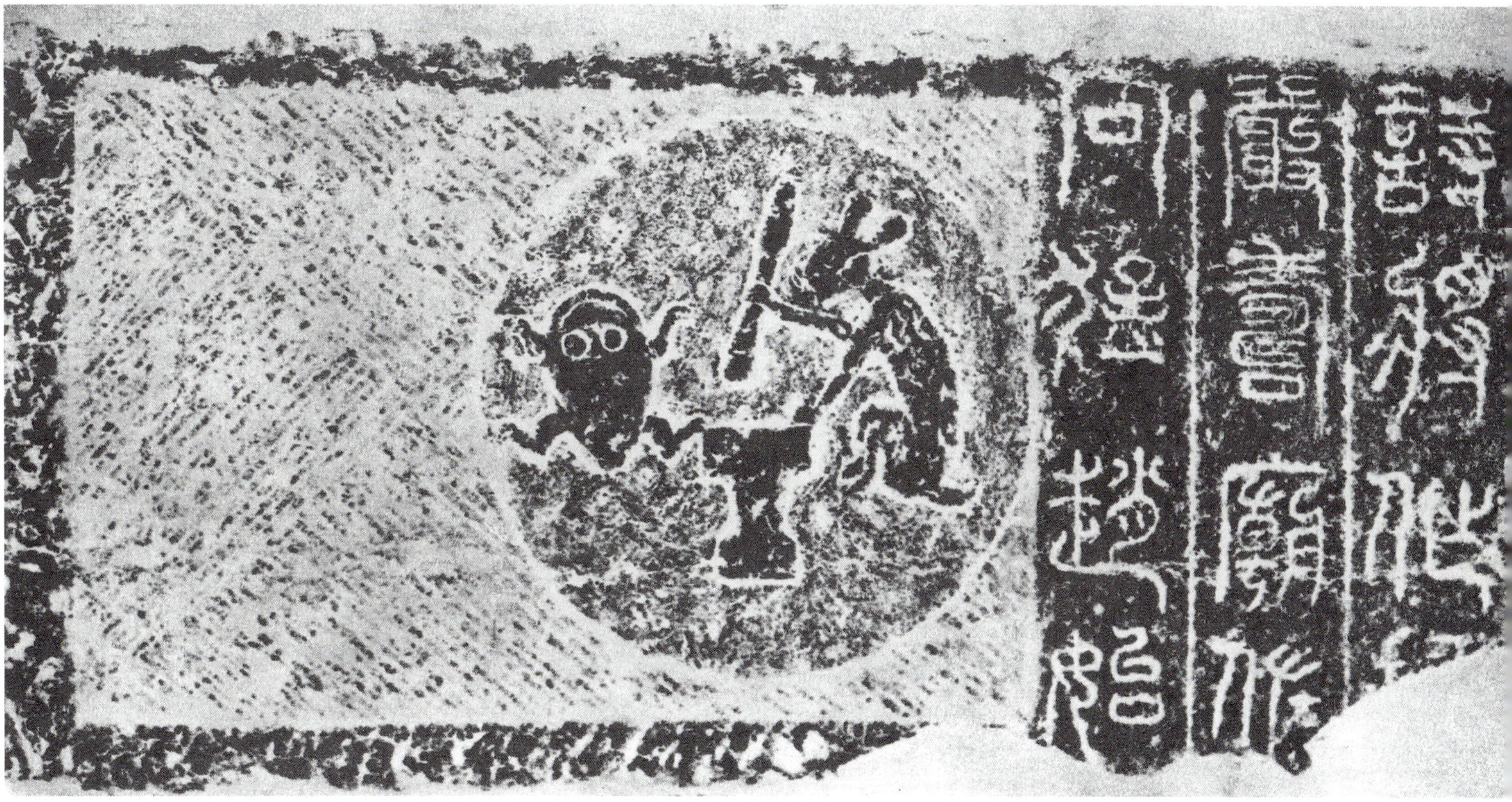

阙身石刻画像月宫图和阙铭拓片（文宣提供）

阙身瑞兽雕刻（文宣提供）

东阙（文宣提供）

阙身骑乘雕刻（文宣提供）

登封

155

启母阙

启母阙位于登封市区城西北 2 km 嵩山南麓万岁峰下，为世界文化遗产“天地之中”历史建筑群项目之一、全国重点文物保护单位。

东汉延光三年（124），启母阙由颍川太守朱宠建造。阙北有开裂巨石，即“启母石”。汉武帝游嵩山时，曾为此石建庙，今庙已不存。东汉延光三年颍川太守朱宠于启母庙前建神道阙，汉代因避景帝刘启之讳改名开母庙。

启母阙结构与太室阙相同。东阙通高 3.18 m，西阙通高 3.17 m。西阙阙基为两层长方形石板，下层石板较大而薄。阙身用长方石块垂直垒砌在阙基上，最上面的石块雕作斗形，上承托阙顶，下呈斜角与阙身相连。阙顶残存部分在阙身东侧，雕作四阿顶，顶上雕垂脊和瓦垄，檐下四周雕仿木椽。东阙阙身残损较重，其结构与西阙基本相同。阙体造型大气、比例匀称，雕饰的垂脊和瓦垄、檐部和椽等式样和尺寸都为研究汉代建筑提供了实例。

阙身刻有《启（开）母庙阙铭》和《堂溪典嵩高庙请雨铭》，铭文间隙处及其他石块上浮雕人物画像以及骑马出行、斗鸡、驯象、吐火、进谒、倒立、饮宴、日御羲和、启母化石、夏禹化熊、郭巨埋儿、月宫、蛟龙穿环、犬逐兔、果下马、蹴鞠、鹤叼鱼、虎扑鹿、孔甲蓄龙等画像 70 余幅。有些图像反映了重要的中外文化交流史实，如口吐火及易牛头马头的幻术、驯象等，反映了汉代对西域的开发，是汉代中外文化交流的见证。

启母阙为研究我国汉代女性祠庙建筑门阙的形制和建筑艺术史提供了难得的实物资料。

人物雕刻（文宣提供）

瑞兽（文宣提供）

东阙（文宣提供）

西阙（文宣提供）

阙身雕刻（文宣提供）

启母石（文宣提供）

正阳贾君阙

贾君阙俗称正阳石阙、望家台，位于正阳县东岳庙，为全国重点文物保护单位。

据《正阳县志》载：“望家台在城东关外，东岳庙前，有石壁……似是古代石阙之部。”该阙系东汉之物，原有东西双阙，后西阙毁，仅存东阙。宋代欧阳修《集古录跋尾》中记载此阙为“永乐少府”即永乐宫内少府。东汉两次置永乐宫，前一次仅设置两年即废，东汉灵帝建宁二年（169）四月第二次设置永乐宫，至中平六年（189）五月，孝仁皇后（灵帝生母董后）死后废。据此推知该阙当立于169—189年，是为在灵帝母董太后住的永乐宫任职的贾君而建的墓阙，是贾氏墓地神道口的标志。根据现存石阙特点和记载，该阙为东汉时期修筑，是研究汉代建筑结构、建材等的珍贵实物资料。

贾君阙为单檐四阿式顶复体石阙，即母阙傍依子阙。母阙通高4.25 m，子阙高3.05 m。用局部刻有画像的石块构砌而成。基座三层：自下而上第一层东西长3 m，南北宽1.73 m，高0.23 m；第二层东西长2.66 m，南北宽1.50 m，高0.23 m；第三层东西长2.66 m，南北宽1.50 m，高0.23 m。其中第一层石材未经加工，第二、三层为规整石材。基座上为阙身，由18块石材组成，高3.59 m，自下而上有明显收分，阙身前后的阙铭和阙款均已不存，只剩存放铭文和款石的空龛。最上层为阙顶，阙顶上只存屋面层，为单檐四阿式，脊饰已无存，四面出檐均为0.23 m。子阙阙顶三面出檐均为0.35 m，阙顶形式也为单檐四阿式。阙身通体以竖纹、斜纹为主，母阙东、南两面隐约可见浅浮雕的人物、牛、龙和花纹等图案，北立面有云雷纹、旋纹以及五铢币纹等雕饰。

贾君阙建于东汉画像石刻兴盛时期，是匠师们综合运用建筑、雕刻、绘画等技艺创造出来的有代表性的石刻艺术作品。母阙与子阙高度不等，造型一致，稳重挺拔，错落有致，整个建筑的轮廓既活泼多变，又庄重简洁。阙身的雕刻汇集了圆雕、高浮雕、浅浮雕、线雕等雕刻技法，其中圆雕的动物、高浮雕的飞禽、浅浮雕的五铢币等都形象生动，具有很好的装饰效果，其雄浑古朴的气势和生动细致的手法，充分显示了汉代人民的伟大艺术才能。

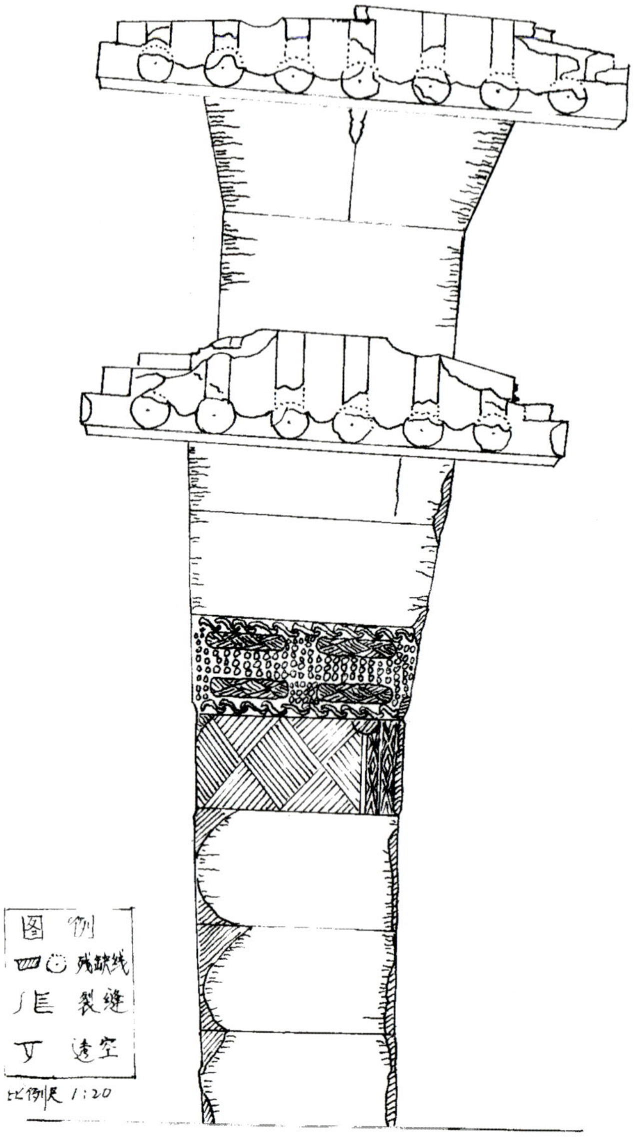

右侧立面图（文宣提供）

侧面（文宣提供）

正面（文宣提供）

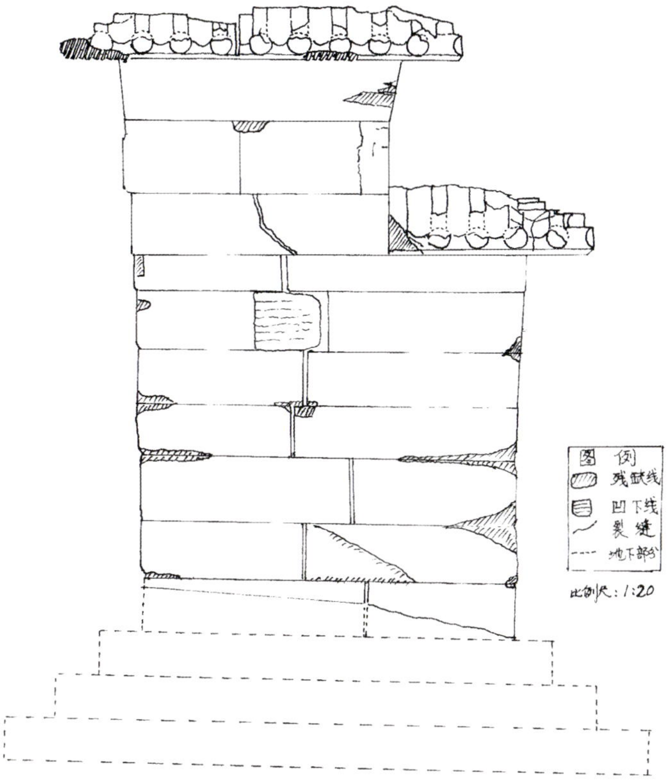

正立面图（文宣提供）

登封

157

观星台

观星台位于登封市告成镇，是我国现存最早的天文台建筑之一。观星台建于元代初年，是元初全国 27 个天文台站的中心台，也是元代初年天文科学活动所留下的唯一实物，为世界文化遗产“天地之中”历史建筑群的重要项目、全国重点文物保护单位。

观星台建于周公测影台旧址上。元世祖忽必烈统一中国后，于至元十三年（1276）下令改革历法，由著名天文学家郭守敬设计营建天文建筑。郭守敬在全国北纬 15°~65° 建立了 27 个天文台和观测台，登封观星台就是当时的中心台。现存观星台为砖石结构的高台建筑，由覆斗状的台体与台体北侧的石圭（又称量天尺）两部分组成。观星台通高 12.62 m，台体北侧东西两边设对称的石踏道，可拾级而上，登至台顶。台顶平面近正方形，是观星和测影的工作场地，边长 8 m 多，周边顺砖砌筑女儿墙，红石墙帽压顶。明嘉靖七年（1528）于台顶北边增建三间小室。台北壁中部砌筑一上下直通的凹槽，槽南壁上下垂直，下接石圭。石圭由 36 块青石圭面和砖砌圭座平铺而成，上面刻两条间距 0.15 m 的平行水槽，其南端伸入凹槽内，与垂直的凹槽南壁共同组成测量日影长度的元代圭表装置。石圭表面水槽南端有注水池，北端有泄水池，刻有尺度，以测量水准，是古人用于天文观测的取平装置。在石圭西侧有“大明嘉靖二十一年孟冬重修，督工义官□□医生□□老人刘和□□”的题记。

观星台南端存唐代“周公测景台”石表，既是纪念西周周公的建筑，也是标准的天文设施。该表建于唐开元十一年（723），又名“八尺表”，是我国古代测量日影、验证时令、计年的仪器。该石表形似一碑，高 1.96 m，石座高与石表相等，下大上小，斜面上收。设计者为彰示雒中地区为“天地之中”之理，将台基底边尺寸及朝向设计为夏至日正午石表阴影不能罩地且恰与台基底边线重合，故又称“无影台”，至为奇妙。表端有屋宇式顶盖，表南面题字“道通天地有形外，石蕴阴阳无影中”，有画龙点睛之妙。

在观星台的前后尚存有清代的明壁、大门、祠堂、后殿等建筑，另有元代建筑遗址及明清碑刻十余通。

观星台是中国现存最古老的天文台，也是世界上现存最早的观测天象的建筑之一。

夏至日的登封观星台（杜卓提供）

清明时节正午量天尺日影鸟瞰(杜卓提供)

侧面（杜卓提供）

夏至日中午时分的周公测景台（杜卓提供）

辉县 百泉

百泉位于辉县市区百泉镇百泉村，为全国重点文物保护单位。

百泉开凿于商代，最早记载见于《诗经》。秦王政二十六年（前221），秦兵击齐，齐王为秦兵所虏，被迁往苏门山，旧志称其住所为齐王建旧居。晋时高士孙登隐居苏门山土窟之中，后人在苏门山巅建台一座，取名“啸台”以示纪念。隋唐时，为祭祀卫源河神，在苏门山南麓西侧建起了一处坐北朝南的古代建筑群，称为“卫源庙”，为百泉的第一组寺庙建筑。宋天圣年间（1023—1031），邵雍从河北迁居苏门山。金明昌年间（1190—1194），卫源庙前建“百泉亭”，与庙配套。元代，郭子忠在百泉湖南辟花园，内建一小亭，取名“挹翠楼”，明代时亦称“浓翠亭”“宛在亭”“仁知亭”。

百泉北部环山，南对平原。总面积为70.5 hm²，由苏门山和百泉湖构成。百泉湖分南、北两湖，湖水面积6.3 hm²。百泉现有建筑99座（包括20世纪90年代复修的建筑），著名的有卫源庙、清晖阁、孔庙、无梁殿、邵夫子祠、启贤祠、孙征君祠、涌金亭、灵源亭、喷玉亭、放鱼亭、洗心亭、下马亭、龙亭、振衣亭、课桑亭、湖心亭、啸台、金梭桥、飞虹桥等。

百泉现存碑刻350余通，时代自三国始，历晋、南北朝、唐、宋、元、明、清，现大部分保存于百泉湖畔碑廊之内及苏门山上下，如北魏造像碑、唐代造像碑、布袋真仪画像碑、板桥竹画像碑、苏门山涌金亭碑、岳飞书四条屏碑、玉虚观碑、苏门碑及乾隆御碑等。

百泉为中国北方重要的古典园林，自商代就以自然山水之美而闻名天下。单体建筑类型丰富，风格迥异，依山就势，按景而设，井然有序，构成了一幅美丽的古代北方园林艺术画卷。

总平面图（文宣提供）

清晖阁（文宣提供）

百泉与苏门山（文宣提供）

卫源庙拜亭（文宣提供）

涌金亭（文宣提供）

159

南阳王府山

王府山位于南阳市老城区共和街南侧，为河南省文物保护单位。

王府山是明代南阳唐王府后花园内的假山。明洪武二十四年（1391），太祖朱元璋分封其第 23 子唐定王朱桱于南阳。唐王府在南阳府城内通清街（今王府街），永乐二年（1404）以南阳卫治改建，后有山石，名曰王府山。明末战火不断，唐王府被毁，但王府花园中的假山一直保留至今。

王府山山体用太湖石、条石砌成，总高 21.7 m，山体高度为 13.6 m，东西宽 25.5 m，南北长 26 m，面积约 500 ㎡。除主峰外，四个支峰分布四角，取“五峰并崎”或“四峦拱朝”之意。山腹用太湖石及石条、青砖筑成大小不同的四个石窟，由台阶盘旋勾连，绕行三周可达山巅。山间依崖就势构筑亭台。后世于山南麓建神庙，山门题额“朝天宫”，并于窟内增塑神像。

王府山外部用湖石巧妙地构成通道、山体、道路，形成了险、拙、奇、空的假山风格。支峰下均设有洞窟暗道，上下左右可崎岖贯通。山体内原有洞窟、暗道各八个，用大量的汉代画像石条构筑框架，以长方形灰砖砌成拱形券顶。

传说假山下部有专供唐王潜行出城的暗道。现存四条暗道以洞窟为中心分布。中心洞窟呈长方形，东西长 5.4 m，南北宽 3.8 m，顶高 5.6 m。窟北壁东西两端各有一条通道向北并交会于山体北侧；南壁洞窟与山南祖师庙底层相通，并可到达第二层的祖师洞。西端暗道距洞口 2 m 处有一螺旋形楼梯可到达山壁西侧，经台阶可攀到第二层。第一层洞窟周围的通道相互贯通，可绕行山体内部一周。

第二层有两个洞窟：南侧较大的是祖师洞，原来供奉有祖师神像；北侧有一稍小的洞窟，为上山之通道。祖师洞长 4.8 m、宽 3.5 m、高 4.7 m，其平面形状如船，东西两端窄而中间宽。东端为通道，洞口砖砌。南侧之门为湖石砌筑，边壁不规整，通山南庙后阶道。祖师洞西端有山洞及洞窟。

山顶略呈不规则方形，南北长 7.25 m，有后人新修六角亭一座。

南阳王府山是明代早期的假山艺术珍品，其内部结构类似于古塔，如洞室的构造、腹内上山阶梯的结构等，它为研究明代园林艺术提供了珍贵的材料。

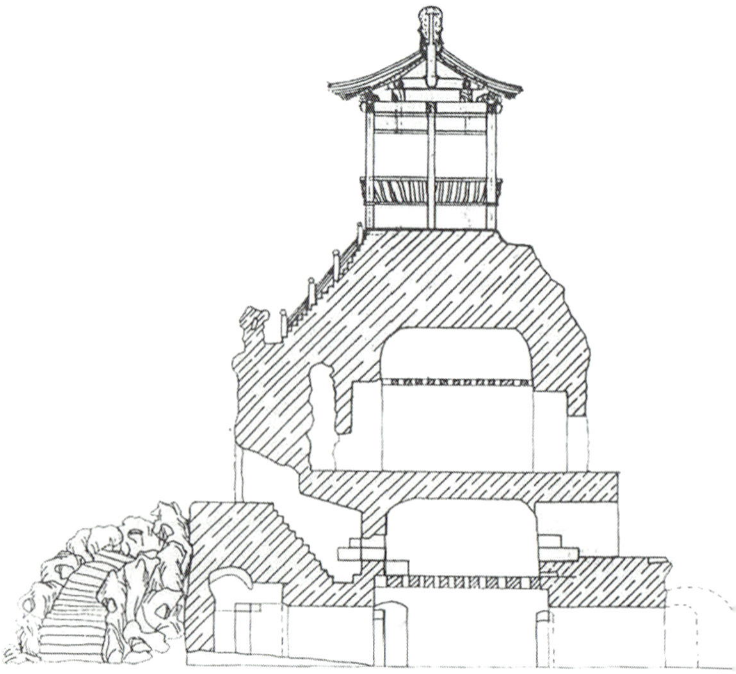

剖面图（文宣提供）

南立面（贾付军提供）

东立面(贾付军提供)

东立面图(文宣提供)

卫辉

60

望京楼

望京楼位于卫辉市城内后街，原名“崇本书楼”，为明万历皇帝同母弟朱翊镠因思母所建，为河南省文物保护单位。

望京楼于明万历十九年（1591）冬动工，历时二年，于万历二十一年秋竣工。楼为砖石结构，坐北朝南，高 30 余米，共分两层，为中原地区少见的石质高层建筑。第一层为巨大的墩台，其内四面辟门，高大宽敞。第二层原有五间歇山式木构建筑（毁于清初），其前有浮雕精致的牌坊。

现存墩台部分平面呈长方形，高 23 m，宽 32 m，进深 19 m。外壁用青石砌筑，内壁用白石镶嵌。内部中空，以拱肋拱券结构券顶。墩台东、西、北三面共有四门，高大宽敞，为乘凉佳处。第二层原有崇本书楼，已毁。楼之正前方有石坊一座，名曰“诚意坊”。此坊平面呈“一”字形，为青石结构建筑，高 5.02 m，宽 5.08 m，四柱三楼四阿顶。额枋正面雕“诚意坊”三字，下为“童子拜寿图”。四柱分别刻对联，明间联曰“雕檐接碧汉会合凤云，画栋耸青霄依凭日月”，次间联曰“云楼壮万国雄观，宝殿建千年胜概”，中柱联曰“高阁端严沐九天雨露，崇台镇肃瞻万象光明”。外柱联曰“南联地脉嵩衡秀，北觐天枢斗极辉”。石坊的左右两侧均雕有盆景牡丹做装饰。该坊轮廓分明、风格庄重，是典型的明代建筑风格，体现了当时建筑、绘画、书法、雕塑等方面所达到的高度水平。

望京楼整体为内砖外石构造，形体高大，设计科学，结构坚固，端庄浑厚，砌筑工整，雕刻精湛，特别是拱肋拱券结构的穹隆顶，是目前全国发现的保存较完整、规模较大的无梁殿建筑之一。

墩台内部拱肋拱券券顶（杜启明提供）

墩台内部构造（杜启明提供）

墩台
（文宣提供）

诚意坊
（文宣提供）

161

开封龙亭

开封龙亭位于开封市老城内，地处古城中轴线北部。龙亭建于清代初年，是一座规模庞大的高台建筑，占地广阔，高台巍然，殿宇雄伟，为中原地区所罕见，具有较高的文物价值，为河南省文物保护单位。

龙亭所在地初为唐汴州城宣武军节度使的衙署，后为五代后梁、后晋、后汉、后周和北宋、金等六个王朝的皇宫及明代周王藩邸所在地。清康熙三十一年（1692）在贡院内原周王府假山之上曾修有建筑。雍正十一年（1733），王士俊受命到河南开封履总督之职，为献媚雍正皇帝，遂于雍正十二年建成庞大的万寿宫建筑群，并以假山为基，于其上建黄琉璃瓦正殿，作为向皇帝遥拜、朝贺之所，因帝王为真龙天子，故称“龙亭”，沿用至今。清咸丰六年（1856）河南布政使瑛棨重建龙亭大殿。1925 年胡景翼任河南督军，修筑了龙亭前的驰道，上下迂回，形式独特。1927 年冯玉祥二次主豫时改龙亭公园为中山公园。1946年抗日战争胜利后，龙亭被改为河南忠烈祠。

龙亭面阔五间，进深四间，坐北朝南，通高 26.7m，由墩台、台阶和大殿组成，为前后廊式重檐歇山高台建筑。砖砌墩台南侧正中台阶宽 7.15m，通长 29.65m，盘龙陛石雕刻精美、栩栩如生。墩台东西两侧各设迂回便道，变幻莫测，更增添了龙亭的神秘和威严。大殿台基四角各置一石雕神兽，镇守殿宇，为较古之制。大殿平面柱网为周围廊式，底层和上层檐部均施斗栱。殿内顶部有天花藻井，绘蟠龙图案。殿顶覆黄色琉璃瓦，其色为封建社会最高级别。

大殿东侧墩台有建于民国初年的石坊。石坊上刻有康有为 1923 年游龙亭时手书的楹联和诗文，内容为“中天台观高寒，但见白日悠悠，黄河滚滚；东京梦华销尽，徒叹城廓犹是，人民已非。癸亥三月南海康有为”“远观高寒俛（俯）汴州，繁台铁塔与云浮。万家无树无宫阙，但有黄河滚滚流。”联语诗词情景交融、气魄雄伟，字体雄浑苍劲，为书法中佳品。

龙亭后侧有一通石碑，名“叙五岳真形碑”。该碑为河南巡抚马慧裕重修万寿观时于清嘉庆五年（1800）立于殿中，后移走。龙亭周边还有乾隆五年（1740）的嘉禾诗碑、乾隆八年乾隆皇帝赐雅尔图的回任诗碑等珍贵文物，皆具有很高的史证价值。

龙亭历史悠久，造型雄伟，是开封城的标志和象征。

西侧面（文宣提供）

陛石（杜启明提供）

龙亭与潘家湖、杨家湖鸟瞰（文宣提供）

远景（文宣提供）

济源 五龙口水利工程

济源五龙口水利工程位于济源市五龙口镇北 2 km 处，是两千多年前的古老水利灌溉设施，始建于秦王政二十六年（前 221），为全国重点文物保护单位。

因渠首以“枋木为门，以备蓄泄”，始名枋口堰，亦称方口或秦渠。东汉元初二年（115），朝廷敕令“修理旧渠，通利水道，以溉公私和田畴”。三国时曹魏典农司马孚奉诏重修。唐代河阳节度使温造对枋口堰进行扩修，可灌溉济源、河内、温县、武陟农田五千顷，改称广济渠。明隆庆二年（1568）疏浚广济渠，新开广惠渠。明万历年间（1573—1619）创修新广济渠、永利渠、大小兴利渠，并在渠首修闸门，形成五龙分水之势，故名“五龙口”。今存广利渠，仍发挥作用，造福当地群众。

五龙口水利工程是沁河中下游的分界点，位于沁河出山口的南北两岸，现存广利、永利、广济、大兴利、广惠渠首；广利渠首，即古秦渠枋口堰，创建于秦始皇初年，是敞开式无坝引水枢纽工程，渠首下砌卵石滚水坝，进水闸以枋木为闸墙，东汉改为石门，明代改建成利丰渠。1958 年拆除利丰渠改建，新渠首为石砌隧洞式无坝引水渠首。永利渠首，为明万历二十八年（1600）济源知县史纪言开凿的隧洞式无坝取水渠首，位于广利渠首上游 14 m 处，底层引水孔两眼，中层闸板室为双闸，正面为三座仿木结构石砌一面坡悬山门罩，正中上下楷书题额“纳瀵资淋”和“永利洞”，渠首上有“三公祠”石窟，系清嘉庆八年（1803）为纪念明代凿渠有功官吏而建。广济渠首，为明万历二十八年河内知县袁应泰开凿的隧洞式无坝取水渠首，底层引水孔两眼，为龙首吞水状，正面楷书“广济渠”石额，渠首上有“袁公祠”石窟，系明万历四十年所建仿木构石砌建筑。大兴利渠首，为万历四十七年济源知县涂应选创开，属敞开式取水渠首。小兴利渠首，又名磨河，紧临大兴利渠首下游，与大兴利渠首同时开凿，属敞开式取水渠首，现废弃。广惠渠首，系明隆庆二年（1568）开凿的涵洞式无坝取水渠，位于广利渠首上游 1 610 m 的石梯处。甘霖渠首，是清康熙三十九年（1700）济源县令甘国墀开凿的隧洞式无坝渠首，在广济渠首上游 50 m 处。

五龙口水利工程现存重要碑碣石刻有唐《白居易游济源枋口偶题石上》、北宋《文彦博再游枋口》、明代开凿渠首记事碑、歌颂袁应泰诗碣、明崇祯四年（1631）碣石和清代重修各渠的碑碣等，是研究五龙口水利设施的重要资料。

五龙口水利设施是我国最早的水利工程之一，已有 2 200 多年历史，并一直利泽至今，为豫西北农业经济的发展作出了重要贡献。五龙口各渠首均选在河道坚固的凹岸，其引水形式囊括敞开式、隧洞式、涵洞式等无坝式和有坝式，支渠上有二十四堰，自上而下分水浇灌，很多技术对现代水利工程仍有借鉴意义。

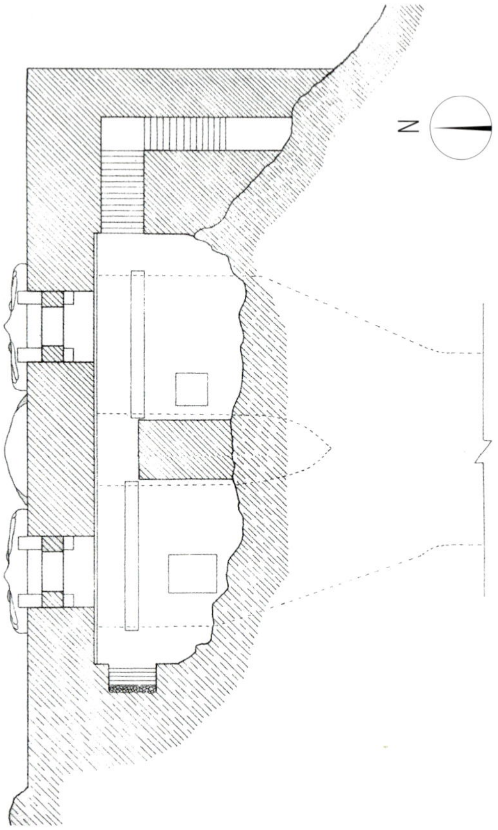

永利渠首闸平面图（文宣提供）

大小兴利渠渠首(贾付军提供)

永利渠首正面(贾付军提供)

浚县 163 恩荣坊

恩荣坊位于浚县城区大伾山西麓风景区内，为明代赐进士第承德郎工部主事、浚县籍名宦孟楠于万历四十五年（1617）在故里卫贤村建造，为河南省文物保护单位。

恩荣坊平面为“一”字形，四柱三间五楼式，总高10.5m，总宽9.3m。其基座为须弥座，四根立柱夹杆石上方雕有16只立体狮子，姿态雄健，神态各异。夹杆石侧面布满了不同的人物、鸟兽、家禽、花卉等吉祥图案。石坊立柱之上设主楼一个，次楼四个，均为庑殿顶，并刻有瓦垄、瓦当等脊饰。主楼檐下为六朵斗栱。檐下正中嵌一石质竖匾，上刻“恩荣”二字，周围浮雕龙纹及莲花。

雕刻主要分布在各枋正、背面。正面自上而下第一道枋上有“二龙戏珠”“五魁献宝”图案。枋下板雕刻行书“龙章宠锡”四个大字，笔锋潇洒，刀法刚劲。第二道枋雕刻“八仙庆寿图”，各类人物造像十二尊，有八仙及神像。枋左上角雕一腾飞的凤凰，背驮一尊结跏趺坐佛。第三道枋上雕刻“竹林七贤”和侍从书童等形象，画面四组十三人，用不同的雕刻技法，形象逼真地刻画出了在风、晴、雨、雾等天气背景下，七贤一年四季相与往来、琴棋书画相互交流的生活情景。最下部的龙门枋雕刻“一门三进士”主题，中部三进士，前有仪仗，后有随从，空中有仙人护送，前呼后拥地向家门走去。石坊背面分别雕刻有“竹林七贤”、双凤、山景春色、文人学士、建筑、花卉等画面。

明间两边次楼与主楼构造基本相同。次楼檐下枋、横梁亦雕刻有不同的历史故事、人物、花卉等画面。

恩荣坊是河南北部大型石牌坊中的精品。

正面（文宣提供）

背面（文宣提供）

晨曦中的恩荣坊（文宣提供）

新乡

七世同居坊

七世同居坊位于新乡市平原东路牌坊街北端，为石构过街式牌坊，系清道光四年（1824）奉旨“旌表”所建，为河南省文物保护单位。

该坊是古代建筑中利用形体概括艺术和视觉艺术求得结构稳固的佳作。石坊横跨古街，正面朝南，为三间四柱五楼柱不出头式，庑殿顶，通体青石构筑。坊通面阔 7.42m，明柱高约 5.46m。坊身明、次间均由额枋、花枋、斗栱、檐楼构成。四柱前后左右均使用抱鼓石状夹杆石。凡视线不及处均不作雕琢减法处理，以避免接触面过小而引发构件断裂。明楼前、后檐下嵌青石匾一块，表面刻“圣旨”二字。明楼上花板题“旌表……布政司经历赵珂七世同居坊”。石坊各构件表面分别有浮雕、高浮雕、透雕的宝珠、狮子戏绣球、神话故事图像数十幅。夹杆石表面除浅浮雕动植物图案外，另以圆雕法雕刻狮子 24 只。石坊主楼与次楼高低参差，错落有致，配以精美的雕刻图案，具有浓郁的民族风格。

七世同居坊系仿我国古代传统的木结构建筑雕刻而成，具有典型的民族风格。坊上所雕图案厚重华美，极富装饰性。该坊通体镌各种图案，几乎没有留下任何空间，在技法上各种刻法混合使用恰到好处，收到了画面清晰、层次鲜明、形象动人的效果，代表了清代石刻艺术的杰出水平。

正立面图（文宣提供）

次间雕刻（文宣提供）

近景（文宣提供）

明间雕刻（文宣提供）

165

宝丰 文笔峰塔

文笔峰塔又名文峰塔，位于宝丰县小店乡石洼村北 300m 文笔山之射箭台上，为河南省文物保护单位。

文笔峰塔兴建于明万历四十七年（1619），建塔起因与当时宝丰文化落后有关。据清嘉庆《宝丰县志》记载，自明永乐十八年至万历四十七年（1420—1619）的 199 年中，宝丰只中举人十名；嘉靖壬子科到万历癸酉科的八科二十四年中，无一人中举；从洪武至万历的 252 年中只有李秉仁一人登进士第。县令范廷弼崇信术士之言，在文庙前文笔山之巅兴建文笔峰塔，并立碑于塔下，题词曰："文峰冲天，世出魁元"。

文峰塔屹立于文笔山上，南望沙河，北眺汝河，宝丰县城尽收眼底。据《正德汝州志·山川》载："书山在南，峰峦叠秀，横峙泮宫，名为文笔山。"《宝丰县志》记载："盛因襟于县学，文庙之南，其势凸凹，俨若笔架，故名笔山。"故此山别名"书山"。

宝丰文笔峰塔为六角形实心砖塔，通高 12.4 m，由基座、塔身两部分组成，风格古朴，其纪念碑式的造型国内罕见。塔基座有二层，第一层高 1.5 m，为不规则石块砌筑；第二层高 0.6 m，为规整条石砌筑。塔身由 132 层砖组成，高 9.9 m，在塔身上下各约 1/3 处有拔檐石一圈，同时在塔壁中下部也设拔檐石，增加了塔体的稳定性。塔刹高 0.3 m，刹座仅存残缺石雕覆莲。塔体为实心六角形砖砌，无门窗，尖顶，收分明显，采用岔分法砌造。塔上方南部镶嵌塔铭一方，碑文阴刻楷书，主要记述建塔主持人及捐款者姓氏、出身。

文笔峰塔为宝丰重要的历史景观，见证了古城的沧桑变迁，显示了文笔山久远的历史和丰富的内涵。文笔峰塔不仅是宝丰县现存的少数明代建筑物之一，而且具有重要的史料价值。塔铭中列有人员 37 名，捐款者多属文人，在生员名次中有辅佐李自成大顺政权的丞相牛金星之名，与香山寺戊辰状元刘若宰于崇祯三年（1630）所撰"重修香山寺观音大士塔记碑"碑阴之"崇祯丁卯举人邑人牛金星"之记载相吻合。碑上还刻有牛金星族人姓名，对研究明末农民起义和牛金星的籍贯、家世、生平都具有一定价值。

全景（贾付军提供）

光山紫水塔

檐下菱角牙子装饰（李东升提供）

塔门（李东升提供）

紫水塔位于光山县城东紫水河畔，为河南省文物保护单位。

紫水塔因濒临紫水河而得名，塔西距老城东门约 200 m。该塔依河而建，坐东朝西，南、西两面为紫水河环绕，河畔柳丝依依。人们常用“弦山紫水”或“紫水弦山”来概括光山县。

紫水塔是典型的风水塔。据民国二十五年（1936）《光山县志约稿》载：“王起岱字洁奄，江陵人，康熙三年以进士知光山县……建塔于紫水上。”王起岱在光山任职是康熙三年至七年（1664—1668），建塔时间在康熙六年。塔铭记载：“光绪丙申孟夏上浣重建”。据当地传说，当时由于县城东部地势低洼，河塘众多，每逢下雨，县城积水皆汇集于此，形成洪灾，于是人们修塔压海眼、镇洪水。还有一种说法，塔位于城东，五行强木之位，按易经所说，强木为阳，有召东方之紫风强阳之说，故称之为“文峰塔”。

紫水塔是河南省现存三座清代大型砖塔之一，平面呈八边形，七层楼阁式砖塔，边长 3.24 m，高 25 m，直径 7.2 m，塔基高 2.5 m。塔自下而上各层高度递减，塔顶为灰砖叠涩收成攒尖顶，最上部为生铁铸造的宝瓶状塔刹。塔整体为花岗岩和灰砖砌就，清雅而秀丽。该塔塔门西向，为拱券式，石雕门额“紫水塔”，上款镌“同知衔知光山事王玉山题”，下款刻“光绪丙申孟夏上浣重建”，皆阴刻正楷。各层塔檐下均为菱角牙子砖叠涩出檐，层次分明；转角处用石条挑角飞檐，凌空欲飞，别具一格。塔心室为七层中空，壁间有石阶，松木楼板。每层均辟有四个对称的圆拱券门（第五层东北面缺一门，其他层也偶有上呈方形的门洞），通过石梯盘旋可达各层，透过门洞眺望远方。

紫水塔为典型的楼阁式风水砖塔，外观朴素无华，既有南方塔的清秀挺拔，也有北方塔的厚重大气。

全景（李东升提供）

167

唐河 文笔峰塔

文笔峰塔位于唐河县城东南约 1 km 处的高岗之上，为河南省文物保护单位。

该塔创建年代无考，但从清康熙十年（1671）《重建文笔峰记》中推测，该塔可能建于明代，清顺治十六年（1659）、康熙十年、乾隆三年（1738）三次重建。

关于建立文笔峰塔的原因，清顺治十六年知县李兴运在《募修文昌阁、魁楼、文峰序》中说："莫如揽山水要会之区，峙立一文笔峰"，包含着丰富的中国传统风水理念。康熙年间（1662—1722）知县林燧在《重建文笔峰记》中有"上联太乙，下时文昌，故于此建之"的说法，虽有风水之理念，但更重要的是体现了科举制度下地方政府和民众的价值取向，以及繁荣当地文化、多出人才的渴求。结合唐河县在顺治、康熙、乾隆三朝屡次重建文笔峰塔的做法，建塔意图更是表露无遗。

文笔峰塔平面八边形，边长 2.15 m，共九层，通高 30 m，为中空仿楼阁式砖塔。塔自下而上各层高度递减，呈抛物线形。外壁为青砖砌筑，外形挺拔秀丽，与县城内北宋泗洲塔遥相呼应。

文笔峰塔建于夯土基台之上，石基座露出地表 0.23 m，用不规则石条或石板错缝砌筑，白灰黏合。塔身用长方形灰砖加白灰砌成。塔底层为实体，第二至九层中空，在二、四、五、六、八层交错辟以拱形门、窗，其中二至五层内壁为圆形，六层以上为方形。塔外壁各角砌出转角倚柱、大额枋及平板枋形象。第一层檐下用砖做出檐檩、椽子形状，承托反叠涩屋面，上部用单拱挑出二层平座。二至八层塔檐下以平砖砌出倚柱、额枋、斗栱、屋面及平座形象，第九层塔仅有塔檐而无平座，上部为八角攒尖塔顶。塔顶正中铁质刹座覆压在殿顶八条脊及瓦垄上，上贯铜宝瓶、相轮及宝珠。

全景（贾付军提供）

文笔峰塔二层在南北向开两券两伏券门，门上嵌以汉白玉石雕佛龛，东面、东南面分别镶嵌"联光""太乙"，西面、西南面镶嵌"天中""甲秀"。三层南面、西南面为《重建文笔峰序》《重建文笔峰记》碑碣，东南面为凤凰朝日图石雕。

文笔峰塔的选址和石刻内容的风水学意象，为研究中国传统勘舆理论提供了珍贵的实物资料。

二层塔门(贾付军提供)

后记

《中原建筑大典·古代建筑》卷的编纂是集体劳动的结晶。本卷的正式编纂工作始于2010年年初，编委会的成员大部来自省内文物科研、管理部门，同时也吸收了大专院校等其他系统的部分同志。大家怀着对中原故土优秀传统文化的无比热爱与敬仰之心，克服了时间紧、任务重、经费紧张、资料不全的重重困难，冒着酷暑严寒，跋涉于深山峡谷，穿行于闹市小巷，流连于档案馆内，沉思于深夜灯下，寻找着中原古代优秀建筑文化的足迹，忠实地记录下它们的神采，再现了它们闪光的精神。本卷由杜启明主编，负责编写大纲、体例与项目确定，本卷各章概论的编写，本卷文图内容的修改和定稿工作。本卷的文字部分经历了数次体例上的调整与修改，文字的初稿来自参编的各位编委。张斌远、贾付军、魏文萃几位副主编除了承担各自的文字编写任务外，还分工合作，对本卷的文字进行了翔实的考证和认真的修改。副主编刘绍明在文本体例统一方面做了重要的工作。副主编张斌远还负责本卷照片资料的收集任务。本卷的照片多为未曾发表过的资料，其中部分照片由编委自行拍摄，部分照片由相关地区文物、文化、宣教部门的同志提供，有的部门慷慨提供了他们申报世界文化遗产和国家级文物保护单位时动用诸多人力物力拍摄的照片，张斌远、段建辉、司治平、杜启明等同志更是贡献出了自己多年辛苦积累下来的摄影佳作，李丹丹、张亳同志在照片的遴选、编排、说明编写方面做了大量艰苦的工作，使本卷具有图像史料方面的珍贵价值。图纸部分尽管数量有限，但却是各地编委和许多名字尚无法进入编委名单的一线工作同志多年来在艰苦条件下精心测量、绘制出来的珍贵资料。几十位同仁，几百个日日夜夜，大家团结一致，忘我工作，终于把这本《中原建筑大典·古代建筑》如期奉献到了读者的面前。

本卷的编纂过程是一个对中原古代建筑文化再学习、再研究的过程。以河南为中心的中原地区是古代中国政治、经济、文化的中心，尽管我们从事了多年的古代建筑研究，但当编写工作甫一开始的时候，在浩如烟海的历史资料面前，我们的知识显得是那么的有限与苍白。各个历史时期、不同类别、不同结构体系与构造的建筑特点，需要我们去全面、系统地梳理；中原历史上丰富而又繁杂的文化交流活动反映在建筑上的信息，需要我们去认真考证和辨析；历史上不同时期对一些古建筑原格局、原构造的修改，需要我们去审慎甄别；中原古典园林艺术理论、乡土建筑、建筑文化线路、文化景观等，更需要我们去进行探讨。呈献给读者的这本集子，不仅是对以河南为中心的中原古代建筑的辑录，也是我们全体编委向读者作的对中原建筑文化的一个学习汇报。

本卷的编纂过程，还为今后中原古代建筑的保护、研究与传承引出了一系列的反思：历史上，对古代建筑保护对象的选取，多集中于宗教建筑方面，导致已公布的文物保护单位不能全面、系统地反映古代中原文化的全貌；对于建筑遗址的保护意义，尚缺乏应有的认识；在保护模式和手法方面，显得较为单一和贫乏；在对建筑文化内涵的发掘与研究方面，力度与深度明显不够；对与之关联的非物质文化遗产的发掘、整理、传承，尚处于初始阶段；如何科学、合理地利用古代建筑文化遗产，使文物保护成果与社会发展成果相辅相成，更需要我们去深入研究。在飞速发展的现代化建设过程中，在日新月异的城镇化进程中，如果不重视这些问题，那么，不久的将来，中原古代建筑的面貌将会被残酷地改变，中原建筑文化的篇章将会变得越来越支离破碎。我们在编纂本书的过程中，愈发感到上述问题应引起业内人士和政府相关部门的高度重视。

《中原建筑大典·古代建筑》期待着各位同仁和广大读者的批评指正。

河南博物院副院长、研究员　杜启明